新世纪高职高专实用规划教材 计算机系列

多媒体技术与应用

(第 2 版)

王庆延　李　竺　刘永浪　主　编

郭永刚　崔　炜　郑初华　唐治平　副主编

清华大学出版社

北　京

内容简介

本书是作者结合多年多媒体教学的实践经验,以"基础、新颖、实用"为写作宗旨而编写的,按照"多媒体技术与应用"课程的主要知识单元和知识点,从多媒体数据与信息的基本概念入手,介绍了多媒体信息的计算机表示、多媒体的关键技术和数据压缩技术、多媒体硬件与软件系统。同时,还通过大量的实例介绍了多媒体素材制作软件的相关知识。最后,本书将多媒体技术应用于网络超媒体制作中,作为综合应用实例介绍给读者,既综合使用了本书各章节所讲述的有关内容,又突出了本书的实用特色。

本书适合作为普通高等学校、高职高专计算机专业的教材,也可供有关技术人员参考。

图书在版编目(CIP)数据

多媒体技术与应用/王庆延,李竺,刘永浪主编;郭永刚,崔炜,郑初华,唐治平副主编. --2 版. --北京:清华大学出版社,2011.1
(新世纪高职高专实用规划教材 计算机系列)
ISBN 978-7-302-23444-9

Ⅰ.①多… Ⅱ.①王… ②李… ③刘… ④郭… ⑤崔… ⑥郑… ⑦唐… Ⅲ.①多媒体技术—高等学校—教材 Ⅳ.①TP37

中国版本图书馆 CIP 数据核字(2010)第 154061 号

责任编辑:刘天飞
装帧设计:杨玉兰
责任校对:周剑云
责任印制:何 芊

出版发行:清华大学出版社 地 址:北京清华大学学研大厦 A 座
　　　　http://www.tup.com.cn 邮 编:100084
社 总 机:010-62770175 邮 购:010-62786544
投稿与读者服务:010-62776969,c-service@tup.tsinghua.edu.cn
质 量 反 馈:010-62772015,zhiliang@tup.tsinghua.edu.cn
印 刷 者:北京嘉实印刷有限公司
装 订 者:三河市溧源装订厂
经 销:全国新华书店
开 本:185×260 印 张:19.25 字 数:460 千字
版 次:2011 年 1 月第 2 版 印 次:2011 年 1 月第 1 次印刷
印 数:1~4000
定 价:33.00 元

产品编号:025574-01

《新世纪高职高专实用规划教材》序

编写目的

目前，随着教育改革的不断深入，高等职业教育发展迅速，进入到一个新的历史阶段。学校规模之大，数量之众，专业设置之广，办学条件之好和招生人数之多，都大大超过了历史上任何一个时期。然而，作为高职院校核心建设项目之一的教材建设，却远远滞后于高等职业教育发展的步伐，以至于许多高职院校的学生缺乏适用的教材，这势必影响高职院校的教育质量，也不利于高职教育的进一步发展。

目前，高职教材建设面临着新的契机和挑战：

(1) 高等职业教育发展迅猛，相应教材在编写、出版等环节需要在保证质量的前提下加快步伐，跟上节奏。

(2) 新型人才的需求，对教材提出了更高的要求，即教材要充分体现科学性、先进性和实用性。

(3) 高职高专教育自身的特点是强调学生的实践能力和动手能力，教材的取材和内容设置必须满足不断发展的教学需求，突出理论和实践的紧密结合。

有鉴于此，清华大学出版社在相关主管部门的大力支持下，组织部分高等职业技术学院的优秀教师以及相关行业的工程师，推出了一系列切合当前教育改革需要的高质量的面向就业的职业技术实用型教材。

系列教材

本系列教材主要涵盖以下领域：

- 计算机基础及其应用
- 计算机网络
- 计算机图形图像处理与多媒体
- 电子商务
- 计算机编程
- 电子电工
- 机械
- 数控技术及模具设计
- 土木建筑
- 经济与管理
- 金融与保险

另外，系列教材还包括大学英语、大学语文、高等数学、大学物理、大学生心理健康等基础教材。所有教材都有相关的配套用书，如实训教材、辅导教材、习题集等。

教材特点

为了完善高等职业技术教育的教材体系，全面提高学生的动手能力、实践能力和职业技术素质，特意聘请有实践经验的高级工程师参与系列教材的编写，采用了一线工程技术人员与在校教师联合编写的模式，使课堂教学与实际操作紧密结合。本系列丛书的特点如下：

(1) 打破以往教科书的编写套路，在兼顾基础知识的同时，强调实用性和可操作性。

(2) 突出概念和应用，相关课程配有上机指导及习题，帮助读者对所学内容进行总结和提高。

(3) 设计了"注意"、"提示"、"技巧"等带有醒目标记的特色段落，使读者更容易得到有益的提示与应用技巧。

(4) 增加了全新的、实用的内容和知识点，并采取由浅入深、循序渐进、层次清楚、步骤详尽的写作方式，突出实践技能和动手能力。

读者定位

本系列教材针对职业教育，主要面向高职高专院校，同时也适用于同等学力的职业教育和继续教育。本丛书以三年制高职为主，同时也适用于两年制高职。

本系列教材的编写和出版是高职教育办学体制和运作机制改革的产物，在后期的推广使用过程中将紧紧跟随职业技术教育发展的步伐，不断吸取新型办学模式、课程改革的思路和方法，为促进职业培训和继续教育的社会需求奉献我们的力量。

我们希望，通过本系列教材的编写和推广应用，不仅有利于提高职业技术教育的整体水平，而且有助于加快改进职业技术教育的办学模式、课程体系和教学培训方法，形成具有特色的职业技术教育的新体系。

教材编委会

前　　言

近 20 年来，能够集文本、图像、声音、动画、影视等各种形式于一体的计算机多媒体技术发展十分迅速，而且随着计算机网络的应用以及计算机网络/电话网络/有线电视网络三网合一势如破竹的发展，越来越多的年轻人、音乐爱好者、影视发烧友、教育工作者，以及心理、气象甚至军事研究人员被丰富多彩的多媒体技术所吸引，以极大的热情投入到这一飞速发展的领域中来。针对这种形势，结合作者多年多媒体教学的实践经验，本书确定的宗旨可概括为六个字：基础、新颖、实用。

本书信息量很大，起点低、跨度大，循序渐进，通俗易懂，通过大量的实例，使读者在学习时，不但能快速入门，而且还可以得到较大的提高。采用这种体系，特别有利于课堂教学和学生自学使用。

本书共分 7 章。第 1 章介绍了多媒体技术的基本知识。第 2 章介绍了多媒体计算机系统，并重点介绍计算机硬件系统和软件系统。第 3 章以图像处理软件 Photoshop CS2 的应用为基础，介绍了多媒体素材图像数据的处理与制作。第 4 章以动画处理软件 Flash 8.0 的应用为基础，介绍了多媒体动画素材的编辑与制作。第 5 章以 Premiere 6.5 应用软件为基础，介绍了多媒体视频数据的编辑与制作。第 6 章介绍了多媒体基于流程图的制作工具 Authorware 6.0 的各种功能，包括动画功能，各种交互功能，分支、循环和超级链接功能，库、模块、函数及变量的使用，文件的打包与发行，以及综合实例等。第 7 章介绍了网络多媒体应用设计，主要介绍了 Macromedia Dreamweaver 8 站点的建立、网页的编辑与设计、特效网页的制作、站点的发布等知识。

王庆延、李竺和刘永浪参与了本书的组织、编写和审校等工作。其中第 1 章由唐治平编写，第 2 章由刘永浪编写，第 3 章由郭永刚编写，第 4 章和第 7 章由崔炜编写，第 5 章由李竺编写，第 6 章由石潇编写。全书由王庆延统稿，李竺审校，他们为本书提出了许多宝贵的意见和建议，在此表示衷心感谢。

本书适合作为普通高等学校、高职高专学校的教材，授课学时可为 96 至 120 学时。教师可以根据学时、专业和学生的实际情况选讲，同时也可以作为广大计算机爱好者、多媒体程序设计人员的自学读物。

由于时间仓促，不足之处在所难免，真诚欢迎广大读者提出宝贵的意见和建议。可通过 lz_0825@126.com 与我们联系，我们会及时进行修订和补充。

编　者

目　　录

第 1 章　多媒体基础

21世纪是科学技术高速发展的信息时代，自20世纪80年代以来，随着信息技术的迅速发展，高清晰度电视、高保真音响、高性能录像机等新技术产品的出现，高速通信网络和计算机技术的结合，多媒体技术已成为计算机技术领域又一门新兴的热门技术。

1.1　多媒体的基本概念

1.1.1　多媒体概述

1. 媒体

媒体(Media)是指信息的载体。"媒体"的概念范围相当广泛，一般分为感觉媒体、表示媒体、显示媒体、存储媒体和传输媒体五大类。如日常生活中的报纸、电视、广告、杂志等，信息借助于这些载体得以交流传播。在计算机领域中，Media 曾译为"介质"，是指信息的存储实体和传播实体。若对媒体的本质进行分析，就可发现媒体传递信息的基本元素如声音、图片、视频、影像、动画、文字等，它们都是表示信息的媒体。

媒体在计算机科学中有两层含义：一种含义是指信息的物理载体，如磁盘、光盘、磁带及卡片等；另一种含义是指信息的存在和表现形式，如文字、声音、图形、图像、动画、音频及视频等。多媒体技术中所称的媒体是指后者，即多媒体计算机不仅能处理文字、数据这类信息媒体，而且还能处理声音、图形、图像、动画、音频、视频等各种各样的信息媒体。

2. 多媒体

多媒体(Multimedia，该词由 Multiple 和 Media 复合而成)是由两个或两个以上单媒体组合而成，是把多种媒体(文字、声音、图形、图像、动画、音频及视频等)集成在一起而产生的一种传播和表现信息的载体。日常生活中媒体传递信息的基本元素是声音、文字、图像、动画、音频、视频、影像等，这些基本元素的组合就构成了经常接触的各种信息。计算机中的多媒体就是用这些基本媒体元素的"有机"组合来传递信息的。

3. 多媒体技术

在谈到多媒体计算机时，不同的时代和不同的人往往有着不同的看法和理解。当 CD-ROM(只读光盘)开始普及时，人们都把多媒体与 CD-ROM 联系在一起；当声卡出现后，人们认为会说话、会唱歌的计算机就是多媒体；当视频卡出现，人们在计算机上看到电影和电视节目时，都说这才是真正的多媒体；当兴起 Internet(因特网，国际互联网)时，人们又把它同通信能力联系在一起。由此可见，关于多媒体的定义或说法是多种多样的，各人均从自身角度出发对多媒体给出了不同的描述。多媒体技术不能被狭义地理解为某种产品的更新换代，也不能仅仅看成用户界面设计的问题。从某种意义上讲，多媒体是一个技术时代，它不仅影响了用户与计算机的交互方式，而且影响到信息处理的全部内容，包括设备、网络通信、信息处理方法、数据库存储以及现有的计算机通信、传播、出版乃至其他许多方面。从广义上讲，多媒体是指多种信息媒体的表现和传播形式。从狭义角度看，多媒体技术是指人们用计算机及其外围设备交互处理多媒体信息的方法和手段。在人机交互过程中，人们不满足于文字等单一形式的信息交流，更希望信息交流多维化，具有人们所习惯的通过多种感官接收的自然信息属性，即图文并茂、视听合一的多媒体信息。

多媒体计算机技术的定义：用计算机集成处理多种媒体信息(如文字、图形、图像、音频和视频等)，并对它们进行获取、压缩编码、编辑、加工、存储和显示，使多种信息建立逻辑连接，具有交互性。

4. 多媒体产品的发展趋势

多媒体产品的主要代表是多媒体个人计算机(Multimedia PC，MPC)，如图 1.1 所示。

数码照相机　数码摄像机　DVD机　个人电脑

图 1.1　多媒体个人计算机

多媒体产品的另一主要代表是交互式电视(ITV)，它以电视为基础，扩展了计算机的功能，如图 1.2 所示。

图 1.2　交互式电视

5. MPC 的构建

可以通过如下 3 种方式构建自己的 MPC：购买成套的 MPC；购买多媒体升级套件；自己动手装配 MPC。

6. 超媒体

在计算机中，超媒体(Hyper Media)是一个信息存储和检索系统，它把文字、图形、图像、动画、声音、视频等媒体集成为一个有机的基本信息系统。如果信息主要是以文字的形式表示，那么它就是超文本，如果还包含图形、影视、动画、音乐或其他媒体，它就是超媒体。WWW 是应用超媒体技术的最好例子。多媒体是超媒体的一个子集。

1.1.2　多媒体技术的特性

由多媒体技术的定义可知，它具有如下几个特性。

1. 信息媒体的多样性

人类对信息的接收主要依靠 5 种感觉，即视觉、听觉、触觉、嗅觉和味觉。其中前三者所获取的信息量占 95%以上。多媒体技术目前只提供了多维化信息空间中音频和视频信息的获得和表示方法，它使得计算机中信息表达的方式不再局限于数字与文字，而广泛采用图像、图形、视频、音频等信息形式，使我们的思维表达有了更充分、更自由的扩展空间。多媒体信息的多样化不仅仅指输入，而且还指输出。对输入信息进行变换、组合和加工，就可以大大丰富信息的表现能力，达到有声有色、生动逼真的效果。

2. 实时性

由于多媒体技术是研究多种媒体集成的技术，其中声音和活动的视频图像都与时间有着密切的关系，这就决定了多媒体技术应支持实时处理。如播放时，声音和图像都不能有停顿的现象。

3. 交互性

在多媒体系统中，不仅操作上可控制自如，而且在媒体综合处理上也可随心所欲，这种交互操作也要求多媒体具有实时性，对整个系统的软硬件系统都能实时响应。从数据库中查找图像、声音及文字材料，这是初级交互应用。不是被动地接收文字、图形、声音和图像，而是主动地进行检索、提问和回答，这是中级交互应用。而完全进入到一个与信息环境一体化的虚拟信息空间中，则是高级交互应用。

4. 集成性

集成性包括两方面：一方面是把不同媒体设备集成在一起，形成多媒体系统；另一方面是多媒体技术能将各种不同的媒体信息有机地同步组合为完整的多媒体信息。从硬件角度来说，应具备能够处理多媒体信息的高速并行处理机系统、大容量的存储设备，以及具备多媒体、多通道的输入/输出处理能力的主机及外设和宽带的通信网络接口。从软件角度来说，应具有集成化的多媒体操作系统，适合于多媒体信息管理和使用的软件系统等。在网络的支持下，集成构造出支持广泛应用的信息系统。

5. 高质性

早期处理音像信息时，存储和输出的都是模拟信息。因模拟信号是连续的，其衰减和噪声干扰较大，且复制和传播过程中存在误差积累现象，所以这种模拟信号质量差。而以计算机处理的多媒体则以全数字化方式加工和处理声音与图像信息，精确度高，特别是复制和传播过程中不会有改变，声音和图像的质量较好。

1.1.3　多媒体系统的分类

多媒体系统可按其功能不同和应用不同进行分类。

1. 多媒体系统基于功能的分类

多媒体系统按其功能不同可分为开发系统、培训系统、演示系统及家庭系统等。

- 开发系统：主要用于多媒体应用的开发，因此系统配有功能强大的计算机系统和声、文、图等信息齐全的外部设备及多媒体演示工具。主要应用于多媒体应用制作、非线性编辑等，如视频、音频制作系统。
- 培训系统：单用户多媒体播放系统，以计算机为基础，配有光驱、声卡、音响与图像接口控制卡以及相应的外设。常用于小型商业销售和教育培训等。
- 演示系统：它是增强型的桌面系统，可完成多媒体的应用，并与网络连接。主要用于单位多媒体教学和会议演示等。
- 家庭系统：家庭多媒体播放系统，通常配有光驱，可作为家庭影院等。

2. 多媒体系统基于应用的分类

多媒体按其应用不同可分为多媒体信息咨询系统、多媒体管理系统、多媒体辅助教学系统、多媒体通信系统和多媒体娱乐系统等。

- 多媒体信息咨询系统：主要包括图书资料检索系统、交通枢纽信息咨询系统、证券交易咨询系统、旅游咨询系统、房地产交易咨询系统、酒店信息咨询系统、多媒体产品广告系统等。
- 多媒体管理系统：主要包括档案管理系统、超级市场管理系统、名片管理系统等。
- 多媒体辅助教学系统：主要包括课件、电子教材、多媒体学习软件等。
- 多媒体通信系统：主要包括可视电话、视频会议系统等。
- 多媒体娱乐系统：主要包括计算机卡拉 OK 系统、视频 VOD 系统、网络游戏等。

多媒体技术的发展为人类实现以自然的方式来传递各种信息和进行人机交互提供了平台，使人们摆脱了那些静止的、固定不变的应用程序和设备，进入可以表现才能、实现人机交互的多媒体境界，开创了计算机应用的新纪元。

1.1.4　多媒体系统的结构

多媒体技术虽然发展很快，但作为完整的多媒体系统，其要求是很高的，它的基本结构如图 1.3 所示。这个系统与其他系统的结构基本相类似，也是由多媒体计算机硬件系统和软件系统组成，共包括 6 个层次。

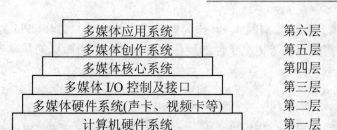

多媒体应用系统	第六层
多媒体创作系统	第五层
多媒体核心系统	第四层
多媒体 I/O 控制及接口	第三层
多媒体硬件系统(声卡、视频卡等)	第二层
计算机硬件系统	第一层

图 1.3　多媒体计算机系统层次结构

第一层为计算机硬件系统。1990 年 11 月，美国 Microsoft(微软)公司和包括荷兰 Philips(飞利浦)公司在内的一些计算机公司成立了"多媒体个人计算机市场协会"(Multimedia PC Marketing Council，MPC)。该协会的主要任务是对计算机多媒体技术进行规范管理和制定相应的标准。该协会制定了多媒体计算机的"MPC 标准"。分别在 1990 年、1993 年和 1995 年制定了三级标准，即 MPC1、MPC2 和 MPC3。这三级标准的要点比较见表 1.1。

表 1.1　MPC1、MPC2、MPC3 的要点比较

要　求	MPC1 标准	MPC2 标准	MPC3 标准
RAM	2MB 或更多	4 MB 或更多	8 MB 或更多
CPU	80386sx 或更高	25MHz，80486sx 或更高	75MHz，Pentium 或更高
磁盘	1.44MB 软驱 30MB 硬盘	1.44MB 软驱 160MB 硬盘	1.44MB 软驱 540MB 硬盘
CD-ROM 驱动器	数据传输率 150KB/s 符合 CD-XA 规格	数据传输率 300 KB/s 符合 CD-XA 规格 具备多段式能力	数据传输率 6000 KB/s 符合 CD-XA 规格 具备多段式能力
声频	8 位声音卡	16 位声音卡 8 位合成器 MIDI 播放	16 位声音卡 波表合成技术 MIDI 播放
图形性能	VGA 640×480，16 色或 320×200，256 色	Super VGA 640×480，65 535 色	视频图像子系统，在视频允许时可进行直接帧存取，以 16 位/像素、352×240 分辨率、30 帧/秒播放视频，不要求缩放和裁剪
视频播放	没有要求	没有要求	可进行直接帧存取，以 16 位/像素、352×240 分辨率、30 帧/秒播放视频，不要求缩放和裁剪，播放视频时支持同步的声频/视频流，不丢帧
用户接口	101 键 IBM 兼容键盘鼠标	101 键 IBM 兼容键盘鼠标	101 键 IBM 兼容键盘鼠标
I/O	MIDI，游戏杆，串口，并口	MIDI，游戏杆，串口，并口	MIDI，游戏杆，串口，并口
系统软件	Windows 3.1 及以上	Windows 3.1 及以上	Windows 3.1 及以上

1997 年 MPC3 修订为 MPC4，并作为参考标准。MPC4 要求 CPU 为 P133/16MB，硬盘为 1.6GB，10 倍速光驱等更高条件的硬件配置，并在普通微机的基础上增加了以下 4 类设备。

- 声/像输入设备：普通光驱、刻录光驱、音效卡、麦克风、扫描仪、录音机、摄像机等。
- 功能卡：电视卡、视频采集卡、视频输出卡、网卡、VCD 压缩卡等。
- 声/像输出设备：刻录光驱、音效卡、录音录像机、打印机等。
- 软件支持：音响、视频和通信信息以及实时、多任务处理软件。

值得指出的是：MPC 联盟制定的标准不是国际标准，仅是一种参照标准，不具有约束力。就目前而言，普通 MPC 的配置已经完全超过了这一标准，并且还将迅速发展，MPC 只是规定了多媒体 PC 系统的最低要求。

第二层为多媒体硬件系统，其主要任务是实时综合处理文、图、声、像信息。若要实现全动态视频和立体声的处理，多媒体 CPU 的处理速度必须超过 12 亿次操作/秒，存储器容量也应超过几十个 GB，如此高的要求在目前的微机上根本无法达到，因此必须对多媒体信息进行实时的压缩与解压缩。通常的解决方法是采用以专用芯片为基础的电路板卡，使得高速信息的处理由硬件去完成。目前已形成了某些国际标准或商品化的产品，如常用的声卡和视频卡。

第三层为多媒体 I/O 控制与接口，它是硬件和软件的桥梁，与多媒体硬件设备打交道，驱动控制外设，提供软件接口，并支持多媒体操作系统。

第四层为多媒体核心系统，其主要任务是支持随时移动或扫描窗口的运动和静止图像的处理和显示。同时为相关的语音和视频数据的同步提供适时任务调度，支持标准化桌面型计算机环境，减少 CPU 的资源占用，能够在多种硬件和操作系统环境下运行。

第五层为多媒体创作系统，这一层是在多媒体操作系统支持下，利用多媒体创作工具，开发多媒体应用系统。该层系统一般是指多媒体开发工具，具有编辑、播放等功能。其设计目标是缩短多媒体应用软件的制作开发时间，降低对制作人员的要求。它以全新的信息交流方式进行多媒体创作，显示出多媒体技术广阔的应用前景。多媒体创作工具可分为以下 3 类。

- 高级创作工具：适用于电影、电视系统的专业创作。
- 中级创作工具：适用于教材、娱乐系统的制作编辑。
- 初级创作工具：适用于商业信息、简报等的编辑。

第六层为多媒体应用系统，又称多媒体应用软件，这一层是直接面向用户，为用户服务的。它是由各种应用领域的专家或开发人员利用多媒体开发工具或计算机语言，组织编排大量的多媒体数据而成的多媒体产品，是直接面向用户的。多媒体应用系统所涉及的应用领域主要有教学软件、信息系统、电子出版、音像影视特技及动画等。

1.2　多媒体信息的计算机表示

多媒体数据具有数据量大、数据类型多、数据类型间差异大、数据的输入和输出复杂等特点。传统的数据采用编码表示，并不太大。而多媒体数据的数据量巨大，例如一幅

640×480 分辨率、256 种颜色的彩色照片，其存储量就有 640×480×log₂256 = 2.4MB 字节(其计算公式为：分辨率×log₂ 颜色数)；CD 音质(44.1kHz、16 位)双声道的声音，其存储量每分钟就有 60×44.1k×16×2/8(B)＝10MB(其计算公式为：时长×频率×位数×通道数/8)。多媒体数据类型多，包括文本、图形、图像、声音和动画等多种形式，即使同属于图像一类，还有黑白/彩色、高/低分辨率之分。不同类型的媒体由于内容和格式不同，其存储容量、信息组织方法等都有很大的不同。多媒体数据在计算机中的表示是一项较复杂的工作。无论多媒体信息如何多样化，这些信息要让计算机来处理，都必须数字化，因为在计算机内部所有信息均是以二进制形式表示的。在多媒体环境下，计算机处理的信息已从简单的文字与数据转化为音频和视频等信息，而且在处理方法与概念上均有所不同。

1.2.1 文本的基本格式

文本包含字母、数字、字、词等基本元素。多媒体系统除了具备一般文本处理的功能外，还可运用人工智能技术对文本进行识别、理解、翻译、发音等。文本文件可分为非格式化文本文件和格式化文本文件。

- 非格式化文本文件：是只有文本信息没有其他任何有关格式信息的文件，又称为纯文本文件，简称文本文件。如记事本编辑生成的".TXT"文件，如图 1.4 所示。

图 1.4 记事本编辑生成的非格式化文本文件

- 格式化文本文件：是带有各种文本排版等格式信息的文本文件。如 Word 编辑生成的".DOC"文件，如图 1.5 所示。

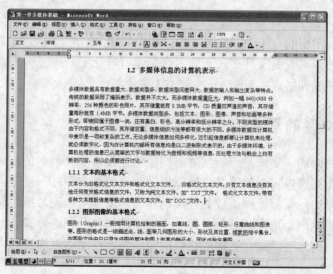

图 1.5 Word 编辑生成的格式化文本文件

1.2.2　图形、图像的基本格式

图形(Graphic)一般指用计算机绘制的画面，如直线、圆、圆弧、矩形、任意曲线和图表等。图形的格式是指一组描述点、线、面等几何图形的大小、形状及其位置、维数等的指令集合。在图形文件中只记录生成图的算法和图上的某些特征点，因此也称矢量图。

用于产生和编辑矢量图形的程序通常称为 Draw 程序。计算机中常用的矢量图形文件有：.3DS(用于 3D 造型)、.DXF(用于 CAD)等。由于图形文件中只保存生成图的算法和图上的某些特征点，因此占用的存储空间很小。但显示时需经过重新计算，因而显示速度相对慢些，如图 1.6 所示。

图像(Image)是指由输入设备捕捉的实际场景画面，或以数字化形式存储的任意画面。静止的图像是一个矩阵，阵列中的各项数字用来描述构成图像的各个点(称为像素，Pixel)的强度与颜色等信息。这种图像也称为位图(Bit-Mapped Picture，BMP)。

用于生成和编辑位图图像的软件通常称为 Paint 程序。图像文件在计算机中的存储格式有多种，如 BMP、TIF、GIF、JPG 等。一般图像文件的数据量都较大，如图 1.7 所示。

图 1.6　矢量图

图 1.7　位图

1.2.3　声音文件的基本格式

数字音频(Audio)主要可分为语音、音乐和音效 3 种。数字化后，计算机中保存声音文件的格式有多种，常用的有两种：波形音频文件(Wav)和数字音频文件(Midi)。语音也是一种波形，所以和波形声音的文件格式相同。音乐是符号化了的声音，乐谱可转变为符号媒体形式。其对应的文件格式主要有 Mid 或 MP3 文件。

1.2.4　动画文件的基本格式

动画是活动的画面，实质是一幅幅静态图像的连续播放。动画的连续播放既是指时间上的连续，也是指图像内容上的连续。计算机动画有两种类型：一种是帧动画，一种是造型动画。帧动画是由一幅幅位图组成的连续的画面，就如电影胶片或视频画面一样要分别设计每屏幕显示的画面。造型动画是对每一个运动的物体分别进行设计，赋予每个动画元素一些特征，然后用这些动画元素构成完整的帧画面。存储动画的文件格式有 Gif、Fla、Swf 等。

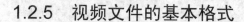

1.2.5 视频文件的基本格式

视频是由一幅幅单独的画面(帧，Frame)组成的，这些画面以一定的速率(FPS，帧/秒)连续地投射在屏幕上，使观察者观察到的图像具有连续运动的感觉。例如电视播放的节目都是遵循视频文件的格式。视频文件的存储格式有 Avi、Mpeg、Mov、Dat 等。

1.3 多媒体关键技术

多媒体应用涉及许多相关技术，统称多媒体技术，这些技术的突破和发展使得多媒体在 20 世纪 90 年代得到广泛的应用。应该说，多媒体技术尚在不断的变化发展之中，特别是一些关键技术，如多媒体数据压缩/解压缩技术、多媒体专用芯片技术、多媒体信息存储技术、多媒体输入与输出技术、多媒体软件技术等。

1.3.1 多媒体数据压缩/解压缩技术

研制 MPC 需要解决的关键问题之一，就是使计算机能适时地综合处理声音、文字以及图像信息。数据压缩是将数据尽可能减少的处理，其实质是查找和消除信息的冗余量。被压缩的对象是原始数据，压缩后得到的数据是压缩数据，两者容量之比为压缩比。对应压缩后的处理是解压缩。现在已有将数字字符数据压缩至原来的 1/2 左右，语音数据量压缩到原来的1/2~1/10，图像数据量压缩到原来的1/2~1/60 的技术。如今已有压缩编码/解压缩编码的国际标准。目前常用的压缩方法有两类：一是无损失压缩，二是有损失压缩。

无损失压缩又称冗余压缩法或熵编码法，算法的出发点是去掉或减少数据中的冗余，压缩过程中不能破坏数据中所包含的信息，也就是说没有任何信息损失，解压缩后的数据必须与原来的一样。无损失压缩主要用于文本和数据的压缩。典型的无损失压缩算法有Huffman 编码、算术编码、游程编码等。

有损失压缩又称为熵压缩法，是指在压缩过程中减少了数据中所包含的数据量，也就是说有一定的失真。因此在解压缩中恢复的数据与原来的数据不一样。然而，正是由于减少了数据量才能获得较高的压缩比，只要这些失真在一定的范围之内，则该压缩算法是可以接受的，比如对图像和声音的压缩。常用的有损失压缩算法有模型编码、失量量化、子带编码等。在具体应用时，常混合采用多种压缩算法，如用于静态图像压缩的 JPEG、用于动态图像压缩的 MPEG 等。

衡量一种压缩技术的好坏有 3 个主要指标：一是压缩比要大；二是算法要简单，压缩/解压缩速度快，能够满足实时性要求；三是压缩损失要少，即解压缩的效果要好。当三者不能兼顾时，就要综合考虑三方面的需求。

1.3.2 多媒体专用芯片技术

专用芯片是多媒体计算机硬件体系结构的关键。为了实现音频、视频信号的快速压缩、解压缩和播放处理，需要大量的快速计算，只有采用专用芯片，才能取得满意的效果。多媒体计算机专用芯片可归纳为两种类型：一种是固定功能的芯片，另一种是可编程的数字信号处理器(Digital Signal Processor，DSP)芯片。专用芯片技术的发展依赖于大规模集成电路(Vast Large Scale Integration，VLSI)技术的发展。

1.3.3　多媒体信息存储技术

多媒体信息存储技术主要是指 CD-ROM 技术，在大容量只读光盘存储器问世后才真正解决了多媒体信息空间存储的问题，拥有 CD-ROM 已经成为 MPC 的标志之一。利用数据压缩技术，在一张 CD-ROM 光盘上能够存取 70 多分钟视频图像或者十几个小时的语言信息或数千幅静止图像。在 CD-ROM 基础上，还开发了交互式 CD-I 刻录光盘 CD-R 和 CD-RW、高画质高音质的光盘 DVD 以及 Photo CD 等。

1.3.4　多媒体输入与输出技术

多媒体输入/输出技术涉及各种媒体外设以及相关的接口技术，包括媒体变换技术、媒体识别技术、媒体解析技术、多媒体网络传输技术和综合技术等。近年来，这些技术得到了较快的发展，媒体变换技术、识别技术已相当成熟，应用相当广泛。媒体变换技术是指改变媒体的表现形式。如当前广泛使用的视频卡、音频卡(声卡)都属媒体变换设备。媒体识别技术是对信息进行一对一的映像过程。例如，语音识别技术和触摸屏技术等。媒体理解技术是对信息进行更进一步的分析处理并理解信息内容。如自然语言理解、图像理解、模式识别等技术。媒体综合技术是指把低维化的信息表示映像成高维化的模式空间的过程。例如，语音合成器就可以把语音的内部表示综合为声音输出。

1.3.5　多媒体软件技术

多媒体系统软件技术主要包括多媒体操作系统、多媒体数据库管理技术、多媒体素材采集与制作技术、多媒体编辑与创作工具、多媒体应用开发技术等。现在的操作系统都包括了对多媒体的支持，可以方便地利用媒体控制接口(Media Control Interface，MCI)和底层应用程序接口(Application Program Interface，API)进行应用开发，而不必关心物理设备的驱动程序。

1.　多媒体操作系统

多媒体操作系统是多媒体软件的核心。它负责多媒体环境下多任务的调度，保证音频、视频同步控制以及信息处理的实时性，并提供多媒体信息的各种基本操作和管理；具有设备的相对独立性与可扩展性。Windows、OS/2 和 Macintosh 操作系统都提供了对多媒体的支持。多媒体操作系统必须具备对多媒体数据和多媒体设备的管理和控制功能，具有综合使用各种媒体的能力，能灵活地调度多种媒体数据并能进行相应的传输和处理，且使各种媒体硬件协调地工作。

多媒体操作系统大致可分为两类：一类是为特定的交互式多媒体系统使用的多媒体操

作系统。如 Commodore 公司为其推出的多媒体计算机 Amiga 系统开发的多媒体操作系统 Amiga DOS，Philips 和 SONY 公司为他们联合推出的 CD-I 系统设计的多媒体操作系统 D-RTOS(Real Time Operation System)等。另一类是通用的多媒体操作系统。随着多媒体技术的发展，通用操作系统逐步增加了管理多媒体设备和数据的内容，为多媒体技术提供支持，成为多媒体操作系统。目前流行的 Windows 9x/NT/2000/XP 主要适用于多媒体个人计算机；Macintosh 是广泛用于苹果机的多媒体操作系统。

2. 多媒体数据库管理技术

传统的数据库管理系统在处理结构化的数据，如文字、数值等信息方面取得了很大成功。然而在很多应用领域，如计算机辅助教学、办公自动化、医疗诊断管理系统、图书馆管理系统等，包含了多种媒体数据和非结构化数据，传统的数据库管理系统显得力不从心。

多媒体数据库的研究目标，主要有以下 3 个方向：

- 在现有商用数据库管理系统的基础上增加接口，以满足多媒体应用的需要。
- 建立基于一种或几种应用的专用多媒体信息管理系统。
- 从数据模型入手，研究全新的通用多媒体数据库管理系统。

第一个目标实用，但效率低；第二个目标易于实现，但通用性、可扩展性差；第三个目标是研究和发展的主流，但是具有相当大的难度。研究和开发数据库要解决的关键技术包括多媒体数据模型、数据的压缩和解压缩、多媒体数据的存储管理和存取方法、用户界面及分布式数据库技术等。

3. 多媒体素材采集与制作技术

多媒体素材采集与制作技术主要包括采集并编辑多种媒体数据，如声音信号的录制编辑和播放，图像扫描及预处理，全动态视频采集及编辑，动画生成编辑，音/视频信号的混合和同步等。例如，利用图 1.8 所示的素材来制作邮票，使用图像处理软件来进行编辑，制作出如图 1.9 所示的邮票。

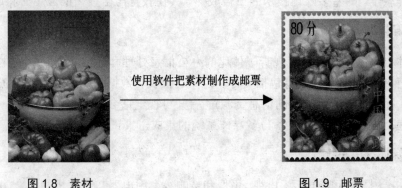

图 1.8　素材　　　　　　　　　　　　　　　　　图 1.9　邮票

4. 多媒体编辑与创作工具

多媒体编辑创作软件又称多媒体创作工具，是专业人员在多媒体操作系统之上开发的创作工具，供特定应用领域的专业人员组织编排多媒体数据，并把它们连接成完整的多媒体应用系统。高档的创作工具用于影视系统的动画制作及特技效果，中档的用于培训、教

育和娱乐节目的制作，低档的用于商业信息、家庭学习材料的编辑。

5. 多媒体应用开发技术

多媒体应用开发技术涉及的范围特别广，多媒体应用的开发使一些不同职业的人集中到一起，包括计算机开发人员、音乐创作人员、图像艺术家等，他们的工作方法以及思考问题的方法都是完全不同的。对于项目管理者来说，研究和推出一种多媒体应用开发方法将是极为重要的。

1.4　多媒体技术的应用与发展

由于多媒体技术具有多维性、集成性和交互性等特点，多媒体技术的应用领域极其广泛，已渗透到人类生活的各个领域，并不断有新的发展。

1.4.1　多媒体技术的应用

1. 教育与培训

多媒体技术将声、文、图集成于一体，使传递的信息更丰富、更直观，是一种合乎自然的交流方式。人们在这种交流环境中通过多种感官来接收信息，加快了理解和接受知识的过程，有助于接收者的联想和推理等思维活动。

计算机辅助教学(Computer Assisted Instruction，CAI)是以学生为中心的新型教学模式，是对以教师为中心的传统的"黑板+粉笔"的教学模式的革命。将多媒体技术引入 CAI 中被称为 MMCAI(Multimedia Computer Assisted Instruction)，它是一种全新的现代化教学系统。该系统改变了以往呆板的学习和阅读方式，能够更好地因材施教，寓教于乐，还可用于实施远程教学。随着多媒体技术的日益成熟，其在教育与培训中的应用必将越来越普及。

2. 多媒体办公系统

多媒体办公系统是综合性视听一体化的办公信息处理和通信系统。它的主要功能是：进行办公信息管理(将各种信息包括文件、档案、报表、数据、图形、音像等资料，进行加工、整理、存储，形成可共享的信息资源)；召开可视电话会议、电视会议等；进行多媒体邮件的传递；进行多种办公设备与多媒体系统的集成，真正实现办公自动化。

3. 多媒体家用系统

多媒体家用系统可将电话、电视、录像和音响等家用电器与计算机相结合，成为集文化、娱乐、学习、工作为一体的综合性多媒体系统。如电子游戏，各种音频、视频节目等，为人们提供了丰富的精神食粮。同时，它与社会信息系统联网，实现了信息的社会化和全球化。

4. 多媒体电子出版物

多媒体电子出版物是以数字代码方式将图、文、声、像等信息存储在磁、光、电介质上，通过计算机阅读使用，并可复制发行的大众传播媒体。其内容可分为电子图书、辞典、文档资料、报刊、娱乐游戏、宣传广告等。

电子出版物与传统出版物除阅读方式不同外，更重要的是具有集成性、交互性等特点，它能够不断向读者提供信息服务，还能接收读者的反馈信息。

5. 各种咨询服务系统

各种咨询服务系统在引入多媒体技术后，使得人们查询信息更加方便快捷，所获得的信息更加生动、丰富。例如旅游点的导游系统，大型商场的购物系统，车站、机场、宾馆等处的无人问讯系统，金融信息的咨询系统等。

6. 多媒体广告系统

多媒体广告系统与电视墙、LED 大屏幕等显示设备结合可实现广告制作、广告宣传、商品展示等多种功能。这类广告具有丰富多彩、形象生动的特点。

7. 现场监测系统

现场监测系统可用于交通管理、生产监控、调度、防火等远距离监视与控制。

8. 多媒体通信

多媒体技术应用在通信工程中的多媒体终端成为多媒体通信系统。随着多媒体技术的发展和信息高速公路的开通以及网络中的电子邮件的普及，在此基础上发展起来的可视电话、视频会议系统将为人类提供更全面的信息服务。

1.4.2　多媒体技术的发展趋势

1. 多媒体技术发展的特点

多媒体技术是一门基于计算机技术的综合应用技术，它包括数字化信号处理技术、音频和视频技术、计算机软件和硬件技术、人工智能和模式识别技术、通信和图像技术等，是正处于发展过程中的一门跨学科的综合性高新技术。目前，多媒体技术的发展，已显示出如下几个特点。

1）　多学科交汇

多媒体技术的研究与发展融合了计算机科学技术、微电子技术、声像技术、数字信号处理技术、通信与网络技术、人工智能技术等多门学科技术，具有单一技术所无法实现的新功能和优异特性。

2）　顺应信息时代的需要

多媒体技术改善了人机交互界面，使计算机应用更有效，更接近人类习惯的信息交流方式。信息空间的多维化，使人的思想表达不再局限于顺序的、单调的、狭窄的范围，而是扩展到一个充分自由的空间。多媒体技术为这种空间提供了多维化空间的交互能力，使人与信息、人与系统、信息与系统之间的交互方法发生了变革，顺应了信息时代发展的需要，因此必将推动信息社会的发展。

3) 带动新产业的形成和发展

多媒体计算机进入家庭教育和个人娱乐已成为时尚，多媒体应用已步入千家万户。历史证明，凡是进入千家万户的技术和产品，必然会带动新产业的形成和发展。

4) 多领域应用

生活娱乐的新方式、学习培训的新方法、生产管理的新手段、科学研究的新工具都将从多媒体技术和产品中受益，并最终在多领域中得到广泛的应用。

2. 多媒体技术发展的方向

根据多媒体技术发展的特点和当前多媒体计算机存在的实际问题，为了解决存在的不足，多媒体技术应朝着以下方向发展：

(1) 高分辨化，提高显示质量。

(2) 高速度化，缩短处理时间。

(3) 简单化，便于操作。

(4) 高维化，三维、四维或更高维。

(5) 智能化，提高信息识别能力。

(6) 标准化，便于信息交换和资源管理。

3. 多媒体计算机的发展趋势

1) 不断完善计算机支持下的协同环境

当前多媒体计算机硬件系统结构，多媒体计算机的音频、视频接口及软件产品不断改进，尤其是采用了硬件体系结构设计和软件、算法相结合的方案，使多媒体计算机的性能进一步提高。但仍存在着需要增强系统透明性，进一步研究多媒体信息空间的组合方法等问题。这些问题解决后，多媒体计算机将形成更完善的工作环境，消除空间距离和时间距离，提供更完善的信息服务。

2) 增强计算机的智能

可以进一步解决文字、语音的识别和输入，汉语自然语言的理解和翻译，图形的识别和理解，机器人的视觉，知识工程及人工智能等方面的一些难题，从而使多媒体技术应用更为广泛。

3) 把多媒体与通信技术融合到 CPU 芯片中

计算机的结构设计过去较多地考虑了计算机功能，随着多媒体技术、网络计算技术、计算机网络技术的发展，计算机结构设计需要考虑增加多媒体和通信的功能。其设计目标是与现在所有的计算机兼容，同时具有多媒体和通信功能。

1.5 本 章 小 结

通过本章的学习，了解了媒体、多媒体、多媒体技术以及多媒体计算机技术的基本概念，并且认识多媒体计算机技术是指能够同时获取、处理、编辑、存储和展示两个或两个以上不同类型媒体信息的技术，也就是计算机具有综合处理文本、图形、图像、音频、视频、动画等多媒体信息的功能，使多种信息建立逻辑连接，集成为一个系统，并使得该系统具有交互性。同时还认识了多媒体系统结构以及多媒体计算机(MPC)标准的制定。在多媒体计算机表示中，认识了各种元素在计算机中的表示方式和特性。同时还了解了多媒体技术中的一些关键技术，如多媒体数据压缩/解压缩技术、多媒体专用芯片技术、多媒体信息存储技术、多媒体输入与输出技术、多媒体软件技术等。在多媒体计算机的应用发展方面，阐述了从多媒体技术应用到多媒体技术发展趋势以及今后发展的主流趋势。充分了解和掌握以上这些知识将为今后多媒体课程的学习奠定良好的基础。

1.6　习　　题

1. 什么是媒体和多媒体？
2. 多媒体计算机技术的特性有哪些？
3. 多媒体系统结构层次主要有哪些？各有什么作用？
4. 多媒体计算机的主要关键技术有哪些？各有什么作用？
5. 简述多媒体的应用以及多媒体技术的发展趋势。

第 2 章 多媒体计算机系统

计算机系统主要由计算机硬件设备和软件系统组成，从计算机诞生至今，应用领域从数值计算扩展到数据采集处理、办公自动化、自动控制和多媒体信息化处理等。由此为多媒体计算机的发展奠定了良好的基础。通过本章的学习，可以更清楚地了解多媒体计算机的组成，以及多媒体个人计算机的技术标准和配置。

2.1 多媒体计算机的基本设备

多媒体计算机系统由硬件系统和软件系统组成。硬件系统主要包括计算机的各主要配置和各种外部设备以及与各种外部设备的控制接口卡(包括多媒体实时压缩和解压缩电路)。软件系统包括多媒体驱动软件、多媒体操作系统、多媒体数据处理软件、多媒体创作工具软件和多媒体应用软件。

将计算机传统硬件设备、光盘存储器、音频输入/输出和处理设备、视频输入/输出和处理设备、多媒体通信传输设备等有选择性地组合起来，可以组成一个多媒体计算机，如图 2.1 所示。其中传统部件包括主板、中央处理器、内存条、硬盘、软驱、显卡、网卡、机箱、显示器、键盘、鼠标等。与传统计算机相比，其最特殊的是根据多媒体技术标准而研制生产的多媒体信息处理芯片板卡和光驱等。

图 2.1 多媒体计算机

从外观上观察多媒体计算机，主要是看是否安装了声卡、光驱等多媒体部件，其他的部件诸如麦克风、音箱、调制解调器等设备也是多媒体计算机的标志，而主机、显示器、键盘、软驱、光驱、鼠标等则是现代计算机不可缺少的硬件。从内部分析多媒体计算机主机，则主要是分析多媒体数据的传输方式、计算机主板的功能、处理器的功能、内存储器、外存储器、声音处理设备、图形处理设备、图像处理设备等方面。表 2.1 和表 2.2 分别是普通档次和高档次的多媒体计算机的主机性能及指标。

表 2.1　普通档次多媒体及性能指标

产品名称	规　格	性能指标
主板	天虹 GF FX5200 A3 系列	64M\DDR\NV34\ VGA+TV-OUT \128b
CPU	赛扬	CE—2.4GB
内存	HY 256MB	SDR
硬盘	金钻 40GB	7200/2M
软盘驱动器	SONY	3.5 英寸,1.44MB
光盘驱动器	爱国者	52X
显卡	小影霸 R9000	RADEON9000/64MB
声卡	AC'97	128b
显示器	MicroStar 光影之旅 775C	17 英寸纯平彩显/1600×1200/高亮/165MB
机箱	世纪之梦 V217	侧面 USB，可折叠面板，七彩灯，手动螺丝拆装
音箱	飞利浦	LC2.1
键盘	明基	52V
鼠标	双飞燕	
网卡	瑞昱	Rtl8139
MODEM	内置	56Kb/s
耳机、麦克风	配送	

表 2.2　高档次多媒体及性能指标

产品名称	规　格	性能指标
主板	华硕 P4P800	INTEL865PE/ICH5R/800 FSB/4*DDR400 支持双通道/AGP8X/S-ATA/RAID 0/AD1985-6CH/USB2.0/3COM GBLAN/ATX
CPU	P4	3.06GB
内存	Kingmax 512MB	DDR400
硬盘	西捷 160G SATA	7200/8MB
软盘驱动器	SONY	3.5 英寸,1.44MB
光盘驱动器	康宝	16XDVD-ROM+40XCD-RW 倍速
显卡	七彩虹镭风 9600XT	DDR -3.3ns VGA+DVI+TVOUT 128b
声卡	创新 Sb-Live	128bit/s
显示器	飞利浦 170C5	17 英寸液晶，最高对比度 450：1，亮度 250cd/m，最小响应时间 20ms
机箱	世纪之梦 V217	侧面 USB，可折叠面板，七彩灯，手动螺丝拆装
音箱	现代 HY-9300	塑木 65W/触摸按钮/银黑色/5.1

产品名称	规　格	性能指标
键盘	明基	防水、超薄
鼠标	NEC 鼠标	迷你小光电鼠标
MODEM	内置	
网卡	主板集成	56Kb/s
耳机、麦克风	配送	

2.1.1　主板

主板是位于主机箱底部的一块大型印制电路板，有 CPU 插槽/插座、内存插槽、扩展总线、高速缓存、CMOS、BIOS、软/硬盘接口、串口、并口等外设接口、控制芯片等。

目前主板的型号多种多样，而主要不同的是 CPU 插槽，由于 CPU 不断地升级，而主板也在不断地更新，所以主板淘汰得也比较快。现以华硕公司生产的 P4C800 主板为例，该主板拥有 FSB 800MHz、AGP 8X、双通道 DDR400、ATA133、1394 接口，还有串行 ATA，带 RAID 功能，以及普通主板上难得一见的 3COM 网卡(支持千兆级以太网连接)，集成 VIA 6037 芯片提供的 IEEE 1394 接口，如图 2.2 所示。其主要参数如表 2.3～表 2.6 所示。

图 2.2　华硕 P4C800 主板

表 2.3　产品参数详细信息——主要性能

类　型	服务器主板
集成	声卡；网卡
芯片组	Intel 875P
芯片组描述	南桥 ICH5
音频芯片	ADI AD1985 SoundMAX 6 声道音频控制器

续表

类　型	服务器主板
其他芯片	3COM 3C940 千兆级 PCI 网络控制器支持 10/100/1000 BASE-T 网络；Promise 20378 RAID 控制器；VIA 1394 控制器支持两个 1394 接口
CPU 种类	奔腾 IV
CPU 描述	支持 P4 中央处理器达 3.2 GHz+；支持 Intel Hyper-Threading 超线程技术
CPU 插槽类型	Socket 478
CPU 插槽数量/个	1
FSB/MHz	800
内存类型	DDR
内存描述	双通道内存结构；4 个 184 针 DIMM 插槽支持最大 4GB PC3200/PC2700/PC2100；ECC/nonECC DDR SDRAM 内存；使用英特尔性能加速技术

表 2.4　产品参数详细信息——扩展性能

类　型	扩展性能
USB	4 个 USB 2.0 接口；支持八组 USB 2.0
AGP	AGP Pro/8X 插槽
PCI	5 个 PCI，PCI 2.2, PCI 2.3
IDE	2 个 UltraDMA 100；1 个 UltraDMA 133，支持两个硬盘
PS/2	1 个 PS/2 键盘接口；1 个 PS/2 鼠标接口
并/串	1 个并口；1 个串口
其他内部插口	2 个串行 ATA；RAID 0，RADI 1，RAID 0+1，多组合 RAID；4 针 ATX 12V 电源接口；20 针 ATX 电源接口；COM2 接针；GAME/MIDI 接针；CD/AUX/Modem 音频输入；2 个 USB 接针支持附加的 4 个 USB 2.0 接口
外接端口	1 个 1394 接口；1 个 S/PDIF 输出；1 组音频 I/O；1 个 RJ45 接口

表 2.5　产品参数详细信息——软件管理

类　型	软件管理
BIOS	4 Mb Flash ROM，AMI BIOS，PnP，DMI2.0，WfM2.0，SM BIOS 2.3，多国语言 BIOS，ASUS EZ Flash，MyLogo2，ASUS C.P.R

表 2.6　产品参数详细信息——其他特征

类　型	其他特征
板型	ATX 板型
外形尺寸/mm^2	305×245
随机附件	无线基站
特点	华硕 AI 智能功能

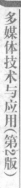
2.1.2 中央处理器

中央处理器(CPU)是独立于主板以外的一个重要部件,它执行对信息的处理与控制,是整个微型机的核心。它是一个大规模集成电路芯片。CPU 可分为:针脚式 Socket 和插卡式 Slot 两种,如图 2.3 所示。过去的主板上直接带有 CPU,而现在的主板是不带 CPU 的,如果需要,必须另外购买。组装计算机时将 CPU 安装在主板上的 CPU 插槽上。CPU 相当于人的大脑,有的计算机(服务)为了追求高性能,使用双 CPU,但是一定要有配套的支持双 CPU 的主板。CPU 的重要指标是它的频率,一般来说,CPU 的频率越高其档次也越高,计算机运行的速度也就越快。

计算机工作过程中,CPU 的工作温度和其他硬件相比要偏高,所以在 CPU 上要加上一块小风扇,即 CPU 风扇,其目的就是为 CPU 散热。一般购买 CPU 时会自带 CPU 风扇,如图 2.4 所示。

图 2.3 针脚式 Socket CPU

图 2.4 CPU 风扇

2.1.3 内存

内存是计算机高速运行的关键部件,它的全称是随机访问存储器(RAM)。在多媒体计算机中,存储设备都有容量较大的特点。因为内存大小对计算机的运行速度影响很大。例如,安装一个 Photoshop 7.0 要求计算机的内存至少在 32MB 以上,而现在配置计算机的时候都会配置 256MB、512MB 或是更高的内存。

目前较常用的内存有 SDR(Synchronous Dynamic RAM,同步动态内存)和 DDR(Dual Data Rate SDRAM,双倍速率内存)两种,发展主流是 DDR 内存。DDR 内存条如图 2.5 所示。

DDR 的标准是由 JEDEC(Joint Electron Device Engineering Council,联合电子设备工程委员会)制定的,JEDEC 有 40 多年的历史,一些支持 DDR 的大厂商同时也是 JEDEC 的会员,共同开发 DDR。JEDEC 不仅制定了 DDR 内存芯片和 DDR 内存部件的规范,还为部件生产商们提供了 DDR 内存条的设计参考书。这样做有两个目的:①通过对小的部件商的帮助,进一步扩大业界对 DDR 的支持范围;②在 DDR 部件级上,实现一定程度的兼容。

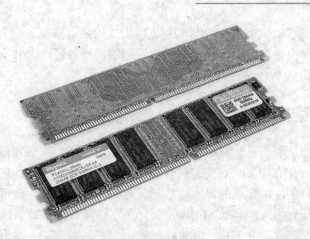

图 2.5　DDR 内存条

2.1.4　声卡

　　声卡是音频卡的简称，它通过插入主板扩展槽中与主机相连或集成于主板内部。卡的输入/输出接口可以与相应的输入/输出设备相连。常见的输入/输出设备包括麦克风、收录机和电子乐器等。声卡是多媒体计算机的音频通道，有了它计算机才能输出悦耳的声音。人们除了用声卡播放声音，还利用声卡进行声音的数字化录音和重放，将高档的声卡用于作曲等，如图 2.6 所示。

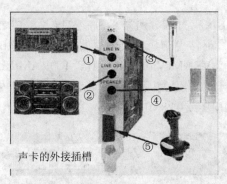

声卡的外接插槽

图 2.6　声卡

　　声卡上的芯片用来完成模数/数模(AD/DA)转换。模数转换就是将作为模拟量的自然声音或保存在介质中的声音经过变换，转化成数字化的声音。数字化声音以文件形式保存在计算机中，可以利用声音处理软件对其进行加工和处理。数模转换就是把数字化声音转换成作为模拟量的自然声音。转换后的声音输出到声音还原设备，例如耳机、有源音箱等，就可以听到声音。

　　声卡的外部接口主要有 5 个：①线路输入接口(Line-In)，用于接收外部声源(如利用 CD 播放机、录音机等设备)。②线路输出接口(Line-Out)，将声卡的音频信号输出到外部的功率放大器等接收装置。③话筒接口(Mic-In)，用于录音采样。④扬声器输出接口(Speaker-Out)，通过声卡上的功率放大器将放大后的信号直接送到扬声器、有源音箱、耳机进行播放。⑤游戏杆和音乐设备数字接口(Musical Instrument Digital Interface，MIDI)，也称 MIDI 接口，用于连接游戏杆和 MIDI 设备。以上 5 项是当把声卡安装在计算机上之后或主板本身集成了声卡模块，可以在机箱的后部看到的。安装好声卡并安装有相应驱动程序之后即可利用 Windows 娱乐播放软件播放声音文件。

2.1.5　显示适配器

显示适配器又称显卡，计算机中的信息要在屏幕上显示出来必须借助显卡，显卡的性能好坏、质量优劣，会直接影响对信息的理解与处理，从而影响操作的准确性。显卡的发展经历了由单色到彩色，由普通的显示接口到具有图形加速功能的显示接口等过程。

显卡一般由 4 部分组成：①ROM BIOS(固化在存储器芯片中的只读驱动程序)，显卡的特征参数、基本操作等保存在其中；②RAM(显示器缓冲存储器)，其容量大小决定了显示颜色的数量和分辨率的高低；③控制电路，控制显示的状态，进行显示指令的处理等；④信号输出端子，将显示信息和控制信号传送至显示器。

显卡插在主板的扩展槽上，通过电缆与显示器相连。目前也有把显卡集成在主机板上的“二合一”产品，目的是为了进一步降低成本。显卡根据插槽类型可分为 PCI(Peripheral Component Interconnect，互连外围设备)和 AGP(Accelerated Graphics Port，加速图形接口)等，它们所具有的数据宽度一般为 32 位、64 位、128 位，数据宽度越大，其速度越快。

显卡运行速度与接口方式和显卡上的主控芯片有关，它们决定着显卡的档次和价格。目前生产显卡主控芯片的主要有两家公司：NVIDIA 及 ATI，它们分别生产 Gforce 系列及 Readon 系列显卡主控芯片。

显示内存的大小对显卡所支持的分辨率、色彩数以及运行速度有很大影响，显存容量 $\times 8 \geq$ 分辨率 $\times \log_2$ 颜色数。目前常见的显卡所带有的内存有 16MB、32MB、64MB、128MB 等。显卡内存的类型有 VRAM(Video RAM)、RDRAM(Rambus DRAM)、SGRAM (Synchronous Graphics RAM)、WRAM(Windows RAM)和 DDR 内存等。目前，流行的是内存类型为 DDR，容量为 64MB 或 128MB 的显卡，如图 2.7 所示。

图 2.7　承启 GeForce4 显卡

市场上的显卡种类繁多，例如，世和资讯的七彩虹风行 5950 Ultra CH 版，基本配置为 nVIDIA GeForce FX5950 图形处理芯片；AGP 8X 接口类型；256MB 显存容量；DDR

SDRAM 显存类型；2.5ns 显存速度。

2.1.6　显示器

　　显示器主要用于显示计算机主机传送出的各种信息，是将五彩缤纷的世界展现在人们面前的多媒体计算机的一个重要设备。它的发展由小到大，由单色到彩色，分辨率由低到高，由直接操作到间接操作。

　　显示器按器件分类有两种：传统的 CRT(阴极射线管)显示器(如图 2.8 所示)和 LCD(液晶)显示器(如图 2.9 所示)。CRT 显示器采用阴极射线管，体积较大、品种繁多，其外观经历了球面、柱面、平面直角、纯平几个发展阶段，显示器的屏幕尺寸有 15、17、19、21 英寸等。在色彩还原、亮度调节、控制方式、扫描速度、清晰度以及外观等方面更趋完善和成熟。LCD 显示器以液晶作为显示元件，主要采用 TM(Twisted Matrix，扭转向列型)、STM(Super Twisted Matrix，超扭转向列型)、TFT(Thin Film Transistor，薄膜式晶体管型)技术。LCD 显示器具有可视面积大、外壳薄、辐射几乎为 0 等优点；与 CRT 显示器相比，又有亮度稍暗、色彩稍差、视角较窄等缺点。近年来，各国采用 TFT(非晶硅薄膜晶体管)作为 LCD 显示元件，使显示亮度、色彩和视角有了长足的进步。

图 2.8　CRT(阴极射线管)显示器

图 2.9　LCD(液晶)显示器

　　显示器按分辨率分类有很多种：640×480、800×600、1024×768、1280×1024、1600×1200等。显示分辨率通常写成(水平点数)×(垂直点数)的形式，目前 1024×768 的类型较普及。分辨率越高，显示在屏幕上的图像的质量也越高。

　　显示器点距：屏幕上荧光点间的距离。现有的规格有：0.20mm、0.25mm、0.26mm、0.28mm、0.31mm 等。点距越小，图像显示越清晰，其价格也就越高。

　　显示器刷新频率：每分钟屏幕画面更新的次数一般是 65～200Hz。根据显示器类型的不同其刷新速度调整应适中，以使显示器的显示功能达到最优状态。

　　显示器是否符合环保标准，已经是人们普遍关注的问题。所谓"环保"是指显示器应具有防辐射、省电、不产生有害物质、防火等特点，以保护人类的健康。现在主流"绿色"显示器，并非指显示器具有绿色的外表，而是指具有较低辐射，具有节能功能等环保特性的显示器。目前，大多数新型显示器符合 3C 标准认证，对人类健康的影响较小。

2.1.7　光盘驱动器

光盘驱动器通常被称为光驱,是利用激光原理工作的。而激光是将可见光中的某一单色光积聚并放大,变成高能量的光束。1985 年 Philips 和 SONY 两家公司利用该原理制作计算机的外围存储设备,于是出现了 CD-ROM(Compact Disk-Read Only Memory,压缩光盘只读存储器),如图 2.10 所示。实际上,它包括光盘驱动器和光盘。

1. CD-ROM 性能指标

CD-ROM 的性能指标主要有容量、数据传输率、平均随机读取时间和误码率等。

容量:CD-ROM 的容量随光盘的存储方式不同而有差别,一般为 650～700MB。CD-ROM 光盘标准尺寸为 4.75 英寸,如图 2.11 所示。

图 2.10　光驱

图 2.11　光盘

数据传输率:数据传输率是 CD-ROM 驱动器每秒传输的数据量,也就是它的传输速度。通常,市场上 CD-ROM 驱动器的传输率有 40 倍速、48 倍速、52 倍速等。而单倍速是指每秒钟可传送 150KB 的数据,如 52 倍速是指每秒钟可传送 52×150KB=7800 KB 的数据。

平均随机读取时间:CD-ROM 驱动器读取信息时,一般分成 3 个时间段:寻道时间——把光学头定位在指定要读取的光道上所花费的时间;稳定时间——光学头稳定地停在指定光道上的时间;旋转时间——光学头从稳定地停止在指定的光道上开始,到盘片旋转到指定要读取扇区的这一段时间。这 3 个时间段中寻道时间最长,主要由它来决定 CD-ROM 驱动器的读取速度。

误码率:CD-ROM 驱动器采用复杂的纠错编码,可以纠正读出信息的一些错误,这些错误的出现可能是由于光道上不清洁或受损等原因。若光盘存储的是数字或程序,则要求误码率低。对于图像,可允许误码率高些,因为稍微有些误码不会使图像质量受到太大影响。

2. 接口方式

CD-ROM 驱动器根据接口的不同,一般分为 AT 接口、IDE 接口、SCSI 接口 3 种。通常使用的是 IDE 接口。

由于多媒体软件要求占用的存储空间都比较大,而且要求存取速度快,误码率低,使用方便,所以现在的软件大多数都是使用光盘的方式进行存储。但是使用光盘存储也有它的缺点:光盘数据只能读取不能写入;光盘很容易受损;CD-ROM 驱动器使用寿命不长;光盘易与 CD-ROM 驱动器托盘发生摩擦受损,使光盘产生划痕等。

3. CD-ROM 的维护

为了更好地维护光盘驱动器，应尽量做到以下几点。

(1) 不宜用手推动托盘进盒。光盘驱动器中的构件大多采用塑料制成，任何过大的外力都可能损伤进出盒机构，因此，要尽量用光盘驱动器面板上的按钮或软件来控制进盒。

(2) 光盘驱动器在进行读取操作时，不要按弹出按钮强制弹出光盘。因为此时光盘正在高速旋转，特别是在光盘内缘读取数据时转速更快。若强制弹出，光盘驱动器会经过简短延迟后出盒。但这时光盘往往还没有完全停止转动，在出盒过程中光盘与托盘发生摩擦，易使光盘产生划痕。

(3) 当光盘驱动器停止读取操作后，光盘在驱动器中并不马上停止旋转。为了保证下一次读取操作的快速性，光盘将继续恒速转动一段时间后才停止。当确信不再使用光盘时，应及时将其取出，以减少磨损。

(4) 用清洗盘清洗激光头组件。当觉得光盘放入驱动器后读不出来或是很难读出数据时，或光盘驱动器的磁头上积有灰尘时，可用清洗盘清洗一两次。只要将清洗盘放入驱动器中，轻轻地按光盘驱动器的开始键，即可自动清洗。

2.2　多媒体计算机扩展设备

除多媒体计算机基本配置以外的其他配置设备都称为扩展设备。扩展设备几乎包括了所有对多媒体产品开发有用的设备。只要经济条件允许，这些扩展设备都可以纳入多媒体计算机的系统配置清单。具有代表性的扩展设备有：视频卡、扫描仪、数码照相机、数码摄像机、打印机及投影仪等。

2.2.1　视频卡

视频卡是一种专门用于对视频信号进行实时处理的设备，又称视频信号处理器。视频卡插在主板的扩展插槽内，通过配套的驱动软件和视频处理应用软件进行工作。视频卡可以对视频信号(激光视盘机、录像机、摄像机等设备的输出信号)进行数字化转换、编辑和处理，并且可以保存数字化文件。视频卡的外观如图 2.12 所示。

图 2.12　视频卡

视频卡按照功能划分有 5 种：①视频转换卡，将计算机的 VGA 显示信号转换成 PAL 制、NTSL 制或 SECAM 制的视频信号，并输出到电视机、视频监视器、录像机、激光视盘刻录机等视频设备中；②视频捕捉卡，将视频信号源的信号转换成静态的数字图像信号，进而对其进行加工和修改，并保存标准格式的图像文件；③动态视频捕捉卡，对动态影像进行实时响应，并将其转换成压缩数据存储，还可重放影像，常用于现场监控、安全保卫、办公室管理等场合；④视频压缩卡，采用 JPEG 和 MPEG 数据压缩标准，对视频信号进行压缩和解压缩处理，主要用于制作视频演示片段、录像带转换 VCD 光盘、商业广告、旅游介绍等场合；⑤视频合成卡，把计算机制作的方案、图片以及字幕叠加到模拟视频信号源上，常见的模拟视频信号源有录像、光盘、摄像以及电视等。利用视频合成卡提供的功能，可轻松地制作电视字幕、带解说词标题的家用录像带以及 VCD 的视频素材等。

2.2.2　扫描仪

扫描仪是一种输入设备，它可以将图像转换成可由计算机处理的数字数据，主要用于扫描输入黑白或彩色图片资料、图形方式的文字资料等平面素材。配合适当的应用软件后，扫描仪还可以自动识别扫描文字，并转化为文本格式。

根据扫描原理，扫描仪可分为反射式扫描、透射式扫描两类。反射式扫描是指原稿经光线反射，通过反射镜片、透镜聚焦被 CCD(Charged Coupled Device，电荷耦合器件)接收，形成电信号，随后经过译码处理生成图像数据。平板式扫描仪均属于反射式扫描仪，如图 2.13 所示，这种扫描仪不适于扫描透明物件。透射式扫描仪扫描时，光线透过原稿，经过反射镜片、聚焦透镜被 CCD 接收，形成电信号，经过译码生成图像数据。胶片扫描仪属于透射式扫描仪，如图 2.14 所示。

扫描仪主要技术指标有分辨率、色彩精度、内置图像处理能力。

图 2.13　平板式扫描仪　　　　图 2.14　透射式扫描仪

扫描分辨率的单位是 DPI，意思是每英寸能分辨的像素点。DPI 的数值越大，扫描的清晰度就越高。

色彩精度是增加色彩表现力的重要条件。扫描仪在扫描时，原稿上的色彩分解为 R(红)、G(绿)、B(蓝)三基色，每个基色有若干个灰度级别。灰度级别越高，色彩精度越高，扫描出来的图像色彩越丰富。

内置图像处理能力包括：补偿显示器、打印机的色彩偏差能力，色彩校正能力，亮度可调能力，自动优化能力，半色调处理能力等。

2.2.3　数码照相机

　　数码照相机是一种数字化的图像捕捉设备，与传统照相机的最大区别是感光与保存介质不同。它用 CCD 成像，相片上的信息存储在半导体器件上，可以把存储的照片输入到计算机中，并利用图形处理软件(如 Photoshop 7.0)进行编辑加工，然后在打印机上打印输出。

　　数码照相机分辨率的高低，取决于数码照相机机内的 CCD，CCD 的像素越多，分辨率就越高。一般厂家给出数码照相机的两个分辨率：CCD 分辨率和图像分辨率。如某数码照相机的 CCD 分辨率是 1584 点/英寸×10324 点/英寸，则相应的图像分辨率是 15364 点/英寸×1032 点/英寸。有的厂家用 CCD 的乘积来描述分辨率，如美能达股份公司 2003 年发售的 DiMAGE 7 系列新款 DiMAGE 7Hi 型数码照相机。其内部装有 64MB SRAM，容量上提高了一倍，最大可支持 2560×1920 静态图片写真，拍摄图像分辨率大小可为 2560×1920、1600×1200、1280×960、640×480，500 万有效像素 CCD，如图 2.15 所示。

图 2.15　DiMAGE 7Hi 型数码照相机

　　数码照相机的存储介质有：数码照相机的特殊内存和存储卡。存储卡使用起来比较方便，它可以解决内存不足的缺点。常见的存储卡有 PCMCIA 卡、Compact Flash 卡、Smart卡等。存储在内存(卡)上的图像可以通过接口和软件输入到计算机中。

　　数码照相机使用方便，为多媒体图像素材提供了一个更好的输入环境。

2.2.4　打印机

　　打印机是多媒体信息输出的常用设备。随着打印技术的发展，传统的打印概念在不断更新，新型打印机越来越多地采用高新技术，打印精度、彩色还原度和打印速度不断地提高，打印机种类也在不断地增加，价格在不断地降低。目前市场上主要有激光、喷墨、针式打印机，其中作为多媒体设备使用的打印机主要是彩色激光打印机及彩色喷墨打印机。

1. 彩色激光打印机

　　彩色激光打印机是一种高档打印设备，用于精密度很高的彩色样稿输出。与普通黑白激光打印机相比，彩色激光打印机采用 4 个硒鼓进行彩色打印，打印处理相当复杂，尖端技术含量高，属于高科技的精密设备。其外观如图 2.16 所示。

彩色激光打印机的主要技术指标如下。

打印速度：打印整幅样稿的速度，即以打印机每分钟可以打印的页数(ppm)作为计量单位，例如 20 ppm(A4)。打印速度是衡量彩色激光打印机的重要指标。目前的打印机打印速度在 8~25 ppm 之间。

打印精度：又称为打印分辨率，即以每分钟打印多少个点(dpi)作为计量单位，例如 600 dpi。目前，一般彩色激光打印机的打印精度是 600 dpi，高级的机型采用 1200 dpi 的打印精度。

最大打印幅面：以 A4 幅面和 A3 幅面为主。A3 幅面是 A4 幅面的两倍，打印 A3 幅面的打印机体积也大一些。

内存容量：彩色激光打印机自带内存，其容量值在 4~256MB 之间。内存容量越大，存储的打印信息越多，能够大幅减少计算机的负担，提高打印速度。

接口形式：目前，大多数彩色激光打印机采用并行数据通信接口，也有采用串行通信接口的，采用 USB 接口的彩色激光打印机的机型较少。

2. 彩色喷墨打印机

近年来，彩色喷墨技术发展很快，使用该技术的打印机使用四色墨水或六色墨水，利用超微细墨滴喷在纸张上，形成彩色图像。其外观如图 2.17 所示。

图 2.16　彩色激光打印机

图 2.17　彩色喷墨打印机

彩色喷墨打印机有家用型、办公型、专业型、照片专用型之分，根据使用场合不同，其性能、价格大相径庭。

家用型打印机结构简单，外形线条简洁、明快，纸张幅面以 A4 为主，打印精度在 600~2880dpi 之间。

办公型打印机结构坚固、耐用，带有大容量纸盒，打印速度快，精度高，噪声低，打印幅面大。有些机型支持网络共享打印，适合办公环境大批量打印的需要。这类打印机的打印精度在 600~1440dpi 之间。

专业型打印机主要用于彩色质量要求高的场合，例如打印商业广告、平面设计作品、彩色照片等。专业型彩色喷墨打印机采用六色彩色墨水(黑色、青色、洋红色、黄色、淡青色、淡洋红色)，色彩丰富，灰阶过度细腻。打印头采用超精细墨滴技术，在高分辨率打印时，直观感觉无墨滴痕迹。打印分辨率在 1440~2880dpi 之间。

照片专用型打印机为输出小尺寸照片而设计的。该类型打印机一般与数码照相机配套使用，可直接输出数码照相机的数字化图像，而无须经过计算机。但是需要进行编辑处理时则要使用计算机。照片专用型彩色喷墨打印机配合六色墨水和照片专用纸，打印精度一般在 1440dpi 以上。

此外，为了满足特殊场合的需要，设计出了各种专用打印机，如便携式打印机、特大型打印机等。

2.3　多媒体计算机系统软件

多媒体技术增强了 PC 处理和传播信息的能力。普通的 PC 要成为多媒体个人计算机，除了要配备光驱、声卡、视频卡等硬件外，还需要装配各种多媒体软件。多媒体软件不仅种类繁多，而且几乎综合了利用计算机处理各种媒体数据的最新技术，如数据压缩、数据采样、动画、视频数据编辑、声音数据加工等，并能灵活地综合处理多媒体数据，使各种媒体协调一致地工作。实际上，多媒体软件是多媒体技术的灵魂。

2.3.1　多媒体驱动软件

多媒体驱动软件是多媒体计算机软件中直接与硬件打交道的软件。它完成设备的初始化，完成各种设备操作以及设备的关闭等。驱动软件一般常驻内存，每种多媒体硬件需要一个相应的驱动软件。安装计算机操作系统时，计算机自动搜索硬件找到相应的驱动软件进行安装，或者用驱动软盘或光盘安装相应驱动程序，如果该硬件没有驱动软件，则该硬件无法作用。

2.3.2　多媒体操作系统

操作系统是计算机的核心，负责控制和管理计算机中的所有软硬件资源，对各种资源进行合理的调度和分配，改善资源的共享和利用情况，最大限度地发挥计算机的效能；另外它还控制计算机的硬件和软件之间的协调运行，改善工作环境并向用户提供友好的人机交互界面。多媒体操作系统简言之就是具有多媒体功能的操作系统。多媒体操作系统必须具备对多媒体数据和多媒体设备的管理和控制功能，具有综合使用各种媒体的能力，能灵活地调度多种媒体数据并能进行相应的传输和处理，且使各种媒体硬件和谐地工作。

多媒体操作系统大致可分为两类：一类是为特定的交互式多媒体系统使用的多媒体操作系统。如 Commodore 公司为其推出的多媒体计算机 Amiga 系统开发的多媒体操作系统 Amiga DOS，Philips 和 SONY 公司为他们联合推出的 CD-I 系统设计的多媒体操作系统 D-RTOS(Real Time Operation System)等。另一类是通用的多媒体操作系统。随着多媒体技术的发展，通用操作系统逐步增加了管理多媒体设备和数据的内容，为多媒体技术提供支持，成为多媒体操作系统。目前流行的 Windows 9x/NT/XP/2000 主要适用于多媒体个人计算机；Macintosh 是广泛用于苹果机的多媒体操作系统。

2.3.3　多媒体数据处理软件

多媒体数据处理软件是专业人员在多媒体操作系统之上开发的。在多媒体应用软件制作过程中，对多媒体信息进行编辑和处理是十分重要的，多媒体素材制作的好坏，直接影响到整个多媒体应用系统的质量。常见的音频编辑软件有 Sound Edit、Cool Edit 等，图形图像编辑软件有 CorelDraw、Photoshop 等，非线性视频编辑软件有 Premiere 等，动画编辑软件有 Animator Studio 和 3D Studio MAX 等。

2.3.4　多媒体创作软件

多媒体创作软件是帮助开发者制作多媒体应用软件的工具，如 Authorware、Frontpage、Powerpoint 等。它们能够对文本、声音、图像、视频等多种媒体信息进行控制和管理，并按要求连接成完整的多媒体应用软件。第 6 章将详细地介绍 Authorware 6.0。

2.3.5　多媒体应用系统

多媒体应用系统又称多媒体应用软件。它是由各应用领域的专家或开发人员利用多媒体开发工具软件或计算机语言，组织编排大量的多媒体数据而构成的最终多媒体产品，是直接面向用户的。多媒体应用系统所涉及的应用领域主要有文化教育、信息系统、电子出版、音像影视特技、动画等。

2.4　本章小结

通过本章的学习，了解多媒体计算机系统由硬件系统和软件系统组成。硬件系统主要包括计算机的基本配置和各种外部设备以及与各种外部设备的控制接口卡；同时对计算机硬件的性能和技术指标有了一定的认识；懂得了软件系统包括多媒体驱动软件、多媒体操作系统、多媒体数据处理软件、多媒体创作工具软件和多媒体应用软件。了解了 Windows 中的多媒体应用程序使用简单，通俗易懂；学会了如何利用媒体播放器播放声音文件、视频文件，如何对声音和视频信息进行简单处理等。这些操作为使用计算机增添了许多乐趣，不再让计算机的使用过程枯燥和沉闷。

2.5　习　　题

1. 简述多媒体计算机的层次结构。
2. MPC 有哪些基本硬件设备？
3. 常见的多媒体设备有哪些？各有何功能？
4. 声音的外部接口有哪些？分别具有什么特点？
5. 显示器的显示分辨率和颜色数量与什么因素有关？为什么？
6. CRT 显示器和 LCD 显示器有哪些区别？
7. 扫描仪中的关键部件是什么？采用了哪些新技术？
8. 简述多媒体计算机系统软件的分类和功能。
9. 如何利用 Windows 中的"录音机"工具录音？
10. Windows 有哪些多媒体功能？如何在 Windows 中播放声音、视频文件？

第 3 章　图像处理技术

【学习目的与要求】

图像是一类重要的多媒体数据，是多媒体作品的重要组成部分。人们获取信息的 70% 来自视觉系统。通过本章的学习，要求熟练掌握 Photoshop 的基本操作；掌握图像基本处理方法；能够利用多种方法调整图像影调，改善图像的视觉效果；能够利用图层、蒙版等工具来合成图像；能够利用滤镜制作简单的特效。

3.1　Photoshop CS2 图像编辑软件简介

计算机在问世之初只是作为科研机构进行科学计算的工具，直到 20 世纪 50 年代至 70 年代，一些科学家开始利用计算机程序语言从事图形、图像处理的研究，研究的主题多是图形形成原理的探索，例如，如何编程使得计算机的二进制代码能够表现为一条弧线或是一个三角形等简单的几何图形。20 世纪 70 年代，伴随着个人计算机的出现，计算机的体积缩小了许多，价格也降低了许多，平面图像技术也逐步成熟，使有兴趣从事计算机艺术创作的人有更多的机会，不用编写代码程序就能随心所欲地进行艺术创作。

3.1.1　Photoshop 的应用

Photoshop 的应用可以分为图像编辑、色彩调整、图像合成和特效制作等部分。

图像编辑是图像处理的基础，可以对图像作各种变换，如放大、缩小、旋转、倾斜、镜像及透视等，也可进行复制、去除斑点、修补、修饰图像的残损及美化加工等。这在婚纱摄影、人像处理制作中有非常大的用处。

色彩调整是 Photoshop 中深具威力的功能之一，可方便快捷地对图像颜色的明暗、冷暖、色相、明度和饱和度等进行调整和校正，也可在不同色彩模式之间进行切换以满足图像在不同领域(如网页设计、印刷及多媒体等方面)的应用。

图像合成则是将几幅图像合成完整的、传达明确意义的图像，这是艺术设计的必经之路。Photoshop 提供的图层、蒙版和通道等功能使外来图像很好地融合，使合成的图像天衣无缝，可更好地实现个人创意。

特效制作在 Photoshop 中主要由滤镜、通道及各种工具综合应用完成，包括图像的特效创意和特效字的制作，如油画、浮雕、石膏画及素描等常用的传统美术技巧都可借由 Photoshop 特效完成。而各种特效字的制作更是很多美术设计师热衷于研究 Photoshop 的原因。

3.1.2 Photoshop 的工作界面

Photoshop 的工作界面可分为标题栏、菜单栏、工具选项栏、工具箱、面板、编辑窗口和状态栏等几部分，如图 3.1 所示。

图 3.1 Photoshop 的工作界面

1. 标题栏

标题栏位于 Photoshop 用户界面的最上方，其左侧显示的是软件图标和名称，右侧为窗口控制按钮。

2. 菜单栏

菜单栏位于标题栏的下方，包含 Photoshop 的各类图像处理命令，共有【文件】、【编辑】、【图像】、【图层】、【选择】、【滤镜】、【视图】、【窗口】和【帮助】9 个菜单，每一个菜单下又有若干个子菜单，选择任意子菜单可以执行相应的命令。

菜单栏中的命令除了可以用鼠标来选择外，还可以使用快捷键来选择。在菜单栏中有些命令的后面有英文字母组合，如【文件】菜单下的【新建】子菜单的后面有快捷键 Ctrl+N，表示可以直接按键盘上的快捷键 Ctrl+N 来执行【新建】命令。

在菜单栏中有些命令的后面有省略号，表示单击此命令可以弹出相应的对话框。有些命令的后面有向右的三角形，表示此命令还有下一级菜单。菜单栏中的命令除了显示为黑色外，还有一部分显示为灰色，表示该命令暂时不可用，只有在满足一定的条件之后方可执行。

3. 工具选项栏

工具选项栏位于菜单栏的下方，显示工具箱中当前所选择工具的参数和选项设置。在工具箱中单击不同的按钮，工具选项栏中显示的选项和参数也各不相同。

4. 工具箱

工具箱默认的位置位于工作界面的左侧，包含了 Photoshop 中的各种图形绘制和图像处理工具，如对图像进行选择、移动、绘制、编辑和查看的工具，在图像中输入文字的工具，更改前景色和背景色的工具，转到 Adobe Online、ImageReady 和不同的编辑模式中的工具等。

要选择工具箱中的某个工具，将鼠标指针放在要选用的工具图标上单击，该工具即被选用。如果某工具的右下角有一个小三角形，表示该工具还隐藏有其他同类工具。若要选取隐藏的工具，只需将鼠标指针移动到此按钮上同时按下鼠标左键不放，隐藏的工具即会自动显示出来，将鼠标指针移动到要选用的工具上，松开鼠标，该工具即出现在工具箱中。

5. 编辑窗口

编辑窗口是创建文件的工作区，也是表现和创作 Photoshop 作品的主要工作区域，图形的绘制以及图像的处理都在此区域内进行。

6. 状态栏

状态栏位于编辑窗口的底部，用于显示图像的各种信息。它由三部分组成，最左侧的方框用于显示编辑窗口的显示比例，可以在文本框中直接输入数值，按 Enter 键后将改变图像显示的比例。状态栏的中部用于显示图像文件的信息，如文件大小等。状态栏右侧的黑色小三角 ▶ 表示有弹出菜单，单击该小三角按钮，会弹出一个菜单，其中包括文档大小、文档配置文件、文档尺寸、暂存盘大小、效率、计时和当前工具等命令。

7. 面板

面板默认位于界面的右侧，但也可以将它们分别拖动至界面的任意位置，用这些面板可以对当前图像的色彩、大小、显示以及相关的操作进行设置和控制。熟练掌握各个面板的功能可以大大提高工作效率。

默认情况下，面板分为 4 组：第一组由【导航器】、【信息】和【直方圆】面板组成；第二组由【颜色】、【色板】和【画笔】面板组成；第三组由【图层】、【通道】和【路径】面板组成；第四组由【历史记录】、【动作】面板组成。每个面板都以标签形式放置，要选择每组面板中的一个，只要单击其标签或者选择窗口中显示该面板的菜单命令，此面板就会从背后显示出来。

单击面板上的【关闭】按钮可以关闭相应的面板，可以通过【窗口】菜单来显示或关闭相关的面板。选择【窗口】|【工作区】|【复位面板位置】命令，可以将面板恢复为初始状态。

3.2　Photoshop CS2 工具箱

工具箱中的工具按照功能分类，分为常用工具和工具箱控件，常用工具又分为 4 组，如图 3.2 所示。

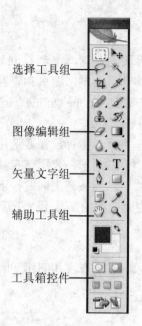

选择工具组————

图像编辑组————

矢量文字组————

辅助工具组————

工具箱控件————

图 3.2　工具箱

3.2.1　选择工具组

1. 选框工具

如果需要对图像中的对象进行编辑处理，首先必须选择对象，然后才可以进行编辑。用户可以根据选择对象的不同选择相应的工具，还可以结合菜单进行选择，用于选中图像特定区域，具体包含以下 4 个工具，如图 3.3 所示。

- 矩形选框工具：选择该工具可以在图像中创建矩形选区。
- 椭圆选框工具：选择该工具可以在图像中创建椭圆形选区。
- 单行选框工具：设置一行(一个像素宽)为一个选区。
- 单列选框工具：设置一列(一个像素宽)为一个选区。

如果在单击鼠标左键绘制矩形的同时按下 Shift 键，可以建立正方形选区；同时按下Alt 键，可建立一个以起点为中心的矩形选区；同时按下快捷键 Shift+Alt，则可建立一个以起点为中心的正方形选区。这种方法同样适用于绘制圆形选框。

2. 套索工具

套索工具用于选取不规则形状的选区，具体包含以下 3 个工具，如图 3.3 所示。

- 套索工具：设置任意形状的选区。
- 多边形套索工具：设置多边形选区，通过单击屏幕上的不同点来创建直线多边形选区，每次单击就与上一次单击的点形成一条闪烁的选择连线。
- 磁性套索工具：沿物体轮廓自动寻找图像的边缘建立选区。

用套索工具勾勒物体边缘，当鼠标指针回到起点时会出现一个小圆圈，单击这个小圆圈就会使选择线形成一个首尾相接的闭合选区，并结束选择过程。

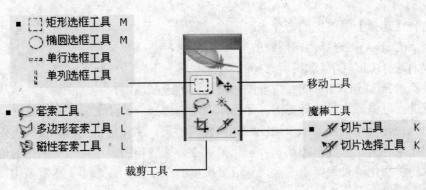

图 3.3　选择工具组

3. 魔棒工具

魔棒工具用于选取与单击位置色彩接近的区域。这个工具自动地以颜色近似度作为选择的依据，适合选择大面积颜色相近的区域。其选项栏如图 3.4 所示，各选项说明如下。

图 3.4　魔棒工具选项栏

- 【容差】文本框：用于设置颜色范围的误差值，决定色彩的接近程度，取值范围为 0～255，默认值为 32。容差越大，选择的范围就越大。
- 【消除锯齿】复选框：选中后，对选区中的内容消除锯齿，柔化边缘。
- 【连续】复选框：选中后，只选取连续区域中的像素，在颜色范围内但不连续的像素不会被选取。
- 【对所有图层取样】复选框：选中后，选取范围将跨越所有的可见图层；如果取消选中，魔棒工具只能在当前图层中发挥作用。

> 说明：建立选区是在 Photoshop 中进行图像处理的重要步骤，这里简单介绍建立选区的基本技巧。

1）　利用工具栏改变选区

利用选择工具进行选择时，在一般情况下，第一次选择的范围不一定符合要求，这时需要利用选择工具栏的选取范围运算功能进行第二次甚至更多次的选取。

(1)　新选区：建立一个新的选区。

(2)　添加到选区：在选择选区前，单击该按钮或按住 Shift 键，在已经建立的选区中加上新添加的选区。

(3)　从选区减去：在选择选区前，单击该按钮或按住 Alt 键，在已经建立的选区中减去新建立的选区。

(4)　与选区交叉：从原有的选区中，减去与后来建立的选择范围不重叠的选择区域。

2) 结合【选择】菜单中的命令来改变选择范围

(1) 全部(Ctrl+A)：选择当前层中的所有图像。

(2) 取消选择(Ctrl+D)：取消所选择的范围。

(3) 重新选择(Shift+Ctrl+D)：再现刚才使用过的选择范围。

(4) 反选：取消原来的选择范围，并使原本没被选择的部分变成选择的范围。

(5) 羽化：使选中范围的图像边缘达到朦胧的效果。羽化值根据想保留的图像的大小来设置，羽化值越大，朦胧范围越宽；羽化值越小，朦胧范围越窄。当对羽化的值把握不准时，可以先将羽化值设置得小一点，然后多次按 Delete 键，逐渐增大朦胧范围，从而得到自己需要的效果。

4. 移动工具

利用移动工具可以将选区内的图像移动到同一幅图或另一幅图中所需要的位置，具体操作方法为：先选择需要移动的图层或选区，然后选择移动工具，拖动到目标位置即可。按住 Shift 键进行水平、垂直或 45°方向的移动，也可以按键盘上的方向键作每次 1 像素的移动，或先按住 Shift 键再按键盘上的方向键作每次 10 像素的移动。

5. 裁剪工具

当只需要部分图像而不是整个图像时，可以使用裁剪工具裁出图像的一部分，具体操作方法为：利用裁剪工具先在图像中建立一个矩形选区，然后通过选区边框上的控制句柄(边线上的小方块)来调整选区的大小(按 Esc 键可以取消操作)，按 Enter 键或者双击选区内部，将确认此次裁剪，选择区域以外的图像将被裁剪掉。

6. 切片工具组

在网页设计中，为了缩短图片下载的时间，可以对图像进行切片，把一幅大的图像切成几幅小的图像。切片工具用于创建切片，切片选择工具用于选择切片。

3.2.2 图像编辑组

图像编辑组如图 3.5 所示。

图 3.5　图像编辑组

1. 污点修复画笔工具组

污点修复画笔工具组中包括污点修复画笔工具、修复画笔工具、修补工具和红眼工具。修复画笔工具和修补工具可利用样本或图案修复图像中不理想的部分；利用红眼工具可移去闪光灯造成的红色反光。它们是图像处理的重要工具，在修复图像时作用非常大。

2. 画笔工具组

画笔工具组中各工具的功能如下：画笔工具用于绘制画笔描边；铅笔工具用于绘制硬边描边；颜色替换工具用于将选中颜色替换为新颜色。

3. 历史记录画笔和历史记录艺术画笔工具组

历史记录画笔工具结合使用历史记录面板，可将选中的图像编辑状态或快照的副本绘制到当前图像窗口中；历史记录艺术画笔工具可以模拟不同的绘画风格将选中的状态或快照的副本绘制到当前图像窗口中。

4. 仿制图章工具组

仿制图章工具组中包括仿制图章工具和图案图章工具，属于复制工具，常用于修复图像或制作特效。

仿制图章工具：按住 Alt 键并单击，确定仿制数据源，然后在图像的其他地方单击，即可将刚才光标所在处的图像复制到该处。如果按住鼠标左键不放拖动鼠标，则可将复制的区域扩大，在光标的旁边会有一个"十"字光标，用来指示所复制的原图像的部位(注意：可以在同时打开的几个图像之间进行这种自由复制)。

图案图章工具则需要定义图案：用矩形选择框选择需要定义为图案的图像，选择【编辑】|【定义图案】命令，接着在需要复制的目标上按住鼠标左键，拖动鼠标逐个像素地复制图案。

5. 橡皮擦工具组

橡皮擦工具组中各工具的功能如下：橡皮擦工具用于擦掉或涂掉图像的一部分，能把图层擦为透明，如果是在背景层上使用此工具，则擦为背景色；背景橡皮擦工具在擦除图像的同时，使透明的背景透过图像显示；魔术橡皮擦工具结合了橡皮擦工具和魔术棒工具的功能，根据颜色的相似性进行擦除。

6. 渐变工具组

渐变工具组中各工具的功能如下：渐变工具使用各种不同的颜色和透明色及不同的渐变角度(线性渐变、光线渐变、角度渐变、反射渐变和菱形渐变)来创建混合色；油漆桶工具用前景颜色来填充选择区域。

7. 模糊工具、锐化工具和涂抹工具

模糊工具用来减少相邻像素间的对比度，使图像变模糊。使用该工具时，按住鼠标左

键拖动光标在图像上涂抹,可以减弱图像中过于生硬的颜色过渡和边缘。锐化工具用于强化图像边缘。涂抹工具通过像素的互相融合使画面产生水彩效果,常用于对规则实体进行扭曲拉伸。

8. 减淡工具、加深工具和海绵工具

减淡工具、加深工具和海绵工具用于改变图像的颜色和灰度,修正图片的曝光。其中,加深工具可以增加指针经过之处图像的亮度;减淡工具可降低指针经过之处图像的亮度;海绵工具用于增加或降低图像颜色的饱和度。

3.2.3 矢量文字组

矢量文字组如图 3.6 所示。

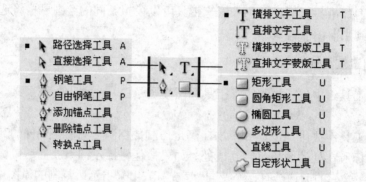

图 3.6 矢量文字组

1. 路径选择工具组

路径选择工具组用来调整路径上锚点的位置。使用时指针变成箭头样。单击某个锚点或片段,按住鼠标左键移动路径或拖动鼠标产生弯曲路径。使用路径选择工具在路径上单击,可选择整个路径。

2. 钢笔工具组

钢笔工具组用来勾画出首尾相接的路径。路径并不是图像的一部分,它是独立于图像存在的,这点与选区不同。利用路径可以建立复杂的选区或绘制复杂的图形,还可以对路径灵活地进行修改和编辑,并可以在路径与选区之间进行切换。

3. 文字工具组

文字工具组用于创建横排、直排文字及横排、直排文字蒙版。文字工具应结合字符面板和段落面板一起使用,字符面板用来控制个性化字符和文字颜色的格式,段落面板提供段落格式的选项、对齐方式等。文字可以重复编辑,但如果需要对文字应用滤镜,必须选择【图层】|【栅格化】命令,把文字栅格化,栅格化后的文字不能再进行编辑。

4. 形状工具组

利用形状工具组可在正常图层或形状图层中绘制矩形、圆角矩形、椭圆形、多边形、直线及自定义形状。

3.2.4　辅助工具组

辅助工具组如图 3.7 所示。

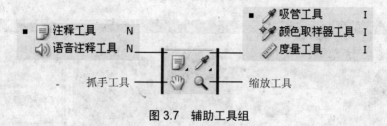

图 3.7　辅助工具组

1. 注释工具和语音注释工具

使用注释工具可以为图像在图像画布区域内添加注释文本。用户通过注释工具和语音注释工具可在文件中留下注释或说明，以方便以后的工作。

2. 吸管工具

可利用吸管工具将所取位置的点的颜色作为前景色，如同时按住 Alt 键，则选取背景色。

3. 抓手工具

当图像较大，超出图像窗口的显示范围时，可使用抓手工具来拖动图像在图像窗口内移动，以浏览图像的其他部分，便于编辑。也可以按住 Space 键不放，当前选择的工具暂时切换为抓手工具，便于移动图像进行编辑。

4. 缩放工具

缩放工具用来放大或缩小图像的显示比例。利用缩放工具放大或缩小的是视图，图像的实际大小不受影响。

3.2.5　工具箱控件

工具箱控件如图 3.8 所示。

在工具箱底部是工具箱控件，可以进行前景色与背景色的切换、标准模式与快速蒙版模式的切换，以及 Photoshop 与 ImageReady 程序的切换等操作。

【例 3-1】利用仿制图章工具在不同图像之间复制像素——将右图中的鲜花复制到左图的草原上。

(1) 打开图像，如图 3.9 所示。

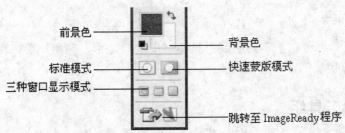

图 3.8　工具箱控件

图 3.9　在两幅图像之间复制像素

(2)　单击仿制图章工具，按住 Alt 键，单击鲜花图像，定义待复制的数据源。

(3)　为了使复制的图像更好地融合到草原中去，在工具选项栏中设置画笔的主直径和硬度，如图 3.10 所示。适当降低硬度，可以柔化画笔的边缘。

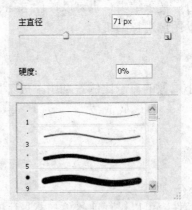

图 3.10　设置画笔的主直径和硬度

(4)　此时，在草原图像上拖动鼠标就可以将鲜花复制过来了，如图 3.11 所示。

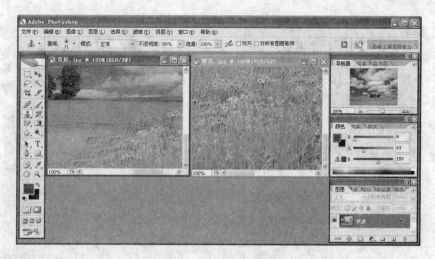

图 3.11　像素复制结果

【例 3-2】利用污点修复工具去痣。

(1)　打开图像,可以看到人物的下巴位置有一颗痣。

(2)　选中污点修复工具 ✐,在工具选项栏中设置画笔的直径为 12px,刚好大过痣的大小,如图 3.12 所示。

(3)　单击痣所在位置,该位置的像素被从周围取样来的像素所取代,痣被移除了,如图 3.13 所示。

图 3.12　下巴有一颗痣

图 3.13　痣被移出后

【例 3-3】利用修补工具去除眼袋。

(1)　打开图像,可以看到小姑娘的眼袋比较大。

(2)　在眼袋位置建立选区,不必太精确,可以使用套索工具或直接用修补工具 ⟳ 围出,该区域为待修补的区域,称为“源”。

(3)　选中修补工具 ⟳,在“源”上拖动鼠标到眼袋附近的区域(该区域称为“目标”),如图 3.14 所示。

(4)　松手后,“源”区域像素会与“目标”区域像素融合,融合后的效果如图 3.15 所示,小姑娘的左眼眼袋去除了。

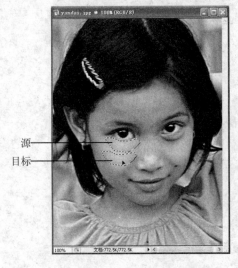

源
目标

图 3.14　拖动"源"到"目标"位置

图 3.15　左眼眼袋被去除

3.3　图像的基本操作

3.3.1　文件操作

Photoshop 文件操作包括新建文件、打开文件、关闭文件和保存文件等操作，这些是学习图像处理的第一步。

1. 新建文件

选择【文件】|【新建】命令，弹出【新建】对话框，如图 3.16 所示。

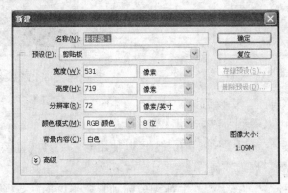

图 3.16　【新建】对话框

选择要新建文件的参数。

- 【名称】文本框：输入新建文件的名称。
- 图像大小：输入新建文件的尺寸及分辨率(注意：默认图像文件的尺寸与在

Photoshop、Word 和 PowerPoint 等应用软件中通过【复制】、【剪切】命令复制到剪贴板上的图像尺寸相一致)。

● 【颜色模式】下拉列表框：选择新建图像文件的色彩模式(一般用 RGB 颜色模式)。

● 【背景内容】下拉列表框：选择新建文件的背景色。

设置好各参数后，单击【确定】按钮，在屏幕上出现空白的新图像文件窗口。

2. 打开文件

对于一个已保存在磁盘中的图像文件，可以通过【打开】命令将其打开以后进行浏览、编辑等操作。

选择【文件】|【打开】命令，弹出【打开】对话框。在【查找范围】下拉列表框中选择要打开的图像文件所在的文件夹，单击【视图】按钮，在下拉菜单中选择【缩略图】命令，可以更好地查找图像，如图 3.17 所示。单击【打开】按钮，所要打开的图像即出现在图像窗口中。

图 3.17　【打开】对话框

也可以将资源浏览器中的图像文件直接拖入 Photoshop 中，图像会自动打开。

3. 保存文件

图像编辑完成后，要将结果保存起来，否则会前功尽弃。选择【文件】|【存储】命令，弹出【存储为】对话框，在【保存在】下拉列表框中选择保存的位置，在【文件名】下拉列表框中输入文件名，在【格式】下拉列表框中选择需要的格式，然后单击【保存】按钮，如图 3.18 所示。

说明：Photoshop 支持的格式非常多，应该根据应用场合选择合适的格式。

---

(1)　如果以后还需要进一步在 Photoshop 中编辑该图像，应该保存为 Photoshop(*.PSD)格式。

(2) 为了便于在网络上发布，或应用在其他软件中，可以保存为 JPG 格式。

(3) 可以选择与原始文件不同的文件格式，从而对图像进行格式转化。

图 3.18   【存储为】对话框

4. 关闭文件

图像编辑完成后，不再使用时要将其关闭，以便扩大可用内存空间，加快操作速度。单击图像窗口右上角的【关闭】按钮，或选择【文件】|【关闭】命令即可关闭文件。

如果文件修改后没有存储，则会提示保存。

3.3.2   恢复操作

在对图像进行编辑修改时，每一步操作都被系统自动记录下来。在默认情况下，系统总共可以记录 20 步操作，也可以根据需要增加历史记录的数量。

如果在图像处理过程中，由于某种原因而造成某一步或某几步操作失误，就可以借助历史记录消除影响。

1. 返回上一步

选择【编辑】|【还原状态更改】命令，或者按快捷键 Ctrl+Z，可以返回上一步操作。单击【前进一步】与【后退一步】按钮，可以在历史记录中穿梭，回到以前编辑的某个状态。

2. 返回指定记录

在【历史记录】面板中，显示有多步操作记录。单击要返回的某步操作，则该处变成蓝色，下面的记录自动变成灰色。如果从该状态继续工作，那么这一状态后面的所有记录就会被丢弃，如图 3.19 所示。

图 3.19　【历史记录】面板

3.3.3　图像幅面与分辨率调整

1. 图像大小

图像的分辨率与图像大小和文件大小密切相关。一般来说，分辨率越大，图像越精细，图像文件越大。对于不同的使用场合，需要的图像精细程度不同。例如，在制作网页时，对图像的精细程度要求不高，但是对图片的下载速度要求较高。为了加快图片的下载速度，经常需要使图像变小。

选择【图像】|【图像大小】命令，弹出【图像大小】对话框，如图 3.20 所示。为保证调整后图像不变形，一般要选中【约束比例】复选框，使调整后的图像维持原来的长宽比。若要改变图像像素数，选中【重定图像像素】复选框，Photoshop 会重新计算每个像素的颜色值；如果取消选中【重定图像像素】复选框，则像素数不变，只能改变分辨率和文档的输出尺寸大小。

2. 画布大小

【画布大小】命令可用于添加或移去现有图像周围的工作区。当画布太小时，选择【图像】|【画布大小】命令，弹出【画布大小】对话框，如图 3.21 所示。在该对话框中可改变图像的画布尺寸，这样，处理图像时就不会受制于画布的大小。【当前大小】指当前画布的尺寸；在【新建大小】选项组中，选择度量单位，输入新的画布尺寸；同时在【定位】选项中确定图像在画布中的位置。单击【确定】按钮完成操作。

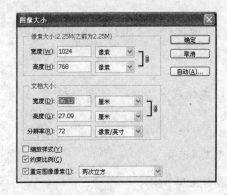

图 3.20　【图像大小】对话框

图 3.21　【画布大小】对话框

说明：若新画布的尺寸大于原来的尺寸，则可以在原图像周围增加工作空间；若新画布的尺寸小于原来的尺寸，则小于原画布的图像部分会被自动裁剪掉。

3. 旋转画布

选择【图像】|【旋转画布】命令，可以对整个画布进行各种角度的旋转及水平或垂直翻转，如图 3.22 所示。

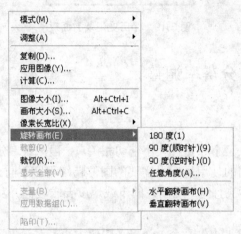

图 3.22 【旋转画布】命令

3.3.4 文字的使用

文字是图像处理中必备的内容，文字的运用可以起到画龙点睛的作用。在工具箱中选择文字工具 T，在图像编辑区中需输入文字的地方单击，即可输入文字。在工具选项栏中可以修改文字属性。使用移动工具，可以移动文字的位置。再次选择文字工具，可以修改文字的内容。

在利用 Photoshop 创建文字时，【图层】面板中会添加一个新的文字图层。选择【图层】|【图层样式】|【混合选项】命令，可以设置文字的阴影、内发光、浮雕和渐变叠加等效果。

【例 3-4】图像复制。

在复制图像之前，必须先定义好选区，进行对象的选择。下面以一幅图像为例说明如何复制图像。

(1) 打开图像。

(2) 选择椭圆选框工具，设定羽化值(羽化可以柔化选区边缘)，如图 3.23 所示。

图 3.23 设置椭圆选框工具选项

(3) 在图像上拖放鼠标，将人物头部选中，如图 3.24 所示。

(4) 选择【编辑】|【复制】命令，将选区内的图像复制到剪贴板。

(5) 选择【文件】|【新建】命令，创建一幅空白图像。

(6) 选择【编辑】|【粘贴】命令，就可以把已复制到剪贴板的图像粘贴到目标图像中，如图 3.25 所示。也可以利用移动工具将选区中的图像直接拖动到目标窗口中。

图 3.24　在人物头部建立选区　　　　　　　　图 3.25　最终效果

【例 3-5】校正倾斜的图像。

下面以一幅图像为例，说明如何精确测量画布的倾斜角度，并将其校正。

(1) 打开图像。

(2) 选择工具箱中的度量工具，在图像中地平线的位置拖动鼠标指针，图像将产生一条度量线，在【信息】面板中可以看到倾斜角度为 4.9°，如图 3.26 所示。

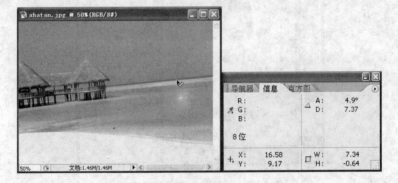

图 3.26　度量工具

(3) 选择【图像】|【旋转画布】|【任意角度】命令，弹出【旋转画布】对话框，【角度】文本框将会自动填入 4.9 度(顺时针)，如图 3.27 所示。

图 3.27　设置旋转角度

(4) 单击【确定】按钮，画布旋转后的效果如图 3.28 所示。

(5) 利用工具箱中的裁剪工具对旋转后的图像进行裁剪，裁剪后的效果如图 3.29 所示。

图 3.28　画布旋转后的效果

图 3.29　裁剪后的效果

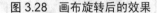

【例 3-6】将普通生活照制作为证件照。

国家公务员考试要求考生上传电子版照片为近期免冠正面证件照，格式为 JPG，大小为 5～50KB，宽度为 358 像素左右，高度为 441 像素左右(相当于 1 寸照片)，分辨率为 350dpi 左右。要求：上传照片必须能反映本人特征，否则将不能通过资格审查。

(1) 打开一张生活照片。

(2) 选中裁剪工具，并设置工具选项，如图 3.30 所示。

图 3.30　设置裁剪工具的选项栏

(3) 在图片上拖出一矩形框(框的长宽比被限制在 441∶358)，直到感觉大小合适。可以拖动选框或者利用方向键改变选区位置，如图 3.31 所示。按 Esc 键，可以放弃本次选择。

(4) 双击选框内部，确认裁剪。

(5) 选择【图像】|【图像大小】命令，可以看到裁剪之后的图像像素以及文档大小符合要求，如图 3.32 所示。

(6) 选择【文件】|【存储为】命令，在弹出的【存储为】对话框中输入文件名，选择文件格式为 JPEG，单击【保存】按钮。

(7) 在弹出的【JPEG 选项】对话框中，设置图像的品质，品质越高，文档所占存储空间越大；品质越低，文档所占存储空间越小。此处选择【中】选项，如图 3.33 所示。保存后，文档大小为 35.3KB，符合要求。

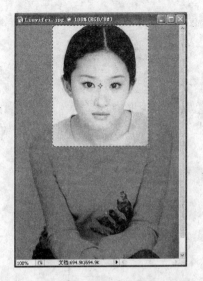

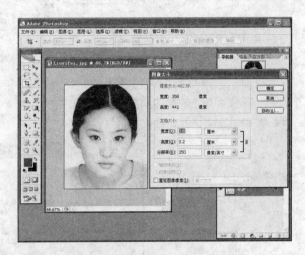

图 3.31　建立裁剪框　　　　　图 3.32　查看裁剪后图像的属性

图 3.33　【JPEG 选项】对话框

3.4　色　彩　调　整

色彩是彩色图像的重要指标之一。色彩和色调的控制是图像处理的重要环节。只有有效地控制色彩和色调，才能制作出高质量的图像。

3.4.1　色彩的使用

色彩的应用在图像处理中非常重要，因此要有规划地管理好颜色。

1. 前景色和背景色

Photoshop 默认的前景色为黑色，背景色为白色，如图 3.34 所示。

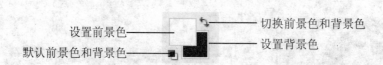

图 3.34　前景色与背景色

单击前景色或背景色的色块图标，在弹出的【拾色器】对话框中定义颜色，如图 3.35 所示。色彩分别用 HSB、RGB、Lab 和 CMYK 这 4 种模式表示，在任一模式下输入的数值同时会影响其他三个模式相应的值。

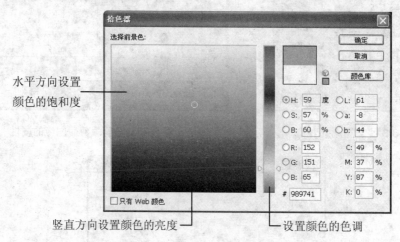

图 3.35　在【拾色器】对话框中设置颜色

其中，【只有 Web 颜色】复选框用于设置网页安全色。网页安全色是指在不同硬件环境、不同操作系统及不同浏览器中都能够正常显示的颜色集合(调色板)，使用这些颜色进行网页配色可以避免因平台不一致而产生的颜色失真问题。

2. 颜色面板

可以通过【窗口】菜单打开【颜色】面板，进行颜色编辑。单击【颜色】面板右上角的小三角按钮，弹出一个菜单，如图 3.36 所示。选择所用的色彩模式及调色模式，可输入色彩值或拖动色彩滑块调出需要的颜色。

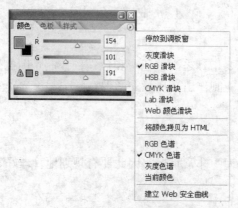

图 3.36　【颜色】面板

3. 查看像素的颜色值

(1) 利用【信息】面板可以随时查看当前指针下像素的颜色值。

(2) 选中吸管工具 ，在图中单击，可以拾取单击位置的颜色，其值可以通过【信息】面板和【颜色】面板查看，如图 3.37 所示。拾取的颜色将作为前景色；如果按住 Alt 键单击，拾取的颜色将作为背景色。

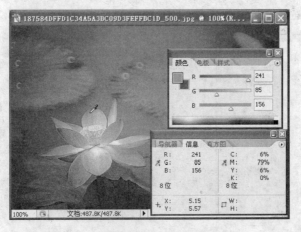

图 3.37　查看颜色信息

(3) 使用颜色取样器工具 可以查看图中多个位置的颜色信息，如图 3.38 所示。

图 3.38　颜色取样器

4. 直方图

直方图是数字图像处理中最简单、最有用的工具之一。它用图形表示图像的每个亮度级别的像素数量，展示像素在图像中的分布情况。直方图的横坐标是灰度级，纵坐标是该灰度级出现的频率，它是图像的最基本的统计特征。

直方图显示图像在暗调(显示在直方图中左边部分)、中间调(显示在中间部分)和高光(显示在右边部分)中的分布情况，为对图像进行适当的校正提供依据。低色调图像的细节集中在暗调处，高色调图像的细节集中在高光处，而平均色调图像的细节集中在中间调处。全色调范围的图像在这些区域中都有大量的像素。如果直方图分布比较窄，则图像对比度就不明显。识别色调范围有助于确定相应的色调校正方法。

选择【窗口】|【直方图】命令，或者通过【直方图】选项卡可以打开【直方图】面板。默认情况下，【直方图】面板将以紧凑视图形式打开，并且没有控件或统计数据。单击右上角的小三角按钮 ⊙，在弹出的菜单中选择【扩展视图】命令，就可以显示平均值等统计信息。图 3.39 是一幅高调照片及其直方图，它的细节集中在高光处。

(a) 高调照片　　　　　　　　　(b) 照片直方图

图 3.39　图像及其直方图

3.4.2　色调的调整

色调是对一幅图像整体颜色的评价。一幅作品虽然用了多种颜色，但总体有一种倾向，是偏蓝或偏红，是偏暖或偏冷等。这种颜色上的倾向就是一幅绘画的色调。通常可以从色相、明度、冷暖和纯度 4 个方面来定义一幅作品的色调。此处所讲的色调调整主要是指明度的调整。

所有 Photoshop 色彩调整工具的工作方式本质上都相同：它们都是将现有范围的像素值映射到新范围的像素值。这些工具的差异表现在所提供的控制数量上。

1. 色阶

【色阶】命令用于调整图像的基本色调。选择【图像】|【调整】|【色阶】命令，弹出【色阶】对话框，可以通过调整图像的暗调、中间调和高光等强度级别，校正图像的色调范围和色彩平衡。

【例 3-7】改善图像的对比度。

(1) 打开图像，为清朝赴美留学生的一张合影，由于年代久远，照片对比度较小，试将其处理得更清晰些。

(2) 选择【图像】|【调整】|【色阶】命令，弹出【色阶】对话框，如图 3.40 所示。像素主要分布在中间调处，高光处和暗调处几乎没有像素分布，整个图像对比度较低。

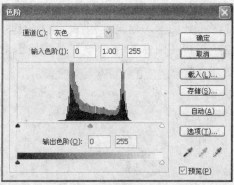

图 3.40　图像及其色阶

（3）　按图 3.41 所示调整【输入】滑块，通过将【输入】滑块移到【色阶】直方图两端的像素上，可以设置图像中的高光和暗调，使每个通道中的最暗和最亮像素映射为黑色和白色，从而扩大图像的色调范围，增加图像的对比度。利用中间【输入】滑块可以更改中间灰度的亮度值，而不会显著改变高光和暗调。

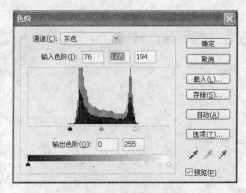

图 3.41　调整色阶

（4）　单击【确定】按钮，调整后的图像和直方图如图 3.42 所示。可见灰度范围展宽了，图像对比度加大，视觉效果明显改善。

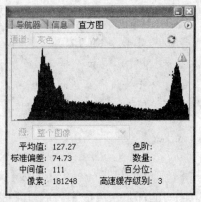

图 3.42　调整后的图像及其直方图

【例3-8】 偏色图像的校正。

(1) 打开图像，这是一张在室内照的照片，由于灯光的原因，图像整体偏蓝。

(2) 选择【图像】|【调整】|【色阶】命令，弹出【色阶】对话框，如图3.43所示。

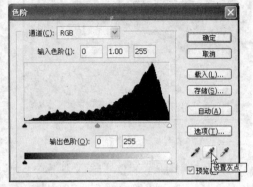

图3.43　偏色图像及其色阶

(3) 选中设置灰点工具，单击图像中人物背后的白墙，图像色调得到校正，如图3.44所示。

图3.44　偏色校正后的图像

> 说明：色彩校正的原理：图像中的白墙应该是中性灰，即不带任何颜色偏向(R、G、B值相等)，当用设置灰点工具单击白墙时，在【信息】面板中，可以看到该点的R、G、B值。其中，B值颜色分量最大，整体图像偏蓝色调；此时Photoshop会自动计算校正系数，并将该点灰度值校正为R、G、B值相等(在【信息】面板中，斜线左侧为校正前的值，右侧为校正后的值)，同时利用此系数校正图像其余各点。

2. 曲线

与【色阶】对话框一样，【曲线】对话框也允许调整图像的整个色调范围，可以是0～255范围内的任意灰度级别。通过【曲线】命令可以直接画出灰度变换曲线，最大限度地控制图像的色调品质。

【例3-9】使用【曲线】命令调整图像影调。

(1) 打开图像，由于拍照时为阴雨天，照片整体偏暗，大部分细节都在暗调处，如图3.45所示。

图3.45 调整前的图像影调

(2) 选择【图像】|【调整】|【曲线】命令，弹出【曲线】对话框[见图3.46(a)]，图中的水平轴表示像素原来的灰度值(输入色阶)；垂直轴表示新的灰度值(输出色阶)。默认的曲线是一条对角线，所有像素的输入和输出值相同。

(3) 在曲线上单击可以增加控制点，拖动控制点可以调整输入色阶与输出色阶之间的关系，将控制点拖出图外可以删除控制点。图3.46(a)所示为调整曲线。

(4) 整条曲线在原曲线位置的上方，表示每个灰度级的输出都比输入值大，图像整体变亮。A点右方是一段水平直线，它表示将水平方向A点右边的各级灰度变换为白。CD段曲线斜率值大于1，反映在图像上表示为低灰度图像(荷叶部分)的灰度级被展宽，对比度加大，视觉效果得到改善，如图3.46(b)所示。

(a) 调整曲线

(b) 图像的视觉效果得到改善

图3.46 调整曲线时的图像视觉效果

【例3-10】使用【曲线】命令将冷调变为暖调。

(1) 打开图像，如图3.47所示，为阴云密布下的塞纳河，色调非常阴冷。

(2) 选择【图像】|【调整】|【曲线】命令，弹出【曲线】对话框。

(3) 将通道设置为RGB，单击曲线中间位置增加控制点，将控制点向上拖动，如图3.48

所示，可以增加图像整体的亮度。

图 3.47　阴云下的塞纳河

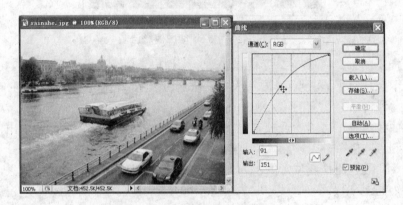

图 3.48　增加图像亮度

(4)　将鼠标指针放置到汽轮的顶棚上，假定此处原色为白色，在不偏色的情况下，R、G、B 值应该相等。在【信息】面板中，可以看到实际颜色 B 值最大，R 值最小，整体颜色偏蓝，如图 3.49 所示。

图 3.49　查看颜色信息

(5)　在【通道】下拉列表框中，分别对【红】、【绿】通道选项进行调整，加大红色和绿色的分量，如图 3.50 所示，其中红色调整幅度略大。最终调整结果是图像变为暖色调的塞纳河。

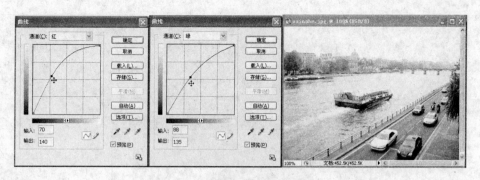

图 3.50　暖色调的塞纳河

3. 阴影/高光

在摄影时，主体有时会曝光不足或曝光过度，在处理这样的图像时，使用【阴影/高光】命令调整阴影和高光区域中的色调特别有效，它可以根据周围像素独立调整阴影和高光。

【**例 3-11**】校正曝光过度的照片。

(1)　打开图像，这是一幅在海边的合影，大海处在高光中，没有层次感，如图 3.51 所示。

图 3.51　曝光过度

(2)　选择【图像】|【调整】|【阴影/高光】命令，弹出【阴影/高光】对话框，如图 3.52 所示。阴影可以亮化图像中的阴影区域，高光可以暗化图像中的高光区域。

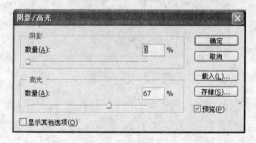

图 3.52　【阴影/高光】对话框

(3)　拖动【高光】选项组的【数量】滑块到一个合适位置，同时观察图像的变化。如图 3.53 所示，大海的层次已经显现出来。

说明：【数量】文本框用来指定调整色调的范围。较低的值将可调整范围限制于最暗和最亮的区域，较高的值可以展开可调整的范围。例如，为了在不影响中间调的情况下亮化暗区域，可以设置一个比较低的值，以便在调整阴影数量时，只亮化图像中最暗的区域。

图 3.53　校正后的图像

4. 色相/饱和度

使用【色相/饱和度】命令可以调整整个图像或图像中单个颜色的色相、饱和度和明度。色相的调整表现为在色环圆周上的移动；饱和度的调整表现为在色环径向上的移动。

【例 3-12】改变图像的色相、饱和度和明度。

(1) 打开图像，可以看到鲜艳的非洲菊，如图 3.54 所示。

图 3.54　非洲菊

(2) 选择【色相/饱和度】命令，弹出【色相/饱和度】对话框。

(3) 如图 3.55 所示，分别调整【色相】、【饱和度】和【明度】滑块，观察图像中色彩奇异的变化效果。

说明：面板的下端有两条色带，色带上的颜色是按色谱的顺序排列的，上面一条是指原图的色彩，而下面一条则是指调节后的色彩。当拖动【色相】滑块时，下面的色谱就会移动，上方色带中的颜色就会被正下方色带中的颜色所替代。

图 3.55　调整色相、饱和度和明度

(4)　按住 Alt 键，面板中的【取消】按钮变为【复位】按钮，如图 3.56 所示。单击【复位】按钮，面板参数恢复为初始值，图像也恢复为初始状态。

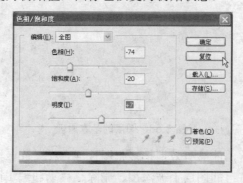

图 3.56　单击【复位】按钮

(5)　在【编辑】下拉列表中，可以选择单个颜色，并可以在下端色带上通过拖动滑块来设定颜色范围；设置好后，再来调整色相、饱和度及明度等参数，即可以只对设定好的颜色范围作色彩调整，如图 3.57 所示。

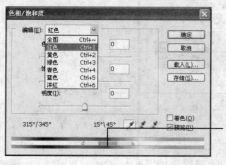

拖动滑块来
设置待调整
的颜色范围

图 3.57　对单个颜色进行调整

(6)　也可以用选区工具在图像中围出选区，只对选区内的图像作色彩调整。

> 说明：除以上介绍的几种方法外，【加深/减淡工具】、【自动色阶】、【亮度/对比度】、
> 　　　　【色彩平衡】及【替换颜色】等命令都可以用来调整图像的色调；使用的参数不同，
> 　　　　操作方法略有区别，但原理基本相同，使用时根据个人习惯而定。

3.5 图像的高级编辑

3.5.1 图层

在 Photoshop 中，图像都是由一个或多个图层组成的。图层可以看做一种没有厚度的、透明的电子画布，图层功能允许多张图片进行叠加放置并保存在一个文件中。图层的基本原理如图 3.58 所示。

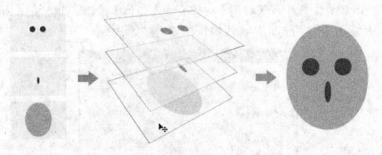

图 3.58 图层的基本原理

通过对图像分层放置，能够有效地把多张图片混合在一起，隐藏或显示每个单独的图层，文本、图像可以在各自的图层上被添加、删除、移动和编辑而不会影响其他图层，甚至可以对图层设置样式。图层的操作都可以通过【图层】面板来进行，如图 3.59 所示。

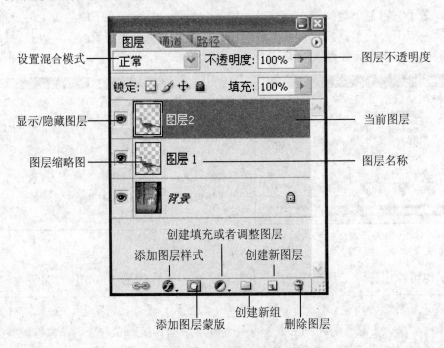

图 3.59 【图层】面板

1. 显示/隐藏图层

当【图层】面板左端显示【眼睛】图标👁时，表示该图层可见。单击【眼睛】图标，可以隐藏该图层。

2. 创建新图层

单击【图层】面板底端的【创建新图层】按钮▫️，将创建一个新的空白图层，新创建的图层总是位于当前图层之上，并自动成为当前图层(即当前正在编辑的图层)。在图层名称处双击可更改图层的名称。

3. 移动图层

图像最终呈现的效果与图层的叠放顺序密切相关，相同的图层叠放顺序不同，显示的效果也不同。可以通过调整【图层】面板中图层的位置来改变编辑窗口中图层的叠放顺序。在【图层】面板中，按住鼠标左键拖动图层到合适位置松开鼠标即可。

4. 复制图层

复制图层的方法很多，最简单的方法是在【图层】面板中直接拖动要复制的图层到【创建新图层】按钮上；如果要在不同图像间复制图层，可以使用移动工具 ▸ 直接拖动该图层到另一图像中。

5. 删除图层

不需要的图层可以删除以精简图像文件大小，节省磁盘空间，加快处理速度。选择要删除的图层，单击【图层】面板中的【删除图层】按钮 🗑 ；或者将图层拖放到该按钮上，即可删除当前图层。

6. 合并图层

合并图层可以减少文件所占用的磁盘空间，提高处理速度，但合并后的图层不可以再拆开。单击【图层】面板右上方的小三角按钮，打开图层控制菜单，包括以下三种操作方式。

- 向下合并：将当前图层与下一图层(必须是显示状态)合并。
- 合并可见图层：合并图像中所有可见的图层，隐藏图层保持不变。
- 拼合图像：合并图像中所有的图层，并将结果存储在背景图层中。

7. 图层样式的应用

图层样式是图像编辑处理最重要的功能之一，例如，文字特效的制作等。单击【图层】面板中的【添加图层样式】按钮 ⓕ，在弹出的菜单中任选一个命令，即可打开【图层样式】对话框，如图 3.60 所示。

在该对话框中，可以对当前图层应用多种图层样式。Photoshop 的图层样式效果非常丰富，都是十分实用的功能，以前需要用很多步骤制作的效果在这里设置几个参数就可以轻松完成，是制作图片效果的重要手段之一。

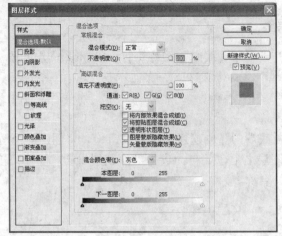

图 3.60　【图层样式】对话框

【例 3-13】 利用图层合成图像。

(1) 打开素材 1，如图 3.61 所示。

(2) 选中魔术橡皮擦工具 ，在恐龙之外多次单击，可以擦除背景，在远离恐龙的位置，也可以直接用橡皮擦擦除。如图 3.62 所示，背景变为透明。

图 3.61　素材 1

图 3.62　用魔术橡皮擦工具除去背景

说明： 在魔术橡皮擦选项工具栏中，可以适当加大容差，以加快擦除速度。

(3) 打开素材 2，如图 3.63 所示。

(4) 使用移动工具 将素材 1 中的恐龙拖入素材 2，如图 3.64 所示。

(5) 在【图层】面板中，可以看到存在两个图层，将【图层 1】图层拖放到【图层】面板下端的【创建新图层】按钮 上，复制一个新图层，并将图层名称改为"图层 2"，如图 3.65 所示。

(6) 在【图层】面板中，单击【图层 2】图层前面的【眼睛】图标，暂时隐藏【图层 2】图层；单击【图层 1】图层，使【图层 1】图层成为当前图层。

(7) 选择【编辑】|【自由变换】命令，或者按快捷键 Ctrl+T，此时在【图层 1】图层的四周出现控制框和控制点，拖动控制点，可改变恐龙到合适的大小，如图 3.66 所示。双击控制框内部，即可确认此次变换。若按 Esc 键，可以取消此次变换。

图 3.63 素材 2

图 3.64 将素材 1 中的恐龙拖入素材 2

图 3.65 三个图层

图 3.66 改变恐龙的大小

(8) 在【图层】面板中，单击【图层 1】图层前面的【眼睛】图标，暂时隐藏【图层 1】图层；单击【图层 2】图层前面的【眼睛】图标，显示【图层 2】图层。利用(7)中的方法，改变该图层恐龙的大小。

(9) 利用移动工具将该恐龙移至水中。

(10) 选择橡皮工具，擦去恐龙淹没在水中的部分，在恐龙身体靠近水面的位置，将橡皮工具选项栏中【不透明度】降低为 50%，如图 3.67 所示。继续擦除，这样会在身体和水的交接处产生若隐若现的效果。

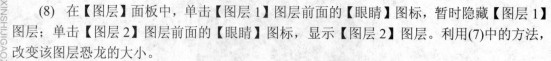

图 3.67　橡皮工具选项栏

(11) 在【图层】面板中，单击【图层 1】图层前面的【眼睛】图标，显示【图层 1】图层。此时一幅"某公园惊现恐龙"的图片就合成了，如图 3.68 所示。

图 3.68　公园惊现恐龙的图片

(12) 保存图像。选择【文件】|【存储】命令，在弹出的【存储为】对话框中选择保存位置，输入文件名称，选择保存格式。默认的文件格式类型为"*.PSD"，该格式为 Photoshop 的专有格式，可以保存图层等信息，如果以后要继续编辑，应该保存为此格式。此处假设要将该图片在网上发布，则在格式类型中选择*.JPG 选项，单击【保存】按钮。

(13) 在弹出的【JPEG 选项】对话框中，设置图像的品质。JPEG 格式是一种有损压缩格式，品质越低，压缩倍数就越大，文档也越小。根据最终图片的用途，选择合适的图像品质，然后单击【确定】按钮，图像就被保存了。

3.5.2　蒙版

蒙版附着于图层之上，用来决定图层不同部位的可见程度。蒙版以 8 位灰度图像的形式存储，其中黑色部分代表完全不透明，被遮照物完全不可见；白色部分代表完全透明，被遮照物可见；灰度部分代表半透明，被遮照物隐约可见。图层中不可见的区域不受编辑操作的影响，起到遮蔽的作用。同时，利用蒙版制作特效，不会改变原来图层的图像，删除或停用蒙版后，图像会恢复原来的样貌。

下面用实例来说明蒙版的创建及使用方法。

【例 3-14】给电视机更换内容。

(1) 打开素材文件，如图 3.69 和图 3.70 所示。

图 3.69 素材 1

图 3.70 素材 2

(2) 用移动工具将素材 2 的图像拖放到素材 1 的图像中，并将素材 2 图像置于下方，如图 3.71 所示。

说明：由于背景图层始终处于最下方，为了能够改变图层的叠放次序，双击背景图层，在弹出的对话框中单击【确定】按钮，即可以将背景图层转化为普通图层，从而可以调整图层的叠放顺序。

(3) 在【图层】面板中，选中【图层 0】图层作为当前图层，单击【添加图层蒙版】按钮，该图层上出现了蒙版，如图 3.72 所示。

图 3.71　【图层 0】图层叠放到【图层 1】图层的上方　　　　图 3.72　添加图层蒙版

(4) 选择黑色为前景色,单击选择画笔工具,用黑色的画笔在图像中电视屏幕位置涂抹,这时,被涂抹的图像变为透明,如图 3.73 所示。如果选择白色的前景色,用白色的画笔进行涂抹,则原来被遮挡住的图像又显露出来了。

图 3.73　编辑蒙版

说明:在【图层】面板上,如果单击【蒙版】按钮,表示对蒙版进行编辑;如果单击【图层缩略图】按钮,表示对图层本身的像素进行编辑。

(5) 【图层 1】图层中的图像过于清晰,为了更好地融合图像,可以对【图层 1】图层进行模糊操作。将【图层 1】图层作为当前图层,选择【滤镜】|【模糊】|【高斯模糊】命令,在弹出的【高斯模糊】对话框中设置模糊半径,如图 3.74 所示。

图 3.74　【高斯模糊】对话框

(6) 单击【确定】按钮，最终效果如图 3.75 所示。

图 3.75　最终效果

【例 3-15】利用蒙版无缝融合图像。

(1) 打开素材，如图 3.76 和图 3.77 所示。

图 3.76　素材 1

图 3.77　素材 2

(2) 将素材 1 拖入素材 2 中，素材 1 图像幅面较小。选择【编辑】|【变换】|【自由变

换】命令，拖动控制点，将素材 1 放大到与素材 2 宽度相同，如图 3.78 所示。双击控制框内部，确认此次变换。

图 3.78　对素材 1 作自由变换

(3)　将【图层 1】图层作为当前图层，添加蒙版，如图 3.79 所示。

图 3.79　添加图层蒙版

(4)　单击渐变工具 ▭，单击【图层 1】图层的蒙版(表示要编辑蒙版)，在图像上拖出黑白渐变如图 3.80 所示。蒙版中的黑色表示图层中对应位置的图像完全隐藏，白色表示完全显现，不同程度的灰色表示介于隐藏和显现之间。

图 3.80　编辑图层蒙版

(5)　为了使两素材的色调统一，选中背景图层，选择【图像】|【调整】|【匹配颜色】命令，在打开的【匹配颜色】对话框底端，选择源文件为素材 1(xishui.jpg)，如图 3.81 所示。

图 3.81　【匹配颜色】对话框

(6)　单击【确定】按钮，最终效果如图 3.82 所示，已经将两幅图像无缝融合在一起了。

图 3.82　最终效果图

3.5.3　路径

路径是使用贝赛尔曲线构成的一段闭合的或者开放的曲线段。利用路径可以绘制复杂的图形。更重要的是，利用路径可精确地建立选区、选择图像。

1. 几个重要的概念

1)　锚点(节点)

锚点定义为路径中每条线段开始和结束的点，通过它们来固定路径。第一个绘制的锚点为起点，最后一个绘制的锚点为终点。当起点和终点为同一个锚点时，路径就是一个封闭的区域。移动锚点可以修改路径，改变路径的形状。

2) 调整杆和控制点

选择带曲线属性的锚点时，锚点的两侧会出现调整杆，调整杆两端的点称为控制点，拖动控制点可以调整曲线的弯曲度，如图 3.83 所示。

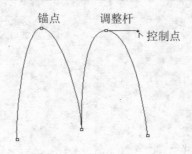

图 3.83　路径

2. 钢笔工具组

1) 钢笔工具

钢笔工具以单击创建锚点的方式创建路径。

2) 自由钢笔工具

自由钢笔工具类似铅笔工具，以连续绘制方式在图像上创建初始点后即可随意拖动鼠标徒手绘制路径。

3) 添加锚点工具和删除锚点工具

添加锚点工具和删除锚点工具用于在已有的路径上增加或减少锚点。

4) 转换点工具

转换点工具用于选择锚点，并改变与该锚点相连接的两条路径的弯曲度。

3. 【路径】面板

【路径】面板上各按钮的功能如图 3.84 所示。

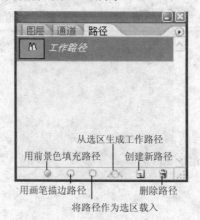

图 3.84　【路径】面板

【例 3-16】利用蒙版合成图像。

(1) 打开素材 1、素材 2，如图 3.85 和图 3.86 所示。

图 3.85 素材 1

图 3.86 素材 2

(2) 在素材 1 中，先用钢笔工具勾勒出海豚边缘的关键点，然后再用转换点工具拖动控制点，调整路径的曲率，使路径紧贴海豚边缘，如图 3.87 所示。

图 3-87 建立路径

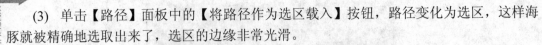

(3) 单击【路径】面板中的【将路径作为选区载入】按钮，路径变化为选区，这样海豚就被精确地选取出来了，选区的边缘非常光滑。

(4) 利用移动工具将海豚拖入素材2。

(5) 在【图层】面板中，选中【图层 1】图层作为当前图层，单击【添加图层蒙版】按钮，为【图层1】图层添加蒙版。

(6) 单击【图层 1】图层的蒙版，利用渐变工具在蒙版上绘制黑白渐变，如图 3.88 所示。

图 3.88　编辑蒙版

(7) 这样一只海豚破浪而出的图片就做好了，在海豚与大海的交接处，身体若隐若现，如图 3.89 所示。

图 3.89　最终效果

3.5.4　滤镜

滤镜是一些经过专门设计的、用于产生图像特殊效果的工具，它在 Photoshop 中具有非常神奇的作用。滤镜的操作非常简单，使用时只需要执行相应菜单命令即可。但是真正用起来却很难恰到好处。滤镜通常需要同图层、蒙版等联合使用，才能取得最佳艺术效果。如果想在最适当的时候应用滤镜到最适当的位置，除了平常的美术功底之外，还需要用户熟悉滤镜并对其具有操控能力，甚至需要具有很丰富的想象力。用户需要在不断的实践中积累经验，才能使应用滤镜的水平达到炉火纯青的境界，从而创作出具有迷幻色彩的计算机艺术作品。

　　Photoshop 提供像素化、扭曲、杂色、模糊、渲染、画笔描边、素描、纹理、艺术效果、视频、锐化和风格化等内部滤镜组，每一种滤镜组又包含多种滤镜。由于滤镜的使用比较直观，受参数影响非常大，读者可以一一试验。

　　下面以实例的方式介绍几个滤镜的使用。

　　【例 3-17】 利用抽出滤镜抠图。

　　(1)　打开图像，如图 3.90 所示。

图 3.90　打开图像

　　(2)　选择【滤镜】|【抽出】命令，打开【抽出】对话框。

　　(3)　选中高光工具，勾勒出目标的边缘，然后用油漆桶工具填充目标内部，如图 3.91 所示。如果操作失误，可以用橡皮擦工具擦除。

图 3.91　【抽出】对话框

　　(4)　单击【确定】按钮，小猫从背景中被抠出来，毫发毕现(为了便于观察，加了一个灰色图层)，如图 3.92 所示。

图 3.92   抽出后的小猫

【例 3-18】 使用高斯模糊滤镜美化皮肤。

(1)   打开图像，如图 3.93 所示。

图 3.93   美化前的粗糙皮肤

(2)   选择【图像】|【调整】|【曲线】命令，打开【曲线】对话框。如图 3.94 所示调整曲线，将图像整体亮度提高。

(3)   在【图层】面板中，将【背景】图层拖放到【创建新图层】按钮上，复制【背景】图层。

(4)   选中【背景】图层，选择【滤镜】|【模糊】|【高斯模糊】命令，在弹出的【高斯模糊】对话框中调整模糊半径，柔化皮肤，如图 3.95 所示。然后单击【确定】按钮。

(5)   此时，共有两个图层，上面图层的细节清晰，下面图层的皮肤柔和。选中上面的图层，添加蒙版。

(6)   单击蒙版(意味着对蒙版进行编辑)，选中画笔工具，将前景色设置为黑色。为了便于控制，在工具选项栏中，设置画笔的【不透明度】为 50%，然后在人物的面部涂抹黑色覆盖到的位置，该层像素隐藏，下面图层的像素显现。

(7)   处理后的效果如图 3.96 所示。虚线左、右为处理前、后的效果对比。

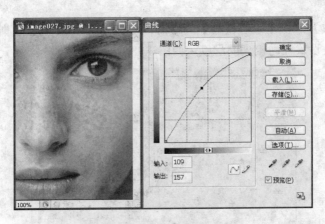

图 3.94　提高图像亮度

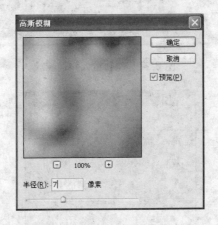

图 3.95　利用高斯模糊柔化皮肤

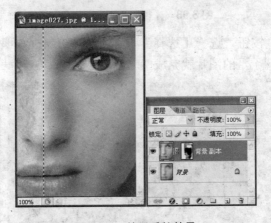

图 3.96　处理后的效果

【例 3-19】利用径向模糊滤镜制作动感效果。

(1) 打开图像。

(2) 用多边形套索工具勾勒出人物边缘，如图 3.97 所示。

(3) 选择【选择】|【反向】命令，人物之外的像素被选中。

(4) 选择【滤镜】|【模糊】|【径向模糊】命令，弹出【径向模糊】对话框。设置【模

糊方法】为【缩放】，将【中心模糊】的中心点定在图像右偏下位置(即人物所在位置)，调节【数量】值，设置径向模糊的程度，如图 3.98 所示。

图 3.97　勾勒出人物边缘

图 3.98　【径向模糊】对话框

(5)　单击【确定】按钮，选择【选择】|【取消选择】命令，取消选区。最终效果如图 3.99 所示，一幅动感十足的图片就完成了。

图 3.99　最终效果图

3.6　本章小结

Photoshop 是图像处理和平面设计领域使用最为广泛的软件，本章首先介绍了 Photoshop 的工作界面以及工具箱的组成，工具箱容纳了最常用的图形绘制和图像处理工具。

图像大小的改变、分辨率的调整、图像的旋转及裁剪等基本操作是日常图像处理工作中使用频率最高的操作。

色彩调整是图像处理的重要环节。Photoshop 提供了种类繁多的调整工具，它们原理近似，又各有特点。为了达到同一个调整目的，可以采用多种不同的方式，具体采用哪种方式可根据自己的使用习惯进行选择。

利用图层、蒙版和滤镜等工具，可以合成图像、制作特效、进行艺术创作。要想掌握它们，必须经过大量的实践。本章以实例的形式介绍了典型的应用技巧。

3.7　习　　题

1. 如何显示或隐藏 Photoshop 中的面板？
2. 如何使用度量工具校正倾斜的图像？
3. 如何使用拾色器和吸管工具设置前景色和背景色？
4. 如何校正偏色图像？
5. 如果图像对比度低，如何调整？
6. 什么是图层蒙版？如何利用图层蒙版？
7. 路径如何转化为选区？
8. 试利用图层和蒙版合成图像。

第4章 二维动画制作技术

【学习目的与要求】

Flash 是当前最流行的动画制作软件之一，其新颖高效的流技术和多媒体效果吸引了众多的网页设计者和浏览者。有人甚至预言，未来的 Web 页面将是 Flash 和 XML 的天下，可见其广阔的应用前景。

本章主要介绍 Flash 软件的特点和 Flash 8 的基本操作方法，借助实例讲解最常见的几种动画的制作方法。通过本章的学习，可以对 Flash 8 软件有一个基本的了解，对 Flash 动画有一个明确的认识。

4.1 Flash 软件的特点

Flash 的前身是早期网上流行的一种动画插件，叫做 Future Splash。早在 1996 年该技术就已经引起业界的注意了，当时的微软著名站点 MSN，就全面使用 Future Splash 制作其主页，因此 Future Splash 应该算是 Flash 1。后来美国 Macromedia 公司收购了 Future Splash，给它改了一个响亮的名字：Flash，并于 1998 年的下半年推出了 Flash 3，从而给静止单调的 Web 页面带来了一道动感冲击的闪亮之光，在全球掀起了热潮。到现在为止，Flash 已经发展到 8.0 版，随着其功能的不断加强，Flash 已经从以前的小插件一跃成为互联网多媒体动画制作的主要工具。

Flash 是基于矢量的具有交互性的动画软件。使用 Flash 中的诸多功能，可以创建许多类型的应用程序，如：横幅广告、联机贺卡、卡通画、游戏、Web 站点的用户界面以及丰富多彩的 Internet 应用程序等。人们把善于使用 Flash 的网友冠以响亮的名字："闪客"。

Flash 软件具有很多特点，了解它们可以有助于加深对该软件的了解。

1. 矢量图形系统

Flash 是建立在矢量的图形系统之上的，Flash 创建的元素都是用矢量来描绘的。矢量图形与位图图形不同，只要用少量的数据就可以描述一个复杂的对象，而其占用的存储空间却很小，特别适合在网络上使用。同时，矢量图形可以任意缩放尺寸而不影响图形的质量，这样，无论用户的浏览器窗口如何变化，画面的质量和完整性都不会改变。

2. 流式播放技术

流式播放技术使得动画可以边播放边下载，这样，用户在观看一个大动画的时候，可以不必等到影片全部下载到本地计算机上再观看，而是边欣赏边等待，在不知不觉中看完了整个作品。这种技术多见于网上实时影音软件，如 Real 公司的网络媒体播放类产品。

3. 减小文件大小

通过使用关键帧和元件使得所生成的动画文件(.swf)非常小，几十 KB 甚至几 KB 就可以实现许多令人心动的动画效果。用在网页中，既能提高网页的生动性，又不会过多影响网页的下载速度。

4. Flash 插件方式

用户只要为自己的浏览器安装一个插件 Flash Player，以后就可以直接观看 Flash 动画了。而且 Flash Player 插件并不大，很容易下载安装。用户可以在 Adobe 公司的主页(http://www.adobe.com)上找到插件进行下载。

另外，Flash 还支持多种动画导出格式，比如网页中最常见的 GIF 动画格式。不过此格式只适用于没有交互、色彩不很鲜艳的动画。

5. 引入多媒体技术

Flash 可以把音乐、动画、声效及交互方式融合在一起，而且自 Flash 4.0 的版本中就开始支持 MP3 音乐格式，这使得加入音乐的动画文件也不会占用太多的存储空间。

6. 强大的交互功能

Flash 软件通过非常独特的动作脚本语句来实现交互，使得设计者可以随心所欲地设计出具有交互性的动画以及复杂的互动性游戏等。Flash 的动作脚本编辑界面有完整的符号和函数提示面板，设计者甚至无需使用键盘，或者仅仅用键盘在对话框中输入几个变量名即可编写完整的控制程序，即使从未写过程序的新手也可以轻松掌握。

7. 方便的播放测试

当制作完动画以后，可以按 Enter 键在当前的场景中直接测试电影，也可以按快捷键 Ctrl+Enter 来测试电影，这种测试方式可以直接调出 Flash 播放器对动画进行测试。

8. 与其他软件的配合

Flash 通过与 Adobe 公司出品的当今最流行的网页设计工具 Dreamweaver 以及网页图像制作软件 Fireworks 的组合，形成了著名的网页制作三剑客。三个软件各有不同、互有侧重、配合默契。

Flash 的特点还有很多，这里只是列举了一些最主要的。目前 Flash 已经逐渐成为网页动画的标准，成为一种新型的技术发展方向。

4.2　Flash 8 的工作环境

Flash 8 的操作界面主要由以下几个部分组成：标题栏、菜单栏、绘图工具箱、【时间轴】面板、场景工作区和浮动面板，如图 4.1 所示。

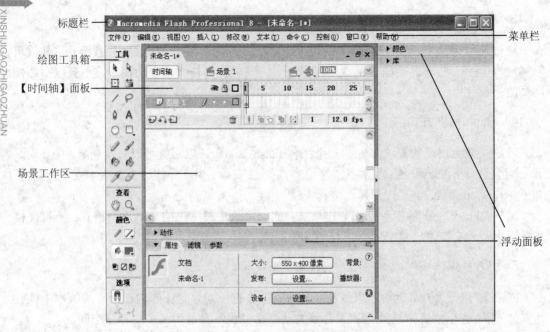

图 4.1　Flash 8 的操作界面

1. 标题栏

标题栏显示的内容主要包括 Flash 应用程序的名称、当前文件的名称、【最小化】按钮、【最大化】按钮和【关闭】按钮。其中当前文件的名称后面如果带有"*"号，表明该文件尚未保存。标题栏的操作方法与一般 Windows 应用程序的标题栏相同。

2. 菜单栏

标题栏的下面是菜单栏，它包括【文件】、【编辑】、【视图】、【插入】、【修改】、【文本】、【命令】、【控制】、【窗口】和【帮助】10 个菜单。

菜单栏中包括在创建和编辑文档时的常用命令，还有在编辑和控制动画对象时用到的一些特殊命令。

3. 绘图工具箱

在 Flash 8 中，绘图工具都放置在绘图工具箱中。绘图工具箱通常固定在窗口的左边，也可以用鼠标拖动绘图工具箱，改变它在窗口中的位置。用户可以使用绘图工具箱中提供的绘图工具对图像或选中区进行操作。表 4.1 中列出了常用绘图工具的使用功能。

表 4.1　Flash 8 常用绘图工具的使用功能

图　标	名　称	功　能
▶	选择工具	选取整个对象
▶	部分选取工具	选择并调整对象的路径
□	任意变形工具	任意调整对象的形状

续表

图　标	名　　称	功　　能
🗃	填充变形工具	对形状内部的渐变或位图进行填充编辑
／	线条工具	绘制直线对象，按住 Shift 键可绘制 45°角倍数的直线
�	套索工具	选取不规则的对象范围
✒	钢笔工具	绘制对象的路径
A	文本工具	编辑文本对象
○	椭圆工具	绘制椭圆，按住 Shift 键可绘制圆形对象
▢	矩形工具(多角星形工具)	绘制矩形、正方形或多角星形
✎	铅笔工具	绘制线条对象，颜色由笔触颜色决定
🖌	刷子工具	绘制矢量色块，颜色由填充色决定
🖋	墨水瓶工具	编辑绘制图形边框线或线条对象的颜色、宽度和样式
🪣	颜料桶工具	用于填充绘制图形的内部颜色
✐	滴管工具	对场景中对象的颜色进行采样
⌫	橡皮擦工具	用于擦除线条、图形及填充色
✋	手形工具	移动场景
🔍	缩放工具	放大或缩小场景
✎／	笔触颜色	设置图形边框线和铅笔绘制的线条颜色
🪣▪	填充色	设置绘制图形内部的颜色
▣	黑白	设置笔触颜色为黑色，填充色为白色
☑	没有颜色	将当前所选颜色定义为无色
⇄	交换颜色	交换笔触颜色和填充色

在选择某一个绘图工具后，绘图工具箱的【选项】选项区域中会出现该工具的辅助按钮。如选中橡皮擦工具，在【选项】选项组中会出现【擦除内容选择】、【水龙头】和【橡皮擦形状】等按钮，这些按钮可以帮助我们更好地使用绘图工具。

4. 【时间轴】面板

【时间轴】面板是用来进行动画创作和编辑的主要工具，它的结构如图 4.2 所示。【时间轴】面板分为两大部分：图层控制区和时间控制区。

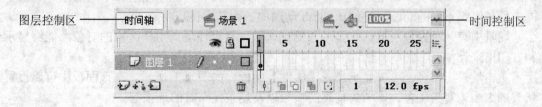

图层控制区 ————　时间轴　　　　🎬 场景 1　　　　　　　 🔲 100% ————时间控制区

图 4.2　【时间轴】面板

图层控制区用于组织比较复杂的动画，通过将不同的元素放在不同的图层上，用户可以很容易地对各层中的元素进行修改、编辑，而不会影响其他层中的对象。表 4.2 中列出了图层控制区中常用按钮的功能。

表 4.2　图层控制区中按钮的功能

按钮图标	功　能
👁	显示或隐藏，可单击某个图层的对应位置，显示或隐藏该图层。隐藏后的图层不可见
🔒	锁定或解锁，可单击某个图层的对应位置，锁定或解锁该图层。锁定后的图层不能修改
⬜	显示图层轮廓，该图标有颜色填充时，图层中的内容完全显示；该图标只显示轮廓线时，图层中的内容只显示轮廓线，且内容轮廓线的颜色为该图标轮廓线颜色
🗀	添加新的图层
⬩	添加运动引导层，用来建立一个曲线运动或沿一条路径运动的动画
🗁	添加图层文件夹，可以将多个相关图层放置在一个文件夹中便于管理
🗑	删除当前所选图层

　　时间控制区用于控制动画发生的时间。时间控制区的具体应用将在后续章节中介绍。在时间控制区的下方是【时间轴】面板的状态栏，该状态栏的功能如表 4.3 所示。

表 4.3　时间控制区中状态栏的功能

图　标	功　能
╪	使播放头居于当前时间轴中央
🖿	在时间轴上设置一个连续的帧区域，区域内的帧所包含的内容同时显示在场景中
🖿	除当前帧以外的其他显示帧中的内容只显示图形外边框
🖿	在时间轴上设置一个连续的帧区域，区域内的帧所包含的内容可以同时显示和编辑
[·]	为对象添加标记
1	显示当前帧的帧数
12.0 fps	显示当前动画的帧频率，如每秒播放 12 帧
0.0s	显示运行时间，该时间与帧数和帧频率有关

5. 场景工作区

　　场景工作区是绘制图形和编辑图形、图像的矩形区域，也是创建动画的区域。一个 Flash 动画可以由一个或者多个场景组成，其中每一个场景又分为几个图层和不同的帧。利用不同的场景组织不同的动画，是创作 Flash 动画的一个基本技巧。

　　场景中有一个白色区域，它是场景的工作区，只有在场景工作区内的对象才能够显示和打印出来。

　　单击场景工作区，可以显示场景【属性】面板，如图 4.3 所示。在该面板中可以设置场景的大小、背景颜色、该场景动画的帧频以及场景发布时的选项等。

6. 浮动面板

　　Flash 8 包括多个浮动面板，用户可以通过单击【窗口】菜单中的相应命令打开对应的浮动面板。下面介绍几个最常用的浮动面板。

图 4.3 【属性】面板

- 【混色器】面板：通过该面板用户可以方便地选择自己需要的颜色模式、合适的调配颜色，如图 4.4 所示。
- 【属性】面板：该面板随着当前选择对象而变化，用于设置所选对象的各项属性信息。
- 【库】面板：它是用户能否快速制作 Flash 动画的关键，用于存放可以反复使用的 Flash 动画文件，包括声音、按钮和动画等，如图 4.5 所示。用户可以将其转化成符号，存放在元件库中。元件可以是使用绘图工具绘制的图像，也可以是一个简单的动画(影片剪辑)，还可以是外部导入的文件。

图 4.4 【混色器】面板

图 4.5 【库】面板

4.3 逐帧动画的制作

4.3.1 逐帧动画的介绍

影片中的每一个画面在 Flash 中称为一帧(Frame)，用户看到的动画实际上是由若干静止的帧组成的。在 Flash 中，只要确定动画对象在运动过程中的关键状态，中间各帧的动画效果就会由 Flash 自动计算得出。那些使对象发生改变的关键状态所在的画面称为关键帧；与关键帧保持相同内容的画面称为普通帧；由 Flash 自动计算得出的位于关键帧之间的画面称为中间帧。

在图 4.6 中显示了时间轴中各种不同状态的帧，具体如下。

(1) 黑圈白背景的单元格是空白关键帧，此类关键帧表示

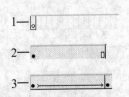

图 4.6 不同状态的帧

尚未绘制画面。

(2) 带黑点灰背景的单元格是关键帧，表示已经绘制了画面。随后的灰色背景所在的单元格以及结束时带黑框灰背景的单元格是普通帧，这些帧与前面的关键帧保持了相同的内容。

(3) 两个黑点灰背景的单元格是关键帧，两个关键帧可以绘制不同的画面。关键帧之间的黑色箭头灰背景的单元格是 Flash 自动计算得出的画面，即中间帧。逐帧动画就是由多个连续的关键帧组成的动画。在播放的时候，依次播放这些关键帧画面，即可以生成动画效果。逐帧动画制作时一般是在某一帧前、后新建一个内容完全相同的关键帧，再按照动画发展的要求进行编辑、修改，使之与相邻关键帧中的内容稍微有一些变化，重复操作，直到完成所有关键帧的制作。

逐帧动画适合于制作复杂的动画，但其制作比较麻烦，需要编辑动画的每一帧，而且生成的动画文件比较大。

创建逐帧动画主要有两种方法：一是将 JPG、PNG 等格式的静态图片连续导入 Flash 中，就会建立一段逐帧动画；二是使用鼠标或压感笔在场景中一帧帧地画出关键帧的内容，形成逐帧动画。

4.3.2 逐帧动画制作实例

【例 4-1】草原上的豹子。

大草原上，有一只矫健的豹子在奔跑跳跃，这是一个利用导入连续位图而创建的逐帧动画，如图 4.7 所示。

图 4.7 草原上的豹子

(1) 创建影片文档。

选择【文件】|【新建】命令，在弹出的对话框中选中【常规】选项卡中的【Flash 文档】选项后，单击【确定】按钮，新建一个影片文档。在【属性】面板上单击【550×400 像素】按钮，可以打开【文档属性】对话框。在其中设置文件尺寸为 800×600 像素，背景色为白色，帧频为 12fps，如图 4.8 所示。

图 4.8 【文档属性】对话框

(2) 创建背景图层。

选中【图层1】图层的第1帧,选择【文件】|【导入】|【导入到舞台】命令,将本实例中的名为"草原.bmp"的图片导入到场景中。在第8帧右击,在弹出的快捷菜单中选择【插入帧】命令,插入普通帧,使背景图片的内容延续。

右击图层控制区中的【图层 1】选项,在弹出的快捷菜单中选择【属性】命令,弹出【图层属性】对话框,如图 4.9 所示。修改【图层 1】图层的名称为"草原",并选中【锁定】复选框,将草原图片锁定(不可编辑状态)。

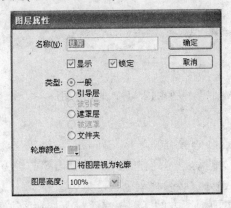

图 4.9 【图层属性】对话框

(3) 导入豹子图片。

新建一层,用上一步的方法修改该层的名称为"豹子"。然后选中新层的第1帧,选择【文件】|【导入】|【导入到舞台】命令,将本实例中的第一张豹子的图片"豹子 1.png"导入。此时,会弹出一个对话框,如图 4.10 所示。

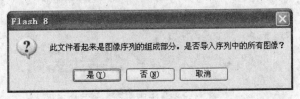

图 4.10 系列图片导入

单击【是】按钮，Flash 会自动把所有的 8 张豹子图片按顺序以逐帧形式导入场景的左上角，如图 4.11 所示。

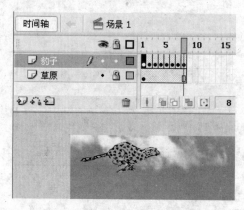

图 4.11　逐帧形式导入的豹子图片

图 4.12 所示是导入后的动画序列，它们被 Flash 自动分配到 8 个关键帧中。

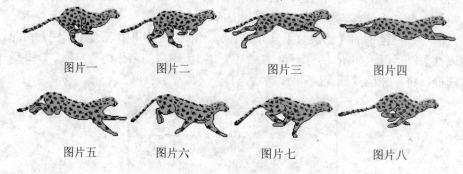

图 4.12　导入的 8 张图片

(4)　调整对象位置。

此时，时间帧区出现连续的关键帧，从左向右拉动播放头，就会看到一头勇猛的豹子在向前奔跑；但是，被导入的动画序列位置尚未处于需要的地方。默认状况下，导入的对象全部被放在场景坐标(0,0)处，必须移动它们。

首先，单击【时间轴】面板下方的【编辑多个帧】按钮，再单击【修改绘图纸标记】按钮，在弹出的菜单中选择【绘制全部】命令，如图 4.13 所示。

图 4.13　【绘制全部】命令

选择【编辑】|【全选】命令，选中所有【豹子】图层的关键帧，然后用鼠标左键拖动所有豹子的图片到背景图片的适当位置。

（5）设置标题文字。

在场景中新建一个图层，单击绘图工具箱上的【文本工具】按钮，设置【属性】面板上的文本参数如下：文本类型为静态文本，字体为华文新魏，字体大小为 35，颜色为黑色，如图 4.14 所示。

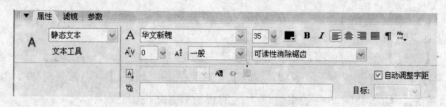

图 4.14 【属性】面板及其参数设置

在场景中的适当位置输入"草原上的豹子" 6 个字。

（6）测试存盘。

选择【控制】|【测试影片】命令，观察本例生成的动画有无问题。如果满意，选择【文件】|【保存】命令，将文件存成名为"草原上的豹子.fla"的文件；如果要导出 Flash 的播放文件，可选择【文件】|【导出】|【导出影片】命令，将其命名为"草原上的豹子.swf"的文件。

4.4 动作补间动画的制作

4.4.1 动作补间动画的介绍

动作补间动画是指在动画的播放过程中，场景中的一个对象产生位置、形状、大小、颜色、透明度和旋转角度等属性的改变，从而产生动态效果。各种变化可以单独进行，也可以组合成复杂的动画。动作补间动画只是单一对象的动画，如果需要制作多个对象同时运动的效果，需要建立多个层，分别进行设置。

构成动作补间动画的元素应该是元件，包括影片剪辑、图形元件、按钮、文字、位图及组合等，但不能是形状，只有把形状组合或者转换成元件后才可以作动作补间动画。

动作补间动画建立后，【时间轴】面板的背景色变为淡紫色，在起始帧和结束帧之间有一个长长的箭头，如图 4.15 所示。

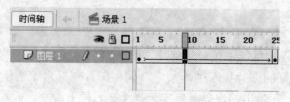

图 4.15 动作补间动画

动作补间动画的【属性】面板如图 4.16 所示。

图 4.16　【属性】面板

各选项说明如下。

- 【缓动】下拉列表框：单击该列表框右边的下拉按钮，弹出拉动滑杆，拖动上面的滑块，可设置参数值。当然也可以直接在下拉列表框中输入具体的数值，设置完后，动作补间动画效果会以下面的设置作出相应的变化。
  - 在-1～-100 的负值之间，动画运动的速度从慢到快，朝运动结束的方向加速运动。
  - 在 1～100 的正值之间，动画运动的速度从快到慢，朝运动结束的方向减速运动。
  - 默认情况下(0 值)，运动的速率是不变的。
- 【旋转】下拉列表框：有 4 个选项，选择【无】选项(默认设置)可禁止元件旋转；选择【自动】选项可使元件在需要最小动作的方向上旋转对象一次；选择【顺时针】或【逆时针】选项，并在后面的文本框中输入数字，可使元件在运动时顺时针或逆时针旋转相应的圈数。
- 【调整到路径】复选框：将补间元素的基线调整到运动路径。此项功能主要用于引导线运动。
- 【同步】复选框：使图形元件实例的动画和主时间轴同步。
- 【对齐】复选框：可以根据其设定点将补间元素附加到运动路径。此项功能主要用于引导线运动。

4.4.2　动作补间动画制作实例

【例 4-2】城市上空的飞机。

都市的上空，一架飞机由近而远地飞去，越来越小，越来越模糊，渐渐消失在远方，如图 4.17 所示。本例制作不难，但通过它可以掌握创建动作补间动画的方法。

(1) 创建影片文档。

选择【文件】|【新建】命令，在弹出的对话框中选中【常规】选项卡下的【Flash 文档】选项后，单击【确定】按钮，新建一个影片文档。在【属性】面板上单击【550×400 像素】按钮，可以打开【文档属性】对话框。在其中设置文件尺寸为 600×450 像素，背景色为白色，帧频为 12fps。

(2) 创建背景图层。

选中【图层 1】图层的第 1 帧，选择【文件】|【导入】|【导入到舞台】命令，将本实例中名为"城市.png"的图片导入到场景中。调整图片在舞台上的位置，使其占满整个舞台。在第 50 帧右击，在弹出的快捷菜单中选择【插入帧】命令，插入普通帧，使背景图片的内容延续。修改【图层 1】图层的名称为"城市"。

图 4.17　城市上空的飞机飞行动画

(3) 创建飞机元件。

选择【插入】|【新建元件】命令，新建一个类型为图形的元件，修改元件名称为"飞机"。这时进入新元件编辑场景，选中第 1 帧，选择【文件】|【导入】|【导入到舞台】命令，将本实例中的名为"飞机.png"的图片导入到场景中。选中图片，选择【修改】|【变形】|【水平翻转】命令，将飞机图片进行水平方向的翻转。

(4) 创建飞机飞行动画。

单击时间轴右上角的【编辑场景】按钮 ，单击【场景 1】标签，转换到主场景中。新建一层，并将其命名为"飞机"。

选择【窗口】|【库】命令，打开【库】面板。选中【飞机】图层的第 1 帧，把【库】面板中名为"飞机"的元件拖到场景的右侧，在【属性】面板上单击【宽】和【高】文本框左侧的小锁标记，将宽和高的比例锁定。此时修改宽为 200，高会自动调整。修改飞机元件的位置，X 为 400，Y 为 200。单击【颜色】下拉列表框右边的下三角按钮，设置 Alpha 值为 100%，如图 4.18 所示。

图 4.18　【飞机】图层第 1 帧元件的属性

选中【飞机】图层的第 50 帧，右击，在弹出的快捷菜单中选择【插入关键帧】命令，添加一个关键帧。选中"飞机"元件，在【属性】面板中设置飞机的宽为 50，高会自动调整；X 为 10，Y 为 20；Alpha 值为 20%，如图 4.19 所示。

右击【飞机】图层的第 1 帧，在弹出的快捷菜单中选择【创建补间动画】命令。

图 4.19　【飞机】图层第 50 帧 "飞机" 元件的属性

(5) 测试存盘。

选择【控制】|【测试影片】命令，观察动画效果。如果满意，选择【文件】|【保存】命令，将文件存成名为 "飞机.fla" 的文件；如果要导出 Flash 的播放文件，可选择【文件】|【导出】|【导出影片】命令，将其命名为 "飞机.swf" 的文件。

【例 4-3】变换的文字。

本实例将制作一个不断飞动的文字，在动画演示过程中，文字会不断改变位置、大小、透明度以及颜色，形成各种效果，如图 4.20 所示。

图 4.20　变换的文字

(1) 创建影片文档。

选择【文件】|【新建】命令，在弹出的对话框中选择【常规】选项卡中的【Flash 文档】选项后，单击【确定】按钮，新建一个影片文档。设置文档的尺寸为 550×400 像素，帧频为 12fps，背景颜色为白色。

(2) 创建文字元件。

选择绘图工具箱中的文本工具 A，在场景中输入 "二维动画" 几个文字。在【属性】面板中设置文字的字体为隶书，字号为 35，颜色为黑色，宽为 150，高为 40，位置 X、Y 均为 0，如图 4.21 所示。

图 4.21　文本初始状态属性

选中场景中的文字，选择【修改】|【转化为元件】命令，设置元件名称为"文本"，类型为图形。此时文本中心出现一个小圆圈，说明该文字已变为元件，并且库中已保存此元件。

(3) 制作动画。

① 运动及旋转效果。

a. 单击时间轴的第 15 帧。按 F6 键添加关键帧。选中该帧，在【属性】面板中设置 X 为 400，Y 为 360，此时文字移动到场景的右下角。

b. 右击第 1 帧，在弹出的快捷菜单中选择【创建补间动画】命令，并在【属性】面板中设置补间为动画，旋转为顺时针，次数为 1，如图 4.22 所示。按 Enter 键看一下播放效果。

② 放大效果。

a. 在第 30 帧处按 F6 键插入关键帧，选中该帧，将文字拖动到场景中央。

b. 选择绘图工具箱中的任意变形工具 □，此时在文字元件周围出现 8 个方块，拖动右下方的方块将文字放大到占满整个场景。

c. 右击第 15 帧，在弹出的快捷菜单中选择【创建补间动画】命令。按 Enter 键再看一下播放效果。

③ 淡出且变小效果。

a. 在第 45 帧处按 F6 键插入关键帧，选择绘图工具箱中的任意变形工具，拖动文本右下方的方块使文字变小，并放置在场景中央。

b. 选中场景中的文本，在【属性】面板中的【颜色】下拉列表中选择 Alpha 选项，并在其后的下拉列表框中设为 20%，如图 4.23 所示。此时文字变得透明。

c. 右击第 30 帧，在弹出的快捷菜单中选择【创建补间动画】命令。按 Enter 键再看一下播放效果。

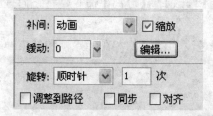

图 4.22　运动效果属性

图 4.23　设置 Alpha 属性

④ 推进效果。

同理，在第 60 帧插入关键帧，使文字再放大，设置 Alpha 值为 100%。回到第 45 帧建立动作补间动画，按 Enter 键后会看到文字变清晰且向前推进的效果。

⑤ 由正面到反面的渐变效果。

a. 在第 75 帧处按 F6 键插入关键帧，选中文字，选择【修改】|【变形】|【水平翻转】命令，将文字进行水平 180°旋转(利用变形工具拖动翻面也可以达到同样的效果)。

b. 右击第 60 帧，在弹出的快捷菜单中选择【创建补间动画】命令。按 Enter 键再看一下播放效果。

⑥ 翻面且变换颜色效果。

a. 在第 90 帧处按 F6 键插入关键帧，选中文字，再次选择【修改】|【变形】|【水平翻转】命令，将文字翻转回正常状态。

b. 选中文字，在【属性】面板中的【颜色】下拉列表中选择【色调】选项，并在其后的颜色拾取器中选择蓝色，如图 4.24 所示。

图 4.24　设置色调属性

c. 右击第 75 帧，在弹出的快捷菜单中选择【创建补间动画】命令。按 Enter 键再看一下播放效果。

(4) 测试存盘。

选择【控制】|【测试影片】命令，观察动画效果。如果满意，选择【文件】|【保存】命令，将文件命名为"变换文字.fla"的文件；如果要导出 Flash 的播放文件，可选择【文件】|【导出】|【导出影片】命令，将其命名为"变换文字.swf"的文件。

4.5　形状补间动画制作

4.5.1　形状补间动画的介绍

形状补间动画可以实现一个对象逐渐变化成另外一个对象，在变化的过程中也可以实现两个对象之间颜色、大小和位置的相互变化，其变形的灵活性介于逐帧动画和动作补间动画两者之间。

形状补间主要针对图形、打散的文字以及由导入的点位图转化而成的矢量图。如果要对图形元件、按钮和文字进行变形，则必须先选择【修改】|【分离】命令，将它们打散后才能创建变形动画。

形状补间动画建好后，【时间轴】面板的背景色变为淡绿色，在起始帧和结束帧之间有一个长长的箭头，如图 4.25 所示。

图 4.25　形状补间动画

在【时间轴】面板上动画开始播放的地方创建或选择一个关键帧并设置要变成的形状，一般一帧中以一个对象为好；在动画结束处创建或选择一个关键帧并设置要变成的形状，再单击开始帧，在【属性】面板上单击【补间】下拉列表框，在弹出的下拉列表中选择【形状】选项，此时，时间轴上的变化如图 4.25 所示，这样一个形状补间动画就创建完毕了。

当建立了一个形状补间动画后，单击补间中的任意帧，此时【属性】面板如图 4.26
所示。

图 4.26　形状补间动画的【属性】面板

形状补间动画的【属性】面板上只有两个参数，分别如下。

● 【缓动】下拉列表框：功能与动作补间动画相同。

● 【混合】下拉列表框选项如下：

◆ 【角形】选项创建的动画中间形状会保留有明显的角和直线，适合于具有锐
化转角和直线的混合形状。

◆ 【分布式】选项创建的动画中间形状比较平滑和不规则。

形状补间动画看似简单，实则不然。Flash 在计算两个关键帧中图形的差异时，远不如
想象中的聪明，尤其前后图形差异较大时，变形结果会显得乱七八糟。这时，需要使用形
状提示功能来改善这一情况。

形状提示是指在起始形状和结束形状中添加相对应的参考点，使 Flash 在计算变形过
渡时依一定的规则进行，从而较有效地控制变形过程。

选中形状补间动画的开始帧，选择【修改】|【形状】|【添加形状提示】命令，可以
在该帧的形状上增加一个带字母的红色圆圈。相应的，在结束帧形状中也会出现一个提示
圆圈。用鼠标左键分别拖动这两个提示圆圈，放置在适当位置。安放成功后开始帧上的提
示圆圈变为黄色，结束帧上的提示圆圈变为绿色；安放不成功或两个提示圆圈不在一条曲
线上时，提示圆圈颜色不变。

使用形状提示时，为了取得更好的效果，应该遵循以下原则。

● 形状提示可以连续添加，最多能添加 26 个。

● 将形状提示从形状的左上角开始按逆时针顺序摆放，将会取得更好的效果。

● 确保形状提示的摆放位置符合逻辑顺序。例如，在起始帧上形状提示的摆放顺序
为 abc，则在结束帧上，形状提示的摆放顺序只能是 abc 而不能是其他的顺序。

● 形状提示要在形状的边缘才能起作用，在调整形状提示位置前，要打开绘图工具
箱上【选项】选项区域下面的吸附开关，这样，会自动把形状提示吸附到边
缘上。

● 在复杂的变形动画中，最好创建中间帧，而不要只指定一个起始帧和一个结束帧。

● 在制作复杂的变形动画时，形状提示的添加和拖放要多方位尝试，每添加一个形
状提示，最好播放一下变形效果，然后再对形状提示的位置作进一步的调整。

另外，要删除所有的形状提示，可选择【修改】|【形状】|【删除所有提示】命令。
若删除单个形状提示，可右击它，在弹出的快捷菜单中选择【删除提示】命令。

4.5.2 形状补间动画制作实例

【例4-4】欢度国庆。

天安门城楼前，4个不同颜色的气球慢慢升起，升到天空后变成"欢度国庆"4个字，如图 4.27 所示。

图 4.27 欢度国庆画面

(1) 创建影片文档。

选择【文件】|【新建】命令，在弹出的对话框中选择【常规】选项卡中的【Flash 文档】选项后，单击【确定】按钮，新建一个影片文档。设置文件尺寸为 550×400 像素，背景色为白色，帧频为 12fps。

(2) 创建背景图层。

选中【图层 1】图层的第 1 帧，选择【文件】|【导入】|【导入到舞台】命令，将本实例中名为"背景.png"的图片导入到场景中。调整图片在场景中的位置，使其占满整个舞台。在第 60 帧右击，在弹出的快捷菜单中选择【插入帧】命令，插入普通帧，使背景图片的内容延续。修改【图层 1】图层的名称为"背景"，并将该层锁定。

(3) 绘制气球。

新建一层，修改层的名称为"气球 1"。选中该层的第 1 帧，绘制一个椭圆。选中椭圆，选择【窗口】|【混色器】命令，打开【混色器】面板。设置笔触颜色为无色，填充颜色的类型为放射状，颜色为白色到红色渐变，如图 4.28 所示。

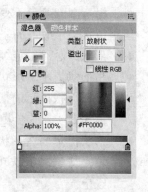

图 4.28 气球的颜色设置

此时气球颜色变为白色和红色的放射状渐变。选择绘图工具箱中的填充变形工具，调节气球的高亮光点，如图 4.29 所示。然后使用铅笔工具为气球加一条线绳，如图 4.30 所示，完成气球的绘制。

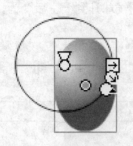

图 4.29　调节气球的高亮光点　　　　　　图 4.30　气球的完成图

(4)　设置气球向上飞动。

选中【气球 1】图层中的第 1 帧，选择【修改】|【转换为元件】命令，将气球图形转换为元件。将第 1 帧中的气球移动至舞台的下方，如图 4.31 所示。选中【气球 1】图层中的第 30 帧，按 F6 键，插入一个关键帧。在该帧中，调整气球的位置，将气球垂直移动到舞台的上方，如图 4.32 所示。

图 4.31　第 1 帧中气球的位置　　　　　　图 4.32　第 30 帧中气球的位置

右击【气球 1】图层中的第 1 帧，在弹出的快捷菜单中选择【创建补间动画】命令，创建一个动作补间动画。此时按 Enter 键，可以看到气球缓缓上升。

(5)　设置气球变形为文字。

选中【气球 1】图层中的第 31 帧，按 F6 键，插入一个关键帧。然后选中该层的第 60 帧，按 F7 键，插入一个空白关键帧。在第 60 帧中，使用文本工具输入"欢"字，设置文字的颜色为红色，字体为隶书。单击【时间轴】面板中的【编辑多个帧】按钮 ，再单击【修改绘图纸标记】按钮 ，在弹出的菜单中选择【绘制全部】命令，这样可以同时显示气球和文字。设置文字大小与气球相近，位置与气球相同，如图 4.33 所示。

右击第 31 帧，在弹出的快捷菜单中选择【创建补间动画】命令，修改【属性】面板中的补间为形状。此时，第 31～60 帧的时间轴上显示虚线，补间动画无法执行，如图 4.34 所示。

形状补间动画要求变化的两个对象必须均为打散状态。选中第 31 帧，两次选择【修改】|【分离】命令，第一次分离为椭圆和线绳，第二次才将图片真正打散为点。再选中第

60 帧，两次选择【修改】|【分离】命令，将文字打散。此时，图 4.34 中的虚线变为实线箭头，气球到文字的转换完成。按 Enter 键预览，可以看到气球升到天空后变为"欢"字。

图 4.33　设置文字的大小及位置

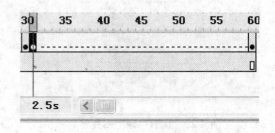

图 4.34　设置形状补间动画

（6）制作其他气球和文字。

再新建 3 个层，分别绘制不同颜色的气球，制作气球向上移动的动作补间动画以及气球转换为文字的形状补间动画，将 3 个气球分别转换为"度"、"国"和"庆"3 个字。3 个气球的高度可以参差不齐，如图 4.35 和图 4.36 所示。

图 4.35　气球向上移动

图 4.36　气球变形为文字

（7）测试存盘。

选择【控制】|【测试影片】命令，观察本例生成的动画有无问题。如果满意，选择【文件】|【保存】命令，将文件命名为"欢度国庆.fla"的文件；如果要导出 Flash 的播放文件，可选择【文件】|【导出】|【导出影片】命令将其命名为"欢度国庆.swf"的文件。

【例 4-5】公鸡变孔雀。

一只公鸡逐渐变形成一只孔雀，在变化过程中加入形状提示，使公鸡身体的各部位变形成孔雀身体的相应部位。

（1）创建影片文档。

选择【文件】|【新建】命令，在弹出的对话框中选择【常规】选项卡中的【Flash 文档】选项后，单击【确定】按钮，新建一个影片文档。设置文件尺寸为 550×400 像素，背景色为蓝色，帧频为 12fps。

（2）导入公鸡图片。

选中【图层 1】图层的第 1 帧，选择【文件】|【导入】|【导入到舞台】命令，将本实

例中名为"公鸡.png"的图片导入到场景中。

此时，公鸡图片的背景颜色为白色。为了去除图片的白色背景，可以选中图片，两次选择【修改】|【分离】命令，将图片打散。然后选中绘图工具箱中的套索工具，此时绘图工具箱的【选项】选项区域中出现3个工具，选中其中的魔术棒工具，在图片的白色背景上单击，并按 Del 键进行删除。重复多次，将图片的白色背景全部删除。如果有残余的小部分白色背景，使用魔术棒工具不好选择，可以使用橡皮擦工具进行擦除。擦除之后的效果如图 4.37 所示。

选中图片，打开【混色器】面板，将填充颜色设置为黄色，此时公鸡图片如图 4.38 所示。

图 4.37　擦除白色背景后的公鸡

图 4.38　填充黄色后的公鸡

(3) 导入孔雀图片。

单击第 30 帧，按 F7 键，插入空白关键帧。选择【文件】|【导入】|【导入到舞台】命令，将本实例中名为"孔雀.png"的图片导入到场景中。设置孔雀的大小和位置与公鸡相近。

用步骤(2)中的方法将孔雀的白色背景去掉，然后用绿色填充孔雀，如图 4.39 所示。

(4) 设置形状补间动画。

右击第 1 帧，在弹出的快捷菜单中选择【创建补间动画】命令，然后在【属性】面板的【补间】下拉列表中选择【形状】选项。此时时间轴上显示虚线。分别选中第 1 帧和第 30 帧，两次选择【修改】|【分离】命令，直到时间轴上显示实线箭头。

此时，按 Enter 键预览动画效果，会发现公鸡变为孔雀时不是"头变头，脚变脚"，变化的过程非常零乱，如图 4.40 所示。

图 4.39　孔雀图片设置

图 4.40　未加形状提示时的变化效果

（5）使用形状提示。

选中第 1 帧，选择【修改】|【形状】|【添加形状提示】命令，添加一个提示圆圈，将该提示圆圈移动至公鸡的"嘴"部。选中第 30 帧，将其中的提示圆圈移动至孔雀的"嘴"部。此时第 1 帧的提示圆圈应为黄色，第 30 帧的提示圆圈应为绿色。

采用同样的方法再加入 5 个提示圆圈，分别移动至两个图片的"背"部、"尾"部、"后足"、"前足"以及"胸"部，并逆时针放置，如图 4.41 和图 4.42 所示。

图 4.41　公鸡的形状提示

图 4.42　孔雀的形状提示

此时，按 Enter 键预览效果，可以发现公鸡变孔雀的过程可以实现按照身体部位进行了。

（6）测试存盘。

选择【控制】|【测试影片】命令，观察本例生成的动画有无问题。如果满意，选择【文件】|【保存】命令，将文件命名为"公鸡变孔雀.fla"的文件；如果要导出 Flash 的播放文件，可选择【文件】|【导出】|【导出影片】命令，将其命名为"公鸡变孔雀.swf"的文件。

4.6　特殊层动画制作

4.6.1　特殊层动画的介绍

在 Flash 中有两种比较特殊的图层：遮罩层和引导层。巧妙地利用这两种图层可以制作出非常奇妙的效果。

1. 遮罩动画

遮罩动画就是通过遮罩层将普通图层中的一部分遮挡，使另一部分可见而生成的动画。为了显示被遮罩层内的对象，需要在遮罩层内放置一个任意形状的对象作为遮罩物，遮罩物相当于一个窗口，通过它可以看到被遮罩层内相同纵深位置的对象。在被遮罩层中，除了能够从遮罩物所形成的窗口中看到的部分外，其他的所有部分都被遮罩层隐藏起来了。

遮罩物在播放时是看不到的，它可以是按钮、影片剪辑、图形、位图及文字等；但不能使用线条，如果一定要用线条，可以将线条转化为填充。

在 Flash 中没有一个专门的命令来创建遮罩层，遮罩层是由普通图层转化的。只要在某个普通图层上右击，在弹出的快捷菜单中选择【遮罩层】命令，使命令的左边出现一个小勾，该图层就会生成遮罩层，层图标就会从【普通层】图标 变为【遮罩层】图标 ，系统会自动把遮罩层下面的一层关联为被遮罩层，图标变为 ，且该层名称左缩进。如果想让更多普通层变为被遮罩层，只要把这些层拖到已有的被遮罩层下面即可，如图 4.43所示。

图 4.43　遮罩层与被遮罩层

使用遮罩时应注意以下问题。

- 能够透过遮罩物看到被遮罩层中的对象及其属性的变化(包括它们的变形效果)，但是遮罩物的许多属性如渐变色、透明度和颜色等却是被忽略的。
- 不能用一个遮罩层试图遮蔽另一个遮罩层。
- 在制作过程中，遮罩层中的遮罩物经常会挡住下层的元件，影响视线，无法编辑。可以单击【遮罩层】面板的【显示图层轮廓】按钮 ，使之变成 ，使遮罩物只显示边框形状。在这种情况下，可以拖动边框调整遮罩物的外形和位置。
- 在被遮罩层中不能放置动态文本。

2. 引导层动画

引导层有普通引导层与运动引导层两类。引导层在播放过程中并不显示。在图层控制区内，普通引导层和运动引导层的图标分别为： 和 。

普通引导层起到辅助绘图和定位的作用。创建普通引导层的方法为：首先创建一个普通图层，然后在该图层上右击，在弹出的快捷菜单中选择【引导层】命令，即可将普通图层转换为普通引导层。

运动引导层可以设置补间动画的路径。在普通的补间动画中，对象的移动总是沿着直线进行的，不是从左到右，就是从上到下。为了改变这种情况，可以在运动引导层中画一条引导线，这条线可以是曲线。此时被引导层中对象就会沿着这条引导线来移动，而且这条引导线在播放的时候是看不见的。

创建运动引导层的方法为：选中一个普通图层，单击图层控制区左下角的【添加运动引导层】按钮 ，或在图层上右击，在弹出的快捷菜单中选择【添加引导层】命令，即可为该普通图层创建一个运动引导层；同时，该普通图层名称左缩进。也可以为多个普通图层创建一个运动引导层，只需用鼠标把普通图层拖到引导层的下面即可，如图 4.44 所示。

图 4.44　运动引导层与被引导层

4.6.2　特殊层动画制作实例

【例 4-6】 探照灯文字效果。

黑色背景下，探照灯扫过的位置逐渐显现出"二维动画制作"几个文字，如图 4.45 所示。该实例运用了遮罩层技术。

图 4.45　探照灯文字效果

(1) 创建影片文档。

选择【文件】|【新建】命令，在弹出的对话框中选择【常规】选项卡中的【Flash 文档】选项后，单击【确定】按钮，新建一个影片文档。设置文件尺寸为 500×150 像素，背景色为黑色，帧频为 12fps。

(2) 创建文字图层。

选中【图层 1】图层的第 1 帧，利用绘图工具箱中的文本工具输入"二维动画制作"几个文字。设置【属性】面板上的文本参数如下：文本类型为静态文本；字体为隶书；字号大小为 60；颜色为白色，如图 4.46 所示。

图 4.46　文字的属性设置

在【图层 1】图层的第 60 帧上右击，选择【插入帧】命令，插入普通帧，使文字内容延续。修改【图层 1】的名称为"文字层"。

(3) 创建遮罩层。

添加一个图层，命名为"遮罩层"。在该层的第 1 帧上绘制一个椭圆，设置椭圆的宽为 60、高为 80，笔触颜色为无色，填充颜色为白色。将椭圆放置在文字的左侧，如图 4.47 所示。

在【遮罩层】图层的第 30 帧上右击，选择【插入关键帧】命令。将该帧中的椭圆移动到文字右侧，如图 4.48 所示。

图 4.47　椭圆在文字左侧

图 4.48　椭圆在文字右侧

在【遮罩层】的第 60 帧上右击，选择【插入关键帧】命令。将该帧中的椭圆再移回文字左侧。

分别右击【遮罩层】图层的第 1 帧和第 30 帧，选择【创建补间动画】命令，创建出椭圆从左到右，再从右到左的动作补间动画。

右击【遮罩层】图层，选择【遮罩层】命令，将该层转换为遮罩层。此时，其下面的【文字层】图层自动变为被遮罩层，如图 4.49 所示。

图 4.49 创建遮罩层及遮罩层动画

探照灯照射文字的动画已经出现，按 Enter 键可以测试效果。这时两个图层都处于锁定状态，如果需要修改【遮罩层】图层与【文字层】图层中的内容，可以先单击相应图层中的【锁定标记】图标 🔒，将该图层解锁后再进行修改。

(4) 测试存盘。

选择【控制】|【测试影片】命令，观察本例生成的动画有无问题。如果满意，选择【文件】|【保存】命令，将文件命名为"探照灯效果.fla"的文件，如果要导出 Flash 的播放文件，可选择【文件】|【导出】|【导出影片】命令，将其命名为"探照灯效果.swf"的文件。

【例 4-7】灯光照射文字效果。

在一组红色文字的上方，一束光线从左照射到右方，再从右照射到左方，这种效果多见于广告片中，如图 4.50 所示。该实例的制作也运用了遮罩层技术，但产生的效果却与上一个实例完全不同。

图 4.50 灯光照射文字效果

(1) 创建影片文档。

选择【文件】|【新建】命令，在弹出的对话框中选择【常规】选项卡中的【Flash 文档】选项后，单击【确定】按钮，新建一个影片文档。设置文件尺寸为 500×150 像素，背景色为蓝色，帧频为 12fps。

(2) 创建文字图层。

选中【图层 1】图层的第 1 帧，利用绘图工具箱中的文本工具输入"二维动画制作"几个文字。设置【属性】面板上的文本参数如下：文本类型为静态文本；字体为隶书；字号大小为 60；颜色为红色，如图 4.51 所示。

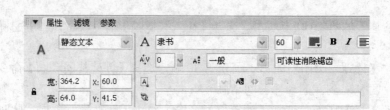

图 4.51   文字的属性设置

在【图层 1】图层的第 60 帧上右击，选择【插入帧】命令，插入普通帧，使文字内容延续。修改【图层 1】图层的名称为"文字层"。

(3) 创建被遮罩层。

添加一个图层，命名为"被遮罩层"。在该层的第 1 帧上绘制一个矩形，设置宽为 30、高为 80。选中矩形，选择【窗口】|【混色器】命令，打开【混色器】面板。设置笔触颜色为无色，填充颜色的类型为线性，设置三个色标进行渐变，将三个色标全部设置为白色，第一和第三个色标的 Alpha 值设为 0，中间色标设为 60%，如图 4.52 所示。

图 4.52   混色器内容设置

选中绘图工具箱中的任意变形工具，将鼠标指向矩形的任意一角，拖动鼠标，将矩形旋转一定角度，并将矩形放置在文字的左侧，如图 4.53 所示。

在【被遮罩层】图层的第 30 帧上按 F6 键，插入一个关键帧。将该帧中的矩形移动到文字右侧。在【被遮罩层】的第 60 帧上按 F6 键，插入一个关键帧。将该帧中的矩形再移回文字左侧。

分别右击【被遮罩层】图层的第 1 帧和第 30 帧，选择【创建补间动画】命令，创建出矩形从左到右，再从右到左的动作补间动画。

图 4.53   矩形旋转角度及位置

(4) 创建遮罩层。

添加一个图层，命名为"遮罩层"。选中【文字层】图层中的第 1 帧，选择【编辑】|

【复制】命令，再选中【遮罩层】图层的第 1 帧，选择【编辑】|【粘贴到当前位置】命令，将【文字层】图层中的文字粘贴到【遮罩层】图层中。

右击【遮罩层】图层，选择【遮罩层】命令，将该层转换为遮罩层。此时其下方的图层自动变为被遮罩层。

所有图层的设置情况如图 4.54 所示。

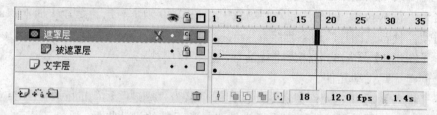

图 4.54　所有图层的设置情况

此时，灯光照射文字的动画已经出现，按 Enter 键可以测试效果。这时【遮罩层】图层和【被遮罩层】图层都处于锁定状态，如果需要调整两个图层中的内容，可以先单击相应图层中的【锁定标记】图标 ，将该图层解锁后再进行修改。

(5) 测试存盘。

选择【控制】|【测试影片】命令，观察本例生成的动画有无问题。如果满意，选择【文件】|【保存】命令，将文件命名为"灯光照射效果.fla"的文件，如果要导出 Flash 的播放文件，可选择【文件】|【导出】|【导出影片】命令，将其命名为"灯光照射效果.swf"的文件。

【例 4-8】蝴蝶飞舞。

在美丽的花丛中，一只蝴蝶翩翩起舞，沿着曲线路径从窗口的一侧飞向另一侧，如图 4.55 所示。该实例的制作运用了运动引导层技术。

图 4.55　蝴蝶飞舞效果

(1) 创建影片文档。

选择【文件】|【新建】命令，在弹出的对话框中选择【常规】选项卡中的【Flash 文档】

选项后，单击【确定】按钮，新建一个影片文档。在【属性】面板上单击【550×400 像素】按钮，可以打开【文档属性】对话框，在其中设置文件尺寸为 500×375 像素，背景色为白色，帧频为 12fps。

(2) 创建背景图层。

选择【图层 1】图层的第 1 帧，选择【文件】|【导入】|【导入到舞台】命令，将本实例中的名为"花丛.png"的图片导入到场景中。在第 60 帧上右击，选择【插入帧】命令，插入普通帧，使背景图片的内容延续。

修改【图层 1】图层的名称为"背景"，并将该层锁定。

(3) 创建蝴蝶飞动元件。

选择【插入】|【新建元件】命令，创建一个名为"蝴蝶飞动"的元件，其类型为影片剪辑的元件。此时，场景工作区变为【蝴蝶飞动】元件的设计界面。

选中时间轴上的第 1 帧，选择【文件】|【导入】|【导入到舞台】命令，将本实例中的名为"蝴蝶.png"的图片导入到场景中，并将蝴蝶的图片置于场景中央(图片的中心位于场景的"+"标记上)。

选中第 3 帧，按 F6 键，插入一个关键帧。在该帧中选中绘图工具箱中的任意变形工具，此时蝴蝶四周出现 8 个控点，拖动图片右侧的控点使图片变窄，再将图片置于场景中央。选中第 5 帧，按 F6 键插入关键帧，用同样方法使该帧中的蝴蝶图片变得更窄。几帧中蝴蝶大小的变化如图 4.56 所示。

第 1 帧图片大小　　　　　　　第 3 帧图片大小　　　　　　　第 5 帧图片大小

图 4.56　【蝴蝶飞动】元件蝴蝶图片大小的变化

此时，按 Enter 键就可以看到蝴蝶好像飞动起来了。

(4) 创建蝴蝶移动图层。

单击时间轴右上角的【编辑场景】按钮，单击【场景 1】标签，转换到主场景中。新建一层，并将其命名为"蝴蝶移动"。

选择【窗口】|【库】命令，打开【库】面板。选中【蝴蝶移动】图层的第 1 帧，从【库】面板中拖动【蝴蝶飞动】元件到场景的左上角。

在【蝴蝶移动】图层的第 60 帧上按 F6 键，插入一个关键帧，并将该帧中的【蝴蝶飞动】元件拖动到场景的右下角。

右击【蝴蝶移动】图层的第 1 帧，选择【创建补间动画】命令，创建一个动作补间动画。再单击【蝴蝶移动】图层的第 1 帧，在【属性】面板的【旋转】下拉列表中选择【顺时针】选项，数量为一次。此时按 Enter 键，可以看到蝴蝶图片从场景的左上方沿直线旋转着移动到右下方。

(5) 创建运动引导层。

选中【蝴蝶移动】图层后右击，选择【添加引导层】命令，或直接单击【添加运动引导层】按钮，可以创建【蝴蝶移动】图层的运动引导层，如图 4.57 所示。

图 4.57　创建运动引导层

选中引导层的第 1 帧，用绘图工具箱中的铅笔工具在场景中自左上角至右下角绘制一条平滑的曲线。

选中绘图工具箱中的选择工具　，在【选项】选项区域中单击【吸附】按钮　，然后将【蝴蝶移动】图层的第 1 帧的【蝴蝶】元件吸附到曲线的起始端，将最后一帧吸附到曲线的终止端，如图 4.58 所示。(为了查看制作效果，可以先将【背景】图层隐藏。)

图 4.58　将图片吸附到曲线的起始端和终止端

此时，按 Enter 键可以看到蝴蝶沿着曲线飞动起来了。

(6)　测试存盘。

选择【控制】|【测试影片】命令，观察本例生成的动画有无问题。如果满意，选择【文件】|【保存】命令，将文件命名为"蝴蝶飞舞.fla"的文件；如果要导出 Flash 的播放文件，可选择【文件】|【导出】|【导出影片】命令，命名为"蝴蝶飞舞.swf"的文件。

4.7　本　章　小　结

在本章中，介绍了 Flash 8 的特点以及工作环境。重点讲解了 Flash 8 的几种常用的动画类型：逐帧动画、运动补间动画、形状补间动画、遮罩动画和运动引导层动画等。通过实例加深了对不同类型动画的认识。在实例介绍中，从文件的创建到制作过程中图层、时间轴以及元件的使用，最后到对作品进行测试、发布，给出了一个完整的 Flash 8 的使用流程。

当然，Flash 8 绝不仅仅限于简单的动画制作，还包括脚本编程、声音合成及交互实现等许多功能。限于篇幅限制，本章只介绍了 Flash 8 最基本的操作，希望有兴趣的读者能够继续学习。

4.8 习　　题

一、填空题

1. 矢量图形用_____就可以描述一个复杂的对象，其占用的存储空间_____。同时，矢量图形可以_____而不影响图形的质量。

2. 墨水瓶工具用于填充_____对象的颜色；颜料桶工具用于填充_____对象的颜色。

3. 逐帧动画就是由_____组成的动画。补间动画两个关键帧之间的内容是_____得出的画面。

4. 形成动作补间动画的元素应该是_____，形状补间动画主要是针对_____转化而成的矢量图。

5. 遮罩物在_____是看不到的，它可以是按钮、影片剪辑、图形、位图及文字等，但不能使用_____。

6. 关键帧是指_____；普通帧是指_____；中间帧是指_____。

二、单选题

1. 以下选项不是 Flash 动画的特点的是(　　)。
   A. 采用矢量图，图像不失真
   B. 文件所占空间小
   C. 流式技术使影片播放没有断续
   D. 不能随便改变图像尺寸大小

2. 以下动画类型变形的灵活性最好的是(　　)。
   A. 逐帧动画　　B. 动作补间动画　C. 形状补间动画　D. 遮罩动画

3. 元件的定义不包括(　　)类型。
   A. 影片剪辑　　B. 按钮　　　　C. 文本　　　　D. 图形

4. 橡皮擦工具不能擦除(　　)内容。
   A. 线条　　　　B. 文本　　　　C. 图形　　　　D. 填充色

5. 要使用实体、位图和文本块等元素创建形状补间动画，必须先将它们(　　)。
   A. 组合　　　　B. 分离　　　　C. 对齐　　　　D. 变形

6. 在使用形状提示创建形状补间动画时，最多可以使用(　　)个形状提示。
   A. 20　　　　　B. 22　　　　　C. 26　　　　　D. 128

7. 在时间轴上选择某个帧后，按F6键可以插入一个帧，这个帧是(　　)。
   A. 普通帧　　　B. 关键帧　　　C. 空白帧　　　D. 空白关键帧

8. 在时间轴上选择某个帧后，按F7键可以插入一个帧，这个帧是(　　)。
   A. 普通帧　　　B. 关键帧　　　C. 空白帧　　　D. 空白关键帧

9. 在场景中创建动画时，可以通过单击【时间轴】面板中的(　　)按钮，此时可以同时编辑动画的多个帧。

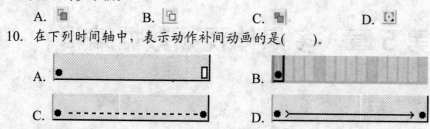

10. 在下列时间轴中，表示动作补间动画的是(　　)。

三、操作题

1. 制作一个圆球从上到下跳动的实例。跳动过程中，圆球在地面的影子也在由小到大变化，圆球离地面越近，影子越大；反之，影子变小。

操作提示：

(1) 在一个图层中制作圆球从上到下，再从下到上的运动补间动画。

(2) 在另一个图层中制作圆球影子从小到大，再从大到小的运动补间动画。

(3) 两个动画同时进行。

2. 制作数字"1"变为数字"2"的形状补间动画。要求：通过形状提示可以使变化过程更加平滑真实。

操作提示：

(1) 在图层中制作形状补间动画，注意数字需要分离处理。

(2) 形状提示点应当逆时针放置，效果更好。

3. 制作模拟人走路的动画效果，使人沿着曲线从左到右移动。

操作提示：

(1) 制作人行走的影片剪辑元件，包括立定、迈左腿、迈右腿等几个关键帧。

(2) 利用运动引导层制作元件的运动补间动画。

第 5 章　多媒体视频数据编辑

【学习目的与要求】

通过本章的学习，可以掌握 Premiere 6.5 影像编辑软件的基本使用方法，并学会对过渡效果、视频滤镜、叠加画面、抠像合成及运动效果的合理应用，从而增加了视频效果的感染力及可欣赏性，并达到举一反三的效果。

5.1　Premiere 6.5 简介

5.1.1　Premiere 概述

Premiere 由美国 Adobe 公司出品，本书将以 Premiere 6.5 版本为主介绍影像的后期编辑技巧。

1995 年 6 月，Adobe 公司推出 Premiere 4.0。同年 11 月推出改进版 Premiere 4.2，第一次在 PC 上实现了专业级的视频编辑制作效果。后来几年中进行了一系列的版本升级。2002 年 9 月，Adobe 公司推出 Adobe Premiere 6.5。新版本的 Premiere 设计了全新字幕设计器工具和支持影片的实时预览，这使得 Premiere 在非线性编辑领域更为专业。

2003 年，Adobe 推出了新一代的 Premiere pro，最新版本为 1.5。其功能有所增强，操作也采用了更体贴用户的设计，但对硬件的要求很高，影响了它的普及。

Premiere 提供了影片的剪辑、抠像、添加特效和色彩调整等操作，为进行视音频编辑操作的专业人员提供了一个良好的工作环境，目前已经成为影视编辑领域的主流解决方案之一。

5.1.2　Premiere 6.5 主要功能介绍

1. 捕捉和剪辑音频与视频

Premiere 6.5 支持视频和音频的捕捉，并对捕捉后的素材进行压缩和剪辑等后期编辑制作。

2. 视频编辑功能

在 Premiere 6.5 中，可使用【时间线】窗口进行视频片段的处理工作，该窗口最多支持 99 个视频通道。

3. 影音素材的转换和压缩

将影音素材输入到 Premiere 6.5 中，可以转换为其他文件格式或压缩文件，但要注意格式转换后可能发生的数据信息丢失导致的视频画面质量降低的问题。

支持直接输入/输出的视频文件格式有：AVI、QTM(Quick Time for Windows)、Motion-JPEG 和 QuickTime 视频等。Premiere 6.5 还可以将视频项目输出成静态的图像文件，方便用户直接生成所需要的格式文件，而无需进行另外的操作。

支持直接输入的图像文件格式有 BMP、JPG、TIFF 及 TGA 格式等。

4. 过渡效果

在 Premiere 6.5 中，可方便地在影片当中添加各种过渡效果，使影片的播放更柔和、更自然。同时，可选择合适的过渡来达到自然转场的效果。

5. 添加视频/音频滤镜效果

Premiere 6.5 中的视频/音频滤镜，类似 Photoshop 和 Illustrator 中图像的滤镜效果，称为视频 Effect(视频效果滤镜)和 AudioEffect(音频效果滤镜)，同时添加了【视频】面板和【音频】面板来放置各种滤镜选项。

6. 添加和设置运动效果

通过为视频片段或者静态图片添加运动效果，通过缩放、变形等功能使制作出的影片作品更具动感，画面变化也更为丰富。

7. 在网络上使用视频作品

支持将视频项目输出成 GIF 动画，从而可以减小文件输出的大小，以方便在网络中更为有效地传输视频作品。

5.1.3　Premiere 6.5 的工作界面

1. 启动 Premiere 6.5

在【开始】菜单的【程序】菜单中找到 Adobe 菜单项，单击 Adobe Premiere 6.5 图标即可进入 Premiere 6.5 的工作界面。

第一次启动时，会进入一个初始化工作区的对话框，对于初学者而言，选择 Select A/B Editing 选项。

2. 项目设置对话框

启动 Premiere 6.5 之后，出现【载入工程设置】对话框，如图 5.1 所示。

在【载入工程设置】对话框中，按照不同的视频制式和影片格式分成几个大类，其中一类专门用于 PAL 制式 DV 影像的处理。国内的数码摄像机大多采用的是 PAL 制式，所以通常情况下选择 PAL 制式的项目设置方案。

在制作过程中，帧频和帧尺寸越大，合成视频所花费的时间就越多，用户可按自己的需要选择。对于初学者而言，可按默认值，即直接单击【确定】按钮。如果要调整，可单击【定制】按钮进行设置。

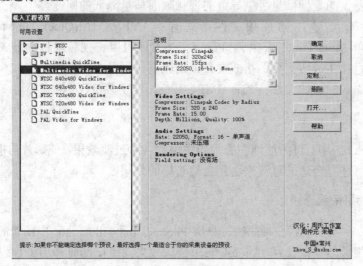

图 5.1　【载入工程设置】对话框

3. Premiere 6.5 的主界面

选择好项目后单击【确定】按钮，进入 Premiere 6.5 的主界面，如图 5.2 所示。

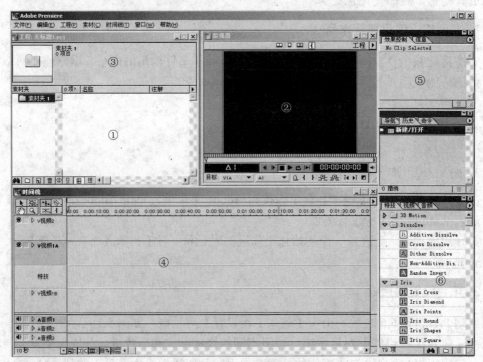

图 5.2　Premiere 6.5 的主界面

4. Premiere 6.5 的主界面说明

下面对主界面的各部分进行介绍。

(1)　素材夹：当前项目中用到的各种素材都显示在素材夹窗口中，可以方便用户统一管理。

(2)　监视器：用于播放当前的素材片段或预览视频节目，同时还可以设置入点和出点，进行剪辑操作。

(3)　素材预览窗口：选中每个素材后，都会在预览窗口中显示出该素材的详细资料，包括文件名、文件类型和持续时间等。单击预览窗口下方的【播放】按钮，还可以快速地预览视频或者音频素材。

(4)　时间线：【时间线】窗口用于完成 Premiere 素材的大部分编辑工作，是一个非常重要的窗口。后面章节会重点介绍。

(5)　控制面板：在【窗口】菜单下可调出各种控制面板，用于调整素材时各种参数的设置。

(6)　特技、视频滤镜和音频滤镜：可对素材进行各种效果的设置，如过渡、变形、压混(叠加)、多画面和音乐淡入淡出等艺术效果。

5.2　在【时间线】窗口中编辑素材

5.2.1　创建一个新项目

创建新项目的过程如下。

(1)　启动 Premiere 6.5，打开主界面。

(2)　导入素材。可以是视频文件、音频文件或图像文件。具体操作步骤如下。

①　选择【文件】|【导入】|【文件】命令，弹出如图 5.3 所示的【导入】对话框，选择要导入文件的路径，然后单击【打开】按钮，确认素材的输入。

②　重复以上操作，导入所有所需的素材。

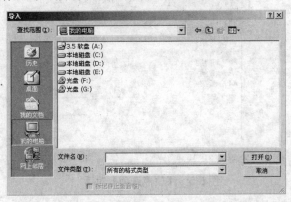

图 5.3　【导入】对话框

(3) 删除素材。选中要删除的素材后右击，再在弹出的快捷菜单中选择【清除】命令，即可删除多余的素材。

5.2.2 设置【时间线】窗口

素材导入素材夹后，先对【时间线】窗口进行设置，然后就可以进行编辑了。在编辑过程中，可以对素材进行裁剪、合并及重新编排播放顺序等操作。

在【时间线】窗口中，将视频素材拖放到视频通道中，音频素材拖放到音频通道中，开始编辑。

1. 视频通道和音频通道

【时间线】窗口中默认有 3 个视频通道和 2 个音频通道。如果需要更多的通道，可自行添加，方法如下。

(1) 单击【时间线】窗口右上角的三角形控制按钮，弹出如图 5.4 所示的菜单。

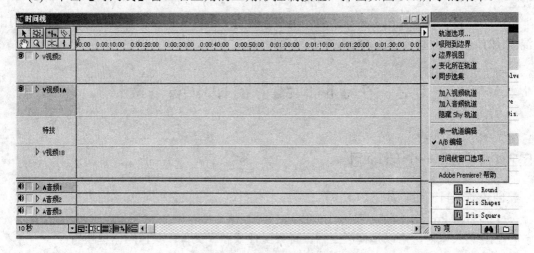

图 5.4 【时间线】窗口

(2) 选择【轨道选项】命令，弹出【轨道选项】对话框，如图 5.5 所示。

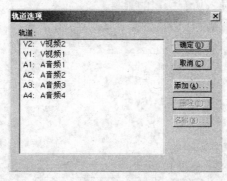

图 5.5 【轨道选项】对话框

(3) 单击【添加】按钮后，输入要添加的视频或音频通道数，再单击【确定】按钮，即可添加通道。若要删除多余通道，弹出【轨道选项】对话框后，选中要删除的通道，再单击【删除】按钮即可。

2. 展开和折叠通道

单击如图 5.4 所示【时间线】窗口中左边白色的小三角，就可以开关的方式展开或折叠通道。

3. 设置显示模式

(1) 单击【时间线】窗口右上角的控制按钮，弹出如图 5.4 所示的菜单。

(2) 选择【时间线窗口选项】命令，弹出如图 5.6 所示的【时间线窗口选项】对话框，从中可设置【时间线】窗口中素材的显示方式。

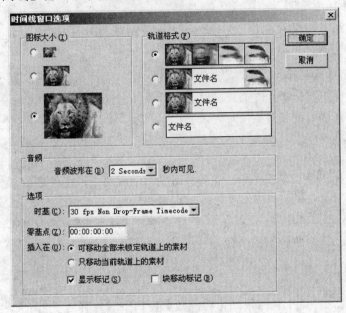

图 5.6 【时间线窗口选项】对话框

4. 设置时间轴的时间单位

单击如图 5.4 所示【时间线】窗口左下角的小三角，弹出各种时间间隔，可选择其中之一来改变当前的时间单位。

5.2.3 使用工具面板

在【时间线】窗口的左上角，有一个工具面板，将鼠标指针指向某个工具后单击，可得到本工具扩展的其他工具。下面具体介绍每一种工具的主要功能。

1. 选择工具

选择工具 ：该工具用于选择和移动素材。当它位于一个素材的边缘时就变成拉伸光标，允许以拖动来缩短和拉长素材。

2. 范围选择工具

- 范围选择工具 ▦：该工具以拖动的方式在【时间线】窗口中可选中多个素材。
- 块选择工具 ▦：该工具从【时间线】窗口中所有的轨迹中对各片段选择一个相同长度的段。
- 轨迹选择工具 ▦：该工具选择一个轨迹上从第一个被选择的素材开始到该轨迹结尾处的所有的素材。要增加选择，按住 Shift 键并单击素材即可。
- 多轨迹选择工具 ▦：该工具选择【时间线】窗口中位于光标右边的所有素材，且其中包括了那些开始处早于光标并延伸到光标下的素材。

3. 拉伸工具

- 滚动编辑工具 ▦：该工具调节一个素材和其相邻的素材的长度，以保持两个素材和以下所有素材的原有组合长度。
- 编辑工具 ▦：该工具调节一个素材的长度，而不影响轨迹上其他素材的长度。
- 速率拉伸工具 ▦：该工具可以改变片段的时间长度，并将片段的速率加以调整，以适合新的时间长度。

4. 剪切工具

- 剃刀工具 ▦：该工具将一个素材切成两个或两个以上的多个素材。
- 多重剃刀工具 ▦：该工具可以分割多个片段。
- 淡化剪工具 ▦：该工具在一个音频素材或附加素材淡化控制区(Fade Control Selection)的两边产生两个柄。利用这两个柄，可以在一个点调节淡化。

5. 辅助工具

- 手工具 ▦：该工具可滚动【时间线】窗口中的内容，以显示影片中不同的区域。用拖动方式滚动窗口。
- 缩放工具 ▦：该工具具有与【时间线】窗口底部的时间单位滑块相同的功能。放大工具，可缩小时间单位；缩小工具(按住 Alt 键)，可增大时间单位。

6. 淡化调节工具

- 叠化工具 ▦：该工具在两个素材之间自动产生声音叠化。要产生叠化，单击第一个音频素材，再单击第二个与第一个交错的素材即可。
- 淡化调节工具 ▦：该工具通常用来调节一个音频或附加素材在淡化控制区的一个片段。
- 软链接工具 ▦：该工具在视频素材和音频素材之间建立软链接。

7. 入点和出点工具

- 入点工具 ▦：该工具为影片素材和音频素材切换设置入点。当选择工具被激活时，按住快捷键 Ctrl+Shift+左键，可以选择入点工具。
- 出点工具 ┠┨：该工具为影片素材和音频素材切换设置出点。当选择工具被激活时，按住快捷键 Ctrl+Shift+左键，可以选择出点工具。

5.2.4　编辑素材

设置好【时间线】窗口后，就可以对素材进行编辑了。在编辑过程中，可以对素材进行裁剪、合并及重新编排播放顺序等操作。

将光标移到素材夹的缩略图上，鼠标指针变成手形，选中后将其拖入到【时间线】窗口中。视频素材拖放到视频通道中，音频素材拖放到音频通道中。

用同样的方法把其他素材拖入【时间线】窗口中，添加两个片段后的【时间线】窗口如图 5.7 所示。下面均以图 5.7 为例进行片段的编辑。

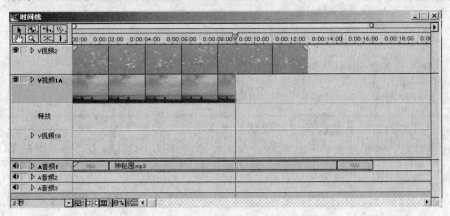

图 5.7　添加两个片段后的【时间线】窗口

1. 截断片段

单击工具栏中的【剃刀】按钮，将光标移到视频 2 中与视频 1A 对齐的位置(此时光标呈现剃刀状态)，单击后，片段在单击处被截断。

用同样的方法可截断音频通道中的音乐片段。

2. 删除片段

选中需要删除的片段后右击，弹出快捷菜单。此时，若选择【清除】命令，选中的片段被删除，但通道右边的片段不会向前靠拢；若选择【涟漪删除】命令，则选中的片段被删除，通道右边的片段会自动向前靠拢。

> 注意：【涟漪删除】命令删除的片段要在只有唯一一个视频通道中有素材时才有效。

3. 调整片段长短

如果不删除视频 2 中的片段，而是要延长视频 1A 中的片段，则单击【速率拉伸】按钮，将光标移到视频 1 的右边并拖动时，可以延长视频 1 的片段并使其与视频 2 的片段对齐。注意,此时视频 1 片段的播放速度将减慢。

调整后的片段如图 5.8 所示。

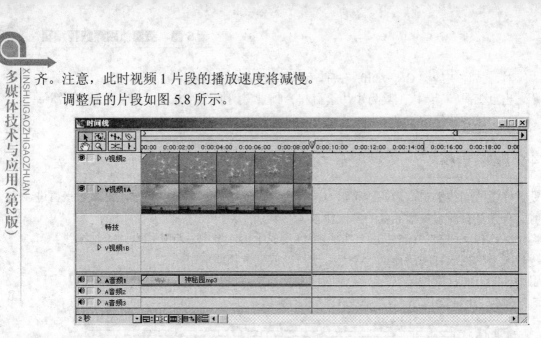

图 5.8　调整后的片段

4. 调整片段的持续时间

调整片段的持续时间与调整片段长短得到的结果是一致的。

> **注意:** 对于静态的图片片段,调整片段的长短或持续时间对其不会产生任何影响;但对于视频片段,调整片段的长短或持续时间将导致片段快放或慢放,调整时请务必注意。

操作步骤如下。

(1) 右击视频 2,弹出快捷菜单,选择【持续时间】命令,弹出如图 5.9 所示的对话框。

(2) 光标指向【持续时间】后右击,在弹出的快捷菜单中选择 Copy 命令,单击【确定】按钮。

(3) 右击视频 1A,弹出快捷菜单,选择【持续时间】命令,弹出如图 5.9 所示的对话框。

图 5.9　【素材持续时间】对话框

(4) 光标指向【持续时间】后右击,在弹出的快捷菜单中选择 Paste 命令,单击【确定】按钮。此时两个片段的持续时间一致。

5. 复制和粘贴片段

1) 普通粘贴

使用选择工具选中片段后,按快捷键 Ctrl+C,可以复制这个片段。然后单击要粘贴片段的位置,按快捷键 Ctrl+V,可以粘贴该片段。

如果粘贴位置是一个空位,而且空间不足,系统会自动截去多出部分;如果片段的长度少于空位,则多余部分保持空白;如果位置上已经有其他片段,则将替换它。

注意: 在复制和粘贴的过程中，对片段所作的属性设置(如滤镜和动画效果等)将传递到目
标片段中。

2) 智能粘贴

在 Premiere 6.5 中，【编辑】菜单中有【粘贴属性】和【粘贴并适应】两项功能。它们
都具有智能粘贴的功能。

复制一个片段后，选择【编辑】|【粘贴属性】命令，弹出【粘贴属性】对话框，如
图 5.10 所示。此时，可以在下拉列表中选择各种粘贴方式，并且有很直观的模拟图示。

复制一个片段后，选择【编辑】|【粘贴并适应】命令，弹出【素材匹配】对话框，如
图 5.11 所示。可选择以何种方式粘贴。

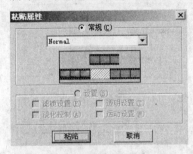

图 5.10　【粘贴属性】对话框

图 5.11　【素材匹配】对话框

6. 解除视频音频片段之间的链接

要解除视频音频片段之间的链接，可右击链接素材片段，然后从弹出的快捷菜单中选
择【断开音频和视频链接】命令即可。

解除链接后，相应的视频片段和音频片段成为完全独立的片段，可以单独被剪辑、移
动或者删除。

7. 设置片段的入点和出点

利用监视器上的 和 两个工具，可以设置片段的入点和出点；利用 和 工具可
切换到同一通道中不同的编辑点；利用 工具可设置片段的播放音量。

8. 制作虚拟片段

虚拟片段在编辑中占有很重要的位置，它可以将许多独立的片段虚拟成一个虚拟片段，
从而对这个虚拟片段进行再编辑。

操作步骤如下。

(1) 单击【时间线】窗口中的【块选择】按钮，按住鼠标左键拖出要虚拟的片段
区域，此时出现一个虚线框。

(2) 按住鼠标左键不放，把虚线框内的虚拟片段拖到所有片段的后面，如图 5.12 所示。

图 5.12 中最右边浅绿色部分就是生成的虚拟片段，此时可对这个片段进行再编辑
操作。

9. 生成影视文件

1) 保存项目

各素材所作的有效编辑操作以及现有各素材的指针要全部保存在项目文件中，同时还保存了屏幕中窗口的位置和大小。项目文件的扩展名为.ppj。保存项目文件的目的是以利于后续继续编辑。具体操作步骤如下。

选择【文件】|【保存】命令，在打开的对话框中选择正确的路径及文件名就可保存文件了。

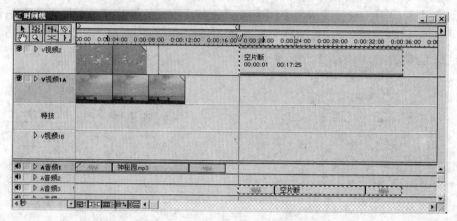

图 5.12　生成虚拟片段的【时间线】窗口

> **注意**：如果保存项目后改变了素材夹中素材的路径，在下一次打开项目文件时系统将会提示重新选择素材路径。

2) 生成影片文件

项目文件.PPJ 只能在 Premiere 中使用，所以片段合成后，要最终生成一个影视文件，才能在 DVD、VCD 或各种播放器上播放。最常用的是 AVI 格式的文件，生成步骤如下。

(1) 调整输出范围。调整【时间线】窗口顶端黄色的滑块两头，黄色部分就是要输出的内容。

(2) 选择【文件】|【时间线输出】|【电影】命令，弹出如图 5.13 所示的【影片电影】对话框。

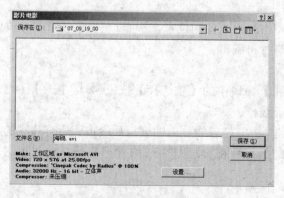

图 5.13　【影片电影】对话框

(3) 输入文件名后，单击【设置】按钮，弹出如图 5.14 所示的【输出电影设置】对话框。

(4) 在左上角的下拉列表框中，选择【视频】选项，可对影片尺寸、帧速率及影片的纵横比等进行设置，设置完成后单击【确定】按钮。

(5) 系统自动生成影片文件保存在用户选择的路径下。

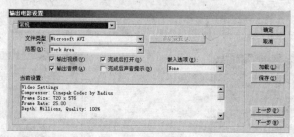

图 5.14　【输出电影设置】对话框

5.3　使用过渡效果

过渡效果也称为转场效果，它可在画面切换时产生出柔和、平缓的感觉，使用户感觉不到生硬和突变，增加了转场的视觉效果。

在 Premiere 6.5 中，特技通道就是用来放置过渡效果的。需要转场的两个片段必须放在视频 1A 和视频 1B 中。

注意：要预览转场效果，有两种方法：一是在转场处按住 Alt 键的同时拖动鼠标；二是制作虚拟片段。

5.3.1　添加过渡效果

添加过渡效果的操作步骤如下。

(1) 导入两个视频文件到【时间线】窗口中，如图 5.15 所示。注意：要添加转场效果的片段必须放在视频 1A 及视频 1B 中。

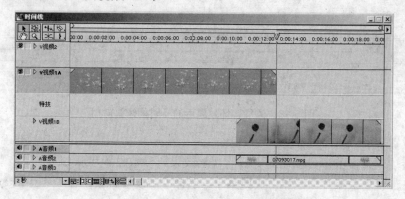

图 5.15　导入视频文件后的【时间线】窗口

(2) 打开【特技】面板。选择【窗口】|【显示特技】命令，即可打开【特技】面板。Premiere 6.5 提供了 11 类共 75 种过渡效果，如图 5.16 所示。

(3) 单击【特技】面板右边的三角形按钮，在弹出的菜单中选择【动画】命令(见图 5.17)，就可以预览各种转场效果了。

> **注意：** 要添加转场效果的两个片段，在添加时一定要重叠至少两秒的位置，否则转场效果将不明显。

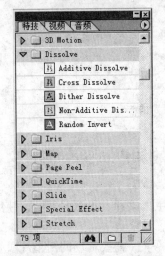

图 5.16 【特技】面板

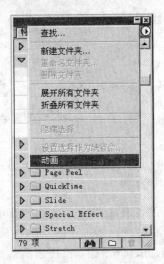

图 5.17 【动画】命令

(4) 找到合适的转场效果，把它拖到两个片段的衔接处，此时系统会自动调整过渡效果片段的长度，如图 5.18 所示。也可以用速率扩展工具来伸缩过渡效果的长度。

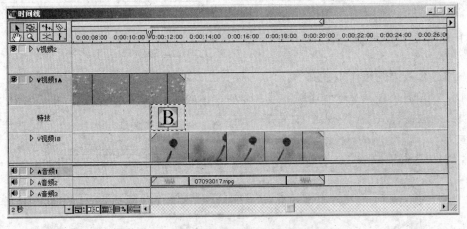

图 5.18 添加转场效果后的【时间线】窗口

(5) 设置转场效果参数。

设置转场效果参数，可以达到更好的视觉效果。参数设置步骤如下。

① 右击转场效果片段，弹出快捷菜单，选择【特技设置】命令，弹出【Random Invert 设置】对话框，如图 5.19 所示。

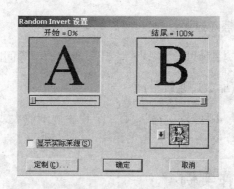

图 5.19　【Random Invert 设置】对话框

②　左边大写的 A 表示视频 1A 的片段，右边大写的 B 表示视频 1B 的片段。右下角是过渡效果预览窗口。

③　若选中【显示实际来源】复选框，就可以直接预览实际的转场效果。

④　拖动 A 和 B 下面的滑块，可以设定转场起始和终止的位置。

⑤　单击【定制】按钮，可设置其他参数。在本例中加入的是马赛克过渡，所以可以设置融解斑点的大小。

⑥　在【时间线】窗口中，按住 Alt 键的同时拖动鼠标，即可预览转场效果。

⑦　单击右下角过渡效果预览窗口中的按钮，可改变两个片段的过渡方式，即是从 A 过渡到 B 还是从 B 过渡到 A。

5.3.2　常用过渡效果

在转场效果中，相似的效果放在同一个文件夹中，称为过渡效果组。本章主要介绍一些常用的转场效果，读者可以举一反三，灵活运用。

1. 3D Motion 过渡效果组(三维过渡效果)

3D Motion 过渡效果组共有 12 种方式，具有三维立体的感觉，例如卷帘效果，开门关门效果，横向、纵向过渡效果等。

2. Dissolve 过渡效果组(溶解过渡效果)

Dissolve 过渡效果组共有 5 种方式，将第一个片段逐渐溶解到第二个片段中。

3. Page Peel 过渡效果组(卷页效果)

Page Peel 过渡效果组共有 5 种方式，实现了纸张卷页的过渡效果。

4. Iris 过渡效果组(几何图形过渡效果)

Iris 过渡效果组共有 7 种方式，放大一个几何图形让第二个片段逐渐覆盖第一个片段。

5. Stretch 过渡效果组(伸展过渡效果)

Stretch 过渡效果组共有 5 种方式,从视觉的角度拉伸一个片段直至完全覆盖另一个片段。

6. Wipe 过渡效果组(擦除过渡效果)

Wipe 过渡效果组共有 17 种过渡方式，一个片段逐渐被擦除同时逐渐显示出第二个片段。

7. Zoom 过渡效果组(缩放过渡效果)

Zoom 过渡效果组共有 4 种过渡方式，第一个片段逐渐放大或收缩，第二个片段同时逐渐显示出来。

5.3.3　过渡效果制作实例

【例 5-1】用多个菱形实现片段的过渡。

(1)　导入两个视频片段，如图 5.15 所示。

(2)　打开【特技】面板，找到 Iris 过渡效果组，将 Iris Shapes 效果拖入特技通道中。

(3)　右击特技通道中的 Iris Shapes 效果，在弹出的快捷菜单中选择【特技设置】命令，弹出【Iris Shapes 设置】对话框，如图 5.20 所示。

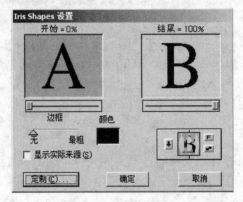

图 5.20　【Iris Shapes 设置】对话框

单击【颜色】色块选项，从弹出的【颜色】对话框中选择黄色。

拖动【颜色】色块左边的滑块，调整菱形的边框线的粗细。

(4)　单击【定制】按钮，弹出自定义属性对话框，如图 5.21 所示。

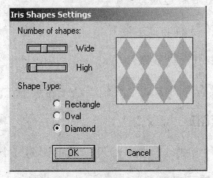

图 5.21　自定义属性对话框

拖动 Wide 和 High 两个滑块，可改变其水平方向和垂直方向的菱形数量。

设置完成后单击【确定】按钮。

(5) 制作虚拟片段。在监视器中播放的虚拟片段截图如图 5.22 所示。

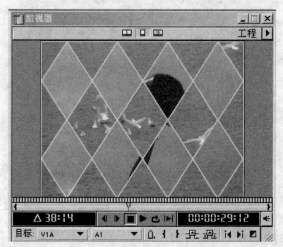

图 5.22　Iris Shapes 转场效果

【例 5-2】用开门方式实现片段的过渡。

(1) 导入两个视频片段，如图 5.15 所示。

(2) 打开【特技】面板，找到 3D Motion 过渡效果组，将 Doors 效果拖入特技通道中。

(3) 右击特技通道中的 Doors 效果，在弹出的快捷菜单中选择【特技设置】命令，弹出【Doors 设置】对话框，如图 5.23 所示。

(4) 设置方式如【例 5-1】所示。这里重点说明右下角的预览窗口的设置方式。

：表示从 A 画面切换到 B 画面。单击该按钮，可改变切换方式，即转换为从 B 画面切换到 A 画面。

：单击此按钮可设置是以开门方式还是关门方式切换。

：单击此按钮可设置边缘的柔化程度，当中的小矩形格越多，表示边缘越柔化。

：设置上下左右的 4 个小三角可改变开关门的方向，左右小三角为红色时，表示开关门的方向为水平方向；上下小三角为红色时，表示开关门的方向为垂直方向。

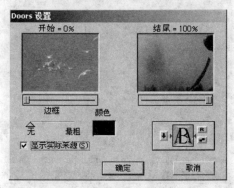

图 5.23　【Doors 设置】对话框

(5) 设置完成后制作虚拟片段或按住 Alt 键的同时拖动鼠标，在监视器中看到 Doors

转场效果的截图如图 5.24 所示。

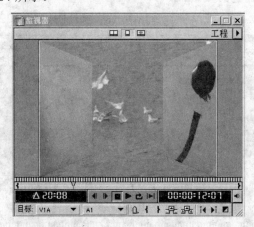

图 5.24　Doors 转场效果

【例 5-3】用重叠画面方式实现片段的过渡。

(1)　导入两个视频片段，如图 5.15 所示。

(2)　打开【特技】面板，找到 Zoom 过渡效果组，将 Zoom Trails 效果拖入特技通道中。

(3)　右击特技通道中的 Zoom Trails 效果，在弹出的快捷菜单中选择【特技设置】命令，弹出特技设置对话框。

(4)　单击【定制】按钮，进入自定义属性对话框，如图 5.25 所示。在文本框中输入要重叠的画面数量。设置完成后单击【确定】按钮。

图 5.25　自定义属性对话框

(5)　设置完成后制作虚拟片段或按住 Alt 键的同时拖动鼠标，在监视器中看到转场效果的截图如图 5.26 所示。

图 5.26　Zoom Trails 转场效果

5.4　使用视频滤镜

5.4.1　视频滤镜的基本概念

视频滤镜可以使画面模糊、变形及变色等，还可以调整画面中不满意的颜色、明暗度等，增加了视频节目的观赏性。

Premiere 6.5 提供了 79 种滤镜，还增加了一些第三方的过滤器插件，这些插件一般放在 Premiere 的 Plug-ins 目录中。

单击【窗口】|【显示视频效果】命令，即可打开【视频】面板，如图 5.27 所示。同添加特技效果一样，只要把视频滤镜效果拖入片段中，就可对视频滤镜效果的参数进行设置。下面以 Brightness & Contrast(亮度、对比度)滤镜为例，说明添加滤镜的具体操作过程。

图 5.27　Adjust 滤镜组

(1) 在【时间线】窗口中导入两个视频文件，如图 5.15 所示。

(2) 在【视频】面板的 Adjust 文件夹中找到 Brightness & Contrast(亮度、对比度)滤镜，然后拖动到【时间线】窗口视频 1B 通道中的片段上。松开鼠标左键，打开窗口右边如图 5.28 所示的 Effect Controls 面板效果控制，设置滤镜效果。

图 5.28　Effect Controls 面板效果

(3) 拖动 Brightness 滑块，可改变片段的整体亮度；拖动 Contrast 滑块，可改变片段的整体对比度。

反复单击 *f* 按钮可观察添加该滤镜前后的效果。当图标上的 f 不显示时，表示屏蔽该滤镜。

(4) 右下角有【删除】按钮 🗑 。选择要删除的某一滤镜后单击 🗑 按钮，弹出如图 5.29 所示的对话框。单击 Yes 按钮即可删除该滤镜。

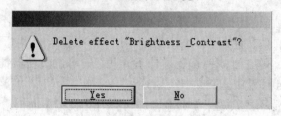

图 5.29　删除滤镜对话框

5.4.2　常用视频滤镜效果

1. Adjust 滤镜组

Adjust 滤镜组用于调整拍摄时不满意画面的色彩、亮度及对比度等。它包含了下面 5 种主要滤镜效果，如图 5.27 所示。

1)　Brightness & Contrast(亮度、对比度)滤镜

Brightness & Contrast 滤镜可以用来调整片段画面的整体亮度和对比度，纠正因为天气带来的自然光拍摄的缺陷。还可以增加天气效果，模仿阳光明媚或者阴暗的视觉效果。

2)　Color Balance(颜色平衡)滤镜

Color Balance 滤镜通过分别设置 R(红色)、G(绿色)和 B(蓝色)值来改变 RGB 色彩模式，来控制整个片段画面的颜色。

3)　Extract(提取)滤镜

Extract 滤镜可以从一个视频片段中提取颜色，生成一个有纹理的灰度蒙版，同时可以通过自定义蒙版的灰度级别来控制整个图像的显示效果，可把彩色片段变为黑白片段。

4)　Levels(灰度级别)滤镜

Levels 滤镜用来调节画面的亮度和对比度，包含了 Color Balance 滤镜、Brightness & Contrast 滤镜、Invert 滤镜和 Gamma Correction 滤镜的所有功能。

5)　Posterize(栅栏)滤镜

Posterize 滤镜可将近似的颜色转化成相同的单色，从而在帧画面中生成栅栏一样的单色区域。

2. Blur 滤镜组

Blur 滤镜组用来产生各种模糊效果，共有 7 种模糊类型。

1)　Gaussian Blur(高斯模糊)滤镜

在【视频】面板的 Blur 文件夹中找到 Gaussian Blur 滤镜，选中并拖动到【时间线】窗

口视频 1A 通道中的片段上。松开鼠标左键，在 Effect Controls 面板上设置滤镜效果。

拖动 Blurrize 滑块，可以改变片段的模糊程度；在下面的下拉列表中可以选择模糊效果作用的方向。

2)　其他模糊滤镜

- Antialias(消除锯齿)：影片的画面中如果具有强烈色彩对比的物体，那么该物体的边缘往往会出现锯齿状不平。Antialias 滤镜可以用来消除这些锯齿，使得整个画面更柔和。

- Gamma Blur(Gamma 模糊)：通过调整帧画面的 Gamma 值来获得模糊效果。

- Directional Blur(方向性模糊)：可以控制模糊的方向(Directional)和模糊的强度(Blur Length)。

- Fast Blur(快速模糊)：使用方法和作用与前面介绍的 Gaussian Blur 相似。

- Ghosting(克隆)：将前面的几个帧画面透明地覆盖在当前帧上。该滤镜常常用来显示一个运动物体的运动路径。

- Radial Blur(放射状模糊)：产生放射状的模糊效果。具体可以设置的参数有 Blur Center(模糊中心)、Amount(模糊数量)、Blur Method(模糊方式)和 Quality(画面质量)等。其中模糊方式可以选择 Spin(旋转)或者 Zoom(缩放)。

3. Channel 滤镜组

Channel(通道)滤镜组包含 Blend(混合)和 Inven(翻转)两个视频滤镜。

选择 Blend 滤镜，然后拖到【时间线】窗口中作为素材的图像片段上。松开鼠标左键，进入 Effect Controls 面板设置滤镜效果。

Blend 滤镜有如下参数设置。

- Blend With Layer：混合通道选项。单击后面的下拉菜单，有 Current、None、视频 1A、视频 1B 和视频 2 等通道可供选择。用原始素材与指定通道上的素材相混合。

- Mode：该选项之后也有一下拉菜单可供选择，让用户指定混合的具体模式，如交叉混合、仅彩色混合和仅暗调混合等。

- Blend With Original：该选项提供混合程度数值。直接拖动下方的滑块即可定义混合度。

- If Layer Sizes Differ：用于询问当图层尺寸大小不一致时系统该执行的命令。可执行 Center(居中)和 Stretch to fit(拉伸填充)两种命令。

Inven 滤镜的功能则是将图像的颜色变为它们的补色。

4. Distort 滤镜组

Distort(扭曲)滤镜组是 Premiere 中一类很重要的滤镜效果，共有 11 种变形效果。下面介绍其中最常用的 6 种。

1)　Bend(弯曲)滤镜

Bend 滤镜效果是动态作用在片段上的，用来给片段添加一种水波荡漾的感觉，具有很强的感染力，可以设置不同的水波大小以及波纹间隔。

2) Mirror(镜像)滤镜

Mirror 滤镜可以在垂直或者水平方向上生成片段的镜像，就像放置了一面镜子一样。Mirror 滤镜的添加方法和其他滤镜一样。

在 Mirror 滤镜中有一个对称准心，它标志着对称点位置，可以在 Effect Controls 面板中自定义该对称准心的位置。

3) Lens Distortion(透镜变形)滤镜

Lens Distortion 滤镜模仿一种透过变形透镜看电影的效果。

如果参数设定后画面比片段默认尺寸小，那么系统使用白色填充多出来的画面。在该对话框的 Fill 选项区域中单击 Color 色块，即可进入 Color Pickers 对话框设置填充颜色，或者使用颜色吸管直接汲取源图片中的背景色用于填充。

4) Wave(波浪)滤镜

Wave 滤镜模仿水中波浪形状的扭曲效果。打开 Wave Settings 对话框。下面具体介绍滤镜效果的设置参数意义。

- Number Of Generators(波浪发生器数目)：设定波浪发生器的数目，也就是波浪组的数目。可以直接在文本框中输入，也可以拖动滑块得到。
- Wavelength(波长)：用来设置波浪的波长(也就是两个波峰之间的距离)。在 Min 文本框中输入最小波长值，在 Max 文本框中输入波长的最大值。也可以通过拖动下面的两个滑块来设置最小、最大波长。
- Amplitude(振幅)：设置波浪的高度(振幅)。可在左边文本框中输入最小振幅，右边文本框中输入最大振幅。
- Type 选项区域：用来选择波形。Sine 为正弦波，Triangle 为三角波，Square 为方波。
- Undefined Areas：设置方法和 Shear 滤镜一样。

所有的选项设定后，还可以在 Scale 选项组中设置变形的比例。在 Horizon 文本框中设置水平方向上的变形比例；在 Vert 文本框中设置垂直方向上的变形比例。比例在 0～100% 之间，100%表示完全变形，也是默认选项；0 表示没有变形。

单击 Randomize 按钮，即可随机生成波长和振幅的值。这个随机值在前面设定的最大值和最小值之间。

5) Shear(扭曲)滤镜

Shear 滤镜通过设定几个变形点来实现扭曲变形，连接各个变形点的是光滑曲线。

将 Shear 滤镜拖到片段上后，即可进入 Shear Settings 对话框设置 Shear 滤镜的扭曲效果。

Undefined Areas(未定义区域)选项组用来指定画面上添加扭曲效果后留下来的未定义区域。使用 Wrap Around(环绕)选项时，画面多出的部分将填充反方向上空出的部分；选择 Repeat Edge Pixels(重复边界像素)选项，将以边缘的像素来填充该区域。

单击左边的扭曲控制曲线，即可在曲线上添加一个节点，同时改变曲线的形状，右边的画面扭曲程度将随之变化。

需要扭曲效果更平滑时，需要在两个相邻且间隔较远的两个控制点之间多定义一些控制点，调整这些控制点位置才能使扭曲效果平滑。

只要把控制点直接拖向左边或右边，就可删除多余的控制点。

6)　Spherize 滤镜

Spherize 滤镜可产生球面镜一样的效果，可以放大或者缩小局部画面。

Spherize Settings 对话框的设置很简单，直接拖动 Amount 滑块即可。

Mode 下拉列表框用来选择放大或者缩小的模式，分别为：Normal(正常模式)、Horizontal Only(仅在水平方向上)和 Vertical Only(仅在垂直方向上)。

其他变形滤镜效果的设置都很简单，读者可以举一反三，以得到不同的滤镜效果。

5. Image Control 滤镜组

Image Control(图像控制)滤镜组主要通过控制片段画面的颜色属性来改变片段的显示效果，共有 8 种滤镜。在此介绍其中的 3 种。

1)　Black & White(黑白)滤镜

Black & White 滤镜用来将彩色片段的画面变成黑白片段，转化原理很简单：将彩色画面转变成灰度图像，不同深度的颜色呈现出不同的灰度。

2)　Color Balance 滤镜

Color Balance 滤镜通过 HLS 模式来调整画面的颜色平衡。通过独立调整图像的 Hue(色调)、Lightness(亮度)和 Saturation(色彩饱和度)来平衡图像的颜色。

3)　Color Offset(颜色偏移)滤镜

通过 Color Offset 滤镜，可以单独移动 R、G 和 B 三个颜色通道中的像素。通过这个滤镜可以产生三维效果，但是观看时需要具有红色和蓝色镜片的眼镜，用来过滤其他颜色的光，就和观看立体电影的时候戴立体眼镜的原理一样。

6. Perspective 滤镜组

Perspective(透视图)滤镜效果组用来添加各种透视效果，共有 3 种滤镜。

1)　Basic 3D(基本三维)滤镜

Basic 3D 滤镜用来添加最基本的透视效果和三维效果。

Tilt(倾斜)参数用来设置基本的透视效果；Swivel(旋转)参数用来使画面沿着垂直轴旋转；Distance to Image 参数用来设置效果到画面的距离。

2)　Drop Shadow(下拉阴影)滤镜

Drop Shadow 滤镜用来为片段的帧画面添加下拉式阴影。

3)　Bevel Alpha(斜面开端)滤镜与 Bevel Edges(斜面边缘)滤镜

这两个滤镜用来为片段的画面添加边缘斜角效果。

Light Angle(照明角度)参数用来设置光照的入射角度；Light Intensity 参数定义了光照效果。

7. Pixelate 滤镜组

Pixelate(像素化)滤镜组用来产生各种像素化效果，共有 3 种滤镜，即晶化效果、平面效果和点状效果。

8. Sharpen 滤镜组

Sharpen(锐化)滤镜组共有 3 种锐化滤镜：Gaussian Sharpen(高斯锐化)、Sharpen(锐化)和 Sharpen Edges(锐化边缘)。除了 Sharpen 滤镜需要设置锐化程度外，其他两个滤镜都不需要设置。

9. Stylize 滤镜组

Stylize(风格化)滤镜组是 Premiere 6.5 中一类很重要的滤镜效果，用来产生各种风格鲜明的视频效果，共有 12 种滤镜。下面介绍其中的 6 种滤镜。

1) Color Emboss(色彩浮雕)滤镜和 Emboss(浮雕)滤镜

Color Emboss 滤镜用来产生色彩浮雕效果，使选中的对象产生深度感。

2) Find Edges(查找边缘)滤镜

Find Edges 滤镜自动查找画面中对象的边缘，并且添加特殊的滤镜效果。

在 Find Edges 面板中选中 Invert(反转)复选框，可以将画面颜色反转，得到与相片底片一样的效果。而 Blend With Original(与原始片段混合)滑块用来设置与原始画面的混合效果。

3) Mosaic(马赛克)滤镜

Mosaic 滤镜用来产生马赛克效果。

4) Noise(杂点)滤镜和 Replicate(复制)滤镜

Noise 滤镜可在画面中添加杂点，Replicate 滤镜用来复制当前画面，复制品的数目可以自定义。

5) Solarize(曝光过度)滤镜和 Strobe Light(闪光灯)滤镜

Solarize 滤镜产生相片在显影时候曝光过度的效果。

Strobe Light(闪光灯)滤镜模仿闪光灯照射时候的效果。可以加强显示和隐藏一些片段，可以设置显示帧和隐藏帧的数目。帧画面被隐藏起来的时候，将由指定颜色填充。

6) Tiles(瓷砖)效果和 Wind(风动)效果

Tiles 滤镜产生瓷砖一样的效果，可以选择瓷砖块之间的填充颜色，在 Effects Controls 面板中设置瓷砖的数目和偏移程度。Wind(风动)滤镜效果将使画面产生吹风的动感。

10. Time 滤镜组

Time(时间)滤镜组共有两种滤镜效果，都是通过模仿时间差值来得到一些特殊的视频效果，参数设置的方法比较简单。

1) Echo(回音)滤镜

Echo 滤镜用来模仿声波和回音叠加的效果，作用于片段画面，可得到特殊的视觉效果。

- Echo Time(回音间隔)：用来设定回声的时间间隔，也就是每次反射之间的时间差。
- Number Of Echoes(回音数目)：用来设定回声的数目。
- Starting Intensity(开始强度)：用来设置回声开始时的强度。
- Decay(衰减)：用来设置回声的衰减速度。该值越大，衰减越快。
- Echo Operator(回音算法)：用来设置回声的算法。

2) Posterize Time(跳帧)滤镜

片段在指定的时间间隔内只显示一帧，用于跳帧效果。

11. Transform 滤镜组

Transform(转换)滤镜组用来对片段作简单的剪辑和转化，得到一些镜头转换效果，如剪切、剪辑、放大画面以及水平/垂直翻转等，共有 11 种滤镜。下面介绍其中的 5 种。

1）　Camera View(照相机镜头)滤镜

Camera View 滤镜包含了本组滤镜中最多样式的镜头转换效果，因而设置参数也比较复杂。

添加 Camera View 滤镜后，弹出 CameraView Settings 对话框，下面具体介绍该滤镜的参数。

- Longitude：用来沿着 Y 轴水平旋转画面，旋转轴在中部。
- Latitude：用来沿着 X 轴垂直旋转画面，旋转轴在中部。
- Roll：沿着 Z 轴旋转画面。
- Focal Length(焦距)：用来设置镜头焦距。
- Distance(距离)：用来设置镜头和景物之间的距离。
- Zoom(缩放)：用来缩放画面。
- Fill(填充)选项组：用来设置画面空白部分的填充颜色。

2）　Clip(裁切)滤镜和 Crop(修剪)滤镜

Clip 滤镜的效果就像用剪刀裁掉画面的某个部分，该部分就留下空白样，空白部分的填充色彩可以自定义。

Crop 滤镜用来裁切画面的某个部分，同时画面会自动缩放以铺满整个帧的尺寸。

3）　Horizontal Flip(水平翻转)滤镜和 Vertical Flip(垂直翻转)滤镜

Horizontal Flip 滤镜用来在水平方向上翻转画面；Vertical Flip 滤镜用来在垂直方向上翻转画面。

4）　Image Pan 滤镜

Image Pan 滤镜和 Crop 滤镜功能相同，都是截取原始画面的一部分作为新的画面。不同之处是设置滤镜时，可以通过拖动 4 个边角来定义剪辑的矩形区域，而且定义出来的矩形剪辑区域可以在画面中自由拖动。

5）　Roll(滚动画面)滤镜

Roll 滤镜用来使画面滚动一定距离，画面滚动后多出的一块填到对面空出来的部分中。

5.4.3　视频滤镜效果制作实例

【例 5-4】调整气球片段中的亮度和对比度。

(1) 导入两个视频片段，并添加一个过渡效果，如图 5.18 所示。

(2) 打开【视频】面板，找到 Adjust 文件夹滤镜效果组，将 Brightness & Contrast 滤镜拖入视频 1B 中。此时，会看到该片段的上沿出现一条蓝色的线，表示此处添加了视频滤镜，如图 5.30 所示。

(3) 在屏幕右边的【效果控制】面板中，将 Bright 滑块拖到 34.4 的位置，Contrast 滑块滑到 24.6 的位置，如图 5.31 所示。

(4) 把时间线中的播放头移到视频 1B 片段中，如图 5.30 所示。反复单击【效果控制】

面板中的 ▸ 按钮，可观察到添加视频滤镜前后的效果。可看出调整后的片段比原来的片段亮了许多。

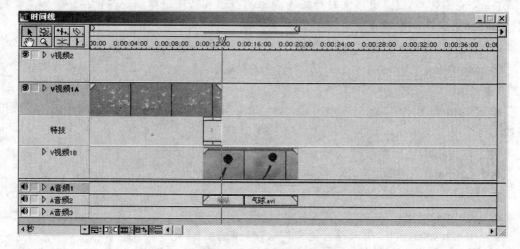

图 5.30 视频 1B 中添加了视频滤镜前后的效果

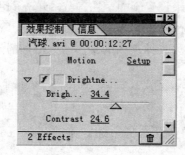

图 5.31 Brightness & Contrast 滤镜参数设置

【例 5-5】关键帧的应用。

接【例 5-4】的步骤。

(1) 打开【视频】面板，找到 Render 文件夹滤镜效果组，将 Lens Flare(镜头光晕)效果拖入视频 1A 中。

(2) 此时自动出现如图 5.32 所示的对话框。移动滑块可设置镜头光晕的大小。在需要添加光晕效果的地方单击，就可以看到该处出现光晕效果。

(3) 单击 OK 按钮，镜头光晕即可添加到视频 1A 片段中。

(4) 如果要让镜头光晕随着片段的播放从左边移到右边，则需要添加关键帧。方法如下。

① 把时间线中的播放头移到视频 1A 片段的第 1 帧处。

② 单击图 5.33 中 Lens Flare 标签右边的 Setup 链接，再次弹出如图 5.32 所示的对话框。

③ 在预览窗口中把光晕效果移到图形的左边。单击 OK 按钮。

④ 在【效果控制】面板中 Lens Flare 标签左边第二个方框内单击，得到关键帧标记 ◈，如图 5.33 所示。

⑤ 把时间线中的播放头移到视频 1A 片段的最后一帧处。在【效果控制】面板中 Lens

Flare 标签左边第二个方框内单击，得到关键帧标记 ⏱ 。

⑥　单击图 5.33 中 Lens Flare 标签右边的 Setup 链接，再次弹出如图 5.32 所示的对话框。

⑦　在预览窗口中把光晕效果移到图形的右边。最后单击 OK 按钮。

⑧　按住 Alt 键的同时拖动鼠标，就可以看到光晕从右边慢慢移到左边。

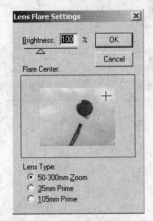

图 5.32　设置镜头光晕的大小

图 5.33　添加关键帧

【例 5-6】由彩色画面变换为黑白画面，类似于历史镜头。

接【例 5-5】的操作步骤如下。

(1)　从素材夹中把"气球.avi"文件拖入视频 1A 中，在特技中加入 Stretch 文件夹中的 Stretch In(伸展)转场效果，如图 5.34 所示。

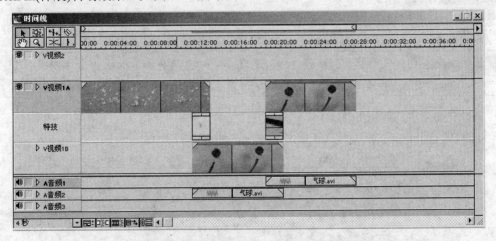

图 5.34　把"气球.avi"文件拖入视频 1A 中

(2)　在【视频】控制面板中把 Adjust 文件夹中的 Extract 滤镜拖入视频 1A 通道中的气球片段中。

(3)　单击图 5.35 中 Extract 标签右边的 Setup 链接，弹出如图 5.36 所示的 Extract Settings 对话框。

(4)　按照图 5.36 中的参数进行设置。

(5) 按住 Alt 键的同时拖动鼠标，就可以看到从彩色画面过渡到黑白画面的过程。

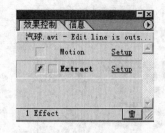

图 5.35　Extract 设置

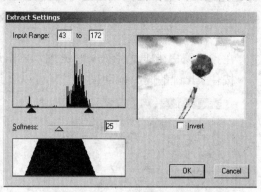

图 5.36　Extract 参数设置

5.5　叠 加 画 面

把两个片段重叠在一起称为叠加画面，最上层的片段如果透明度为 100%，则完全遮盖了下层的片段；上层的透明度如果为 0，则下层的片段将全部被显示。

叠加也称为嵌入或者蒙罩，通过叠加两个片段可达到半透明效果，以增加视频的观赏性。

5.5.1　添加叠加效果

在 Premiere 6.5 中，把时间线最上面的片段看成是顶层，下面的片段依次排列。

注意：叠加效果只能在视频 1、视频 2……上做，可以多层叠加。如果频道不够用，可以用图 5.4、图 5.5 所示的方式添加。一定不能在视频 1A 和视频 1B 中叠加。

添加叠加效果的步骤如下。

(1) 在时间线中添加海鸥及气球两个片段，如图 5.37 所示。

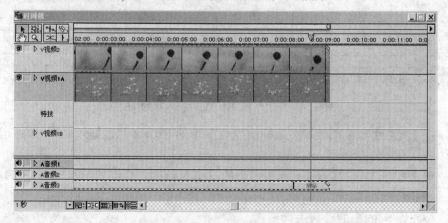

图 5.37　添加海鸥及气球两个片段

(2) 右击气球片段，弹出快捷菜单，选择【视频选项】|【透明设置】命令，弹出【透明度设置】对话框，如图 5.38 所示。

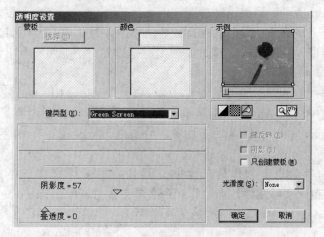

图 5.38　【透明度设置】对话框

(3) 按照图 5.38 中的参数设置透明度的参数及选项。

(4) 把播放头移到片段中的任何地方，按下 Alt 键的同时拖动鼠标，就可看到两个片段叠加后的效果了。

5.5.2　蒙罩类型

1. Chroma(色度蒙罩)

Chroma 蒙罩允许在叠加片段中选择一种颜色或颜色范围，将所选的颜色范围制作成透明区域，使背景在透明区域部分显示出来。

2. RGB Difference(三原色差别蒙罩)

RGB Difference 蒙罩可把三原色的值综合在一起调整，将综合后的颜色范围剔除，造成透明区域。

3. Luminance(亮度蒙罩)

Luminance 蒙罩将图形中颜色较深的像素变成透明，而颜色较浅的像素变成不透明。在前景片段的画面明暗对比非常明显的情况下，就可以使用这种蒙罩设置叠加效果。

4. Alpha Channel(Alpha 通道蒙罩)

Alpha 通道是一个依附在图像之上不可见的灰度通道，它经常用于在图像中制作一个单独存在的部分，在 Photoshop 中称为蒙版。Alpha 通道蒙罩通过将一个叠加素材的 Alpha 通道中的黑色部分剔除以达到透明效果，并保留其白色部分不透明，使处于叠加素材之下的其他素材通过透明部分显示出来。也可以选中【键反转】复选框来把 Alpha 通道的黑白部分反转过来。

不是所有的图像素材都有 Alpha 通道。Alpha 通道蒙罩不能在图像中制作出 Alpha 通道。如果需要在素材中制作出 Alpha 通道，必须使用能够对图像生成 Alpha 通道的软件。如 Adobe Photoshop 就可以提供这种功能。由于 A1pha 通道是一个灰度通道，在这个通道中可能包含一个整齐的灰度(或黑白)且有清楚边界，并且其中有一些明显的由黑白颜色块组成的图形，也可能是一个具有灰度过渡而无清楚边界，不能明显看出是由黑白块组成的图像。

如果叠加素材中的 Alpha 通道是前者，就可以采用 Alpha Channel 蒙罩；如果 Alpha 通道是后者则最好使用白色 Alpha 通道蒙罩类型或者黑色 Alpha 通道蒙罩类型(White Alpha Matte 或 Black Alpha Matte)。因为对于后者，Alpha Channel 蒙罩有可能会在图像周围产生一个黑或白的光晕。

在黑色或者白色背景上制作具有 Alpha 通道叠加素材的最好方法是使用黑或白的 Alpha 蒙罩。例如制作字幕文件，当制作一个字幕文件时，Premiere 6.5 会自动选择制作为 Alpha 通道。

5. Black Alpha Matte(黑色 Alpha 通道蒙罩)

把一个含有 Alpha 通道并在黑色背景上生成的图像作为叠加素材时，最好采用黑色 Alpha 通道蒙罩方式。该方式能够消除围绕在叠加图像周围的残余光晕。如果黑色 Alpha 通道蒙罩达不到满意的效果，可试一下 Alpha 通道蒙罩方式。

6. White Alpha Matte(白色 Alpha 通道蒙罩)

对于一个在白色背景上制作的含有 Alpha 通道的叠加素材，最好选用 White Alpha Matte 蒙罩。这时该蒙罩类型可以消除围绕在前景图像边缘周围的残余白色光晕，因此它特别适合于用白背景制作的字幕文件。

7. Image Matte(图像蒙版蒙罩)

该叠加蒙罩类型可以将一个静态图像放在叠加素材之上，并通过该静态图像中的白色部分来显示叠加素材，同时该白色部分又会把叠加素材的背景素材屏蔽掉。如果该静态图像是由黑白所组成的，则白色部分透过的是叠加素材，黑色部分透过的是叠加素材的背景部分。

对于彩色的静态图像，较深颜色区域透过背景，较浅部分透过叠加素材，整个结果是一个混合的效果。如果静态图像的颜色较单一，它的颜色就可能与背景或叠加素材的颜色相混合，从而产生出一些意想不到的效果。

选用这个蒙罩类型时，对话框左上角的蒙罩图像选择窗口成为可用窗口。单击【选择】按钮就可以打开 Load Matte 对话框。选择需要的静态图像后，它就在蒙罩图像选择窗口中显示出来，并在样品窗口中显示出它对叠加素材和背景的作用情况以及关于黑白或其他颜色对叠加素材或背景的作用。

8. Difference Matte(差异叠加蒙罩)

这种蒙罩类型可以把两个素材的相同区域剔除而保留不同的区域。若两个帧画面都有同样的背景，但其中一个画面的中心有一个图像，则运用了该蒙罩类型后，将在帧画面中保留。

9. Blue Screen(蓝屏蒙罩)和 Green Screen(绿屏蒙罩)

Blue Screen(蓝屏)和 Green Screen(绿屏)这两种抠像方式本质上是一样的，都是先在一个纯色的背景(蓝色或绿色)前对演员进行拍摄，拍摄完成之后通过计算机软件的抠像功能去掉画面中蓝色或绿色的背景，与新的背景影像相合成。

在国外的电影拍摄中，主要使用的是 Green Screen(绿屏)抠像方式；而在国内的影视拍摄中，主要使用的则是 Blue Screen(蓝屏)抠像方式。这是因为东方人的皮肤呈黄色，而蓝色是黄色的补色，这样前景人物受蓝色背景的影响较小。

Premiere 中的 Blue Screen(蓝屏)抠像方式有两个参数选项，一个是阴影度，另一个是叠透度。叠透度用于控制要去除的蓝屏背景色的相似程度；而阴影度用于控制前景的人物影像边缘的完整性，并消除前景人物受到的蓝色屏幕反光的影响。

10. Multiply(阴影蒙罩)

阴影蒙罩类型将剔除叠加素材中比背景素材亮度值高的区域，使背景通过这些区域显示出来。此时，只有 Cutoff 滑动条可以进行调节。利用该滑动条来调节所保留的叠加素材区域的不透明度，拖向右边为不透明；反之则为透明。

11. Track Matte(轨道叠加蒙罩)

轨道叠加蒙罩是在构造窗口中，如果有两个叠加轨道有叠加素材时，上面的叠加素材利用下面的叠加素材，并且这两者 S 轨道的序号必须紧连在一起。比如，S4 轨道的叠加素材利用 S5 轨道的叠加素材，如果把它们分开，即两个通道不是上下相连的轨道关系，则这两个轨道之间的关系就是一般的叠加素材作用关系。

在这种类型的蒙罩作用下，可以使用活动视频信号来制作活动的叠加蒙罩图像(也称作 Traveling Matte，即移动叠加蒙罩)，同时也可以用静态图像来制作静态叠加蒙罩图像。

12. Screen(屏幕蒙罩)

屏幕蒙罩类型的主要功能是可以使背景中比叠加素材亮的区域更加亮。可以通过 Cutoff 滑动条来控制在叠加素材之下的素材的亮度，其他的控制选项都处于不可用状态。

13. Non-Red(无红色蒙罩)

无红色蒙罩类型是为具有蓝色或绿色背景的叠加素材所设计的，类似于蓝色和绿色屏幕蒙罩类型。它的特殊之处在于除了在蓝色和绿色蒙罩中所具有的控制项目外，还有一个控制滑动条为可用状态，即混合滑动条。这个混合滑动条可以制作出半透明的物体，并且可以减少不透明物体边缘的毛边。该蒙罩对有绿色背景的叠加素材特别适用。

5.5.3 叠加效果制作实例

【例 5-7】RGB Difference 效果。

(1) 导入并添加海鸥及气球两个片段到【时间线】窗口中，如图 5.37 所示。

(2) 右击气球片段，弹出快捷菜单，选择【视频选项】|【透明设置】命令，弹出【透明度设置】对话框，在【键类型】下拉列表中选择 RGB Difference 效果选项，如图 5.39 所示。

(3) 将光标移到图 5.39 上方中间的气球图像中，此时光标变为滴管，在气球以外的区域单击，在最上面的颜色框中就会得到取样颜色。

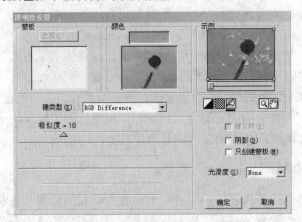

图 5.39　【透明度设置】对话框

(4) 拖动【相似度】滑块，就会在最右边的示例窗口中看到与【颜色】选项组中相似的颜色被剔除。

(5) 拖动【示例】选项组下面的滑块，查看是否有未剔除的气球以外的颜色。如有，加大相似度。

(6) 完成后单击【确定】按钮，可看到气球以外的天空背景被剔除。

【例 5-8】Difference Matte 蒙罩效果。

(1) 导入并添加海鸥及气球两个片段到【时间线】窗口中，如图 5.40 所示。

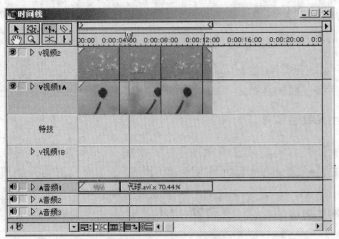

图 5.40　添加海鸥及气球两个片段到【时间线】窗口

(2) 右击气球片段，弹出快捷菜单，选择【视频选项】|【透明设置】命令，弹出【透明度设置】参数对话框，在【键类型】下拉列表中选择 Difference Matte 效果选项，如图 5.41

所示。

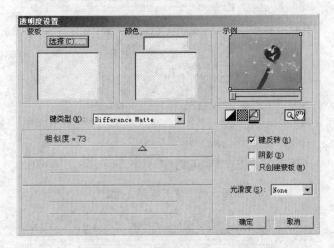

图 5.41　【透明度设置】对话框

(3)　按照 Difference Matte 透明设置对话框中的各项参数进行设置。注意，选中【键反转】复选框。

(4)　预览可看出，海鸥片段中海水背景被剔除，片段变为海鸥在气球的周围飞翔。

【例 5-9】淡入淡出效果。

淡入淡出效果是使用叠加轨道中的强弱控制线来调节素材的叠加程度的，所以，淡入淡出也只能在视频 1、视频 2……上做，可以多层叠加。如果频道不够用，可以用图 5.4、图 5.5 所示的方式添加。一定不能放在视频 1A 和视频 1B 中。

(1)　为了更好地观察淡入淡出效果，在这里制作两个视频压混的场景。

①　右击图 5.40 中的海鸥片段，弹出快捷菜单，单击【视频选项】|【透明设置】命令，弹出【透明度设置】对话框，在【键类型】下拉列表中选择 Green Screen 效果选项。

②　在黄色长条中出现一个绿色正方形，如图 5.42 所示，表示此时剔出"海鸥.avi"素材中的绿色。

注意：制作两个视频压混的场景，一般使用透明设置中的 Green Screen 效果或 Blue Screen 效果。

(2)　单击视频 2 通道左边的展开的三角形图标 ▷，该三角形图形变为 ▽，这时视频 2 通道下方下拉出一条与"海鸥.avi"图片平行同长的黄色控制条，如图 5.42 所示。在该控制条的顶部有一红色线条，红色线条位于黄色矩形块顶部时，表示该片段完全正确不透明；红色线条位于黄色矩形块底部时，表示该片段完全正确透明。在首尾两端分别为一红色矩形方块，此即为强弱控制线和首尾控制点，可以通过强度控制来调节叠加素材的叠透程度，从而实现淡入和淡出的效果。

(3)　使用选择工具将指针放在剪辑中间的淡化线上，直到指针变成一个带有加减号的手形图标。用该指针在强度控制线上按住拖动，这时产生一个红色小方块的控制点，拖动该控制点到满意位置，可以调整叠加素材的叠透程度，如图 5.43 所示。

(4)　播放时，可看出海鸥片段逐渐淡入又逐渐淡出。

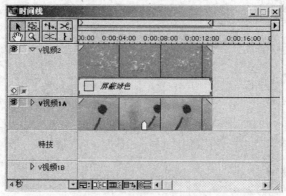

图 5.42　展开视频 2 通道

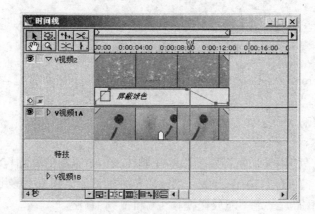

图 5.43　调整强弱控制线

5.6　使用运动效果

5.6.1　添加运动效果

运动效果可以用来移动、旋转、变形和放大不同的静止图像和视频片段，以增强片段的艺术效果。

运动片段是通过设置路径及路径中的关键点来完成的。

下面以一个例子来说明如何设置运动效果。

(1)　添加两个视频片段，如图 5.44 所示。

(2)　右击气球片段，弹出快捷菜单，选择【视频选项】|【运动设置】命令，弹出【运动设置】参数对话框，如图 5.45 所示。

(3)　单击右上角图中的开始点(图中最左边的小方格)，调整右下角图中的失真度，如图 5.46 所示。

(4)　用同样的方法调整结束点(图中最右边的小方格)，如图 5.46 所示。

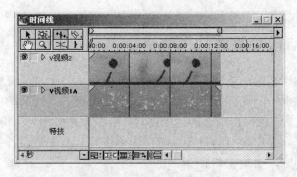

图 5.44 添加两个视频片段

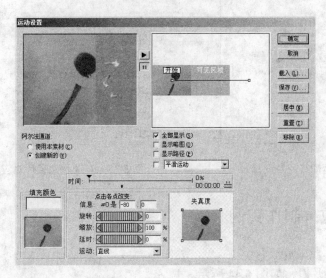

图 5.45 【运动设置】对话框

(5) 单击 ▶ 按钮，可看到气球片段以菱形形状从左边移动到右边。

(6) 单击【确定】按钮，完成设置。在时间线中按 Alt 键的同时拖动鼠标，可看到设置后的运动效果。

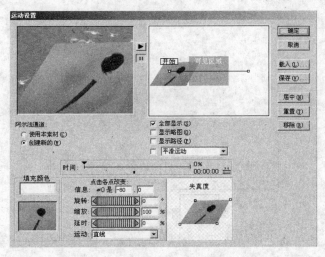

图 5.46 调整开始点和结束点的失真度

5.6.2 设置运动路径及运动控制点

如果希望运动过程不是一条直线，可对运动路径进行设置。方法是：在如图 5.45 所示的【运动设置】对话框中，在开始点与结束点的连线上单击，就会增加一个个小方格，拖动小方格到相应的位置，就可形成新的运动路径，这些小方格称为关键点，如图 5.47 所示。

此时在时间轴上，会出现与路径各点相对应的线段刻度。可在各关键点上设置旋转、缩放、延迟及失真度等，如图 5.48 所示。

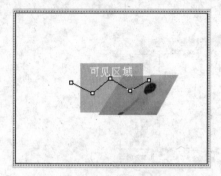

图 5.47 运动路径的设置

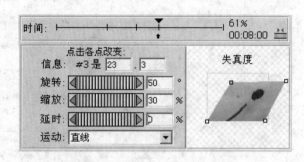

图 5.48 与添加路径后对应的时间线

5.6.3 运动效果制作实例

【例 5-10】片段缩放。

(1) 导入两个片段，如图 5.44 所示。

(2) 右击气球片段，弹出快捷菜单，选择【视频选项】|【运动设置】命令，弹出【运动设置】参数对话框，如图 5.45 所示。

(3) 选中图 5.45 中右上图的左边的开始点，单击【居中】按钮，开始点移到线段中心，如图 5.49 所示。其他参数设置如图 5.50 所示。

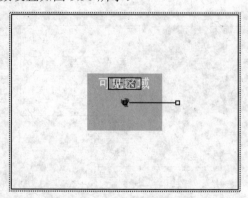

图 5.49 开始点设置方式

(4) 再把图 5.45 中右上图的结束点也以相同的方法移到线段中心，如图 5.51 所示。其他参数设置如图 5.52 所示。

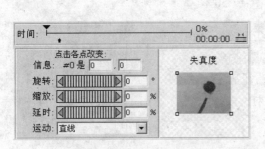

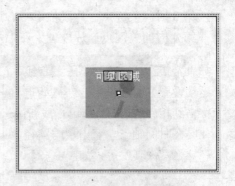

图 5.50　开始点参数设置　　　　　　　　图 5.51　结束点设置方式

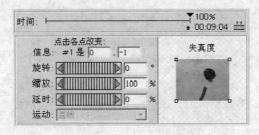

图 5.52　结束点参数设置

(5)　预览效果后单击【确定】按钮。

【例 5-11】多画面制作效果。

(1)　增加 3 个视频通道(添加方法见 5.2.2　设置【时间线】窗口),把 4 个片段拖入【时间线】窗口的视频 2、视频 3、视频 4 和视频 5 中,如图 5.53 所示。

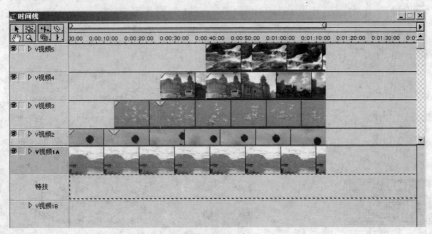

图 5.53　时间线上的 5 个视频通道

(2)　右击视频 5 中的瀑布片段,弹出快捷菜单,选择【视频选项】|【运动设置】命令,弹出【运动设置】参数对话框,参数设置如图 5.54 所示。

(3)　各时间段参数设置如下。

● 第 1 时间关键点:片段位于中心点,缩放 0。

● 第 2 时间关键点:片段位于中心点,缩放 100%。

- 第 3 时间关键点：片段位于中心点，缩放 50%。
- 第 4 时间关键点：片段位于左上角，缩放 50%。

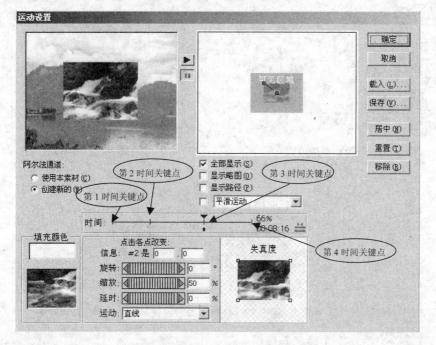

图 5.54　【运动设置】参数对话框

(4) 单击图 5.55 最左边的【眼睛】图标，此时【眼睛】图标消失，表示视频通道 5 被隐藏，以便观察下面通道的状况。

(5) 用同样的方式重复步骤(3)和步骤(4)，把每个通道片段的最后一个时间关键点的片段放在可见区域的 4 个角上。注意：每个频道的片段播放结束要一致。

(6) 最后得到所有片段结束时的截图画面如图 5.56 所示。

图 5.55　隐藏/显示视频通道　　　　　图 5.56　多画面制作效果

5.7　添 加 字 幕

5.7.1　字幕设计器简介

在 Premiere 6.5 中，为了适应字幕制作技术的发展，开发了设计字幕编辑窗口(字幕设计器)，字幕设计器不仅带来了更让人激动的字幕特效，同时更完善了 Premiere 6.5 制作影片的功能。

Premiere 6.5 本身还兼容了前期版本中用于制作标题和字幕的工具——Title 窗口，用户可以在 Premiere 6.5 中使用 Title 窗口来简洁、快速且轻松地完成简单标题字幕的制作。同时配合使用功能更强大的字幕设计器来完成一个高级字幕效果的制作。

1. 进入字幕设计器

启动 Premiere 6.5 后，选择【文件】|【新建】|【字幕】命令，打开如图 5.57 所示的字幕设计器界面。

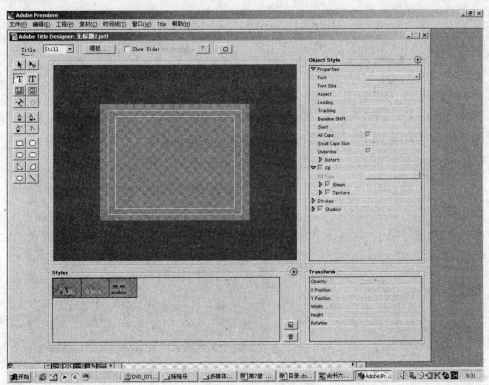

图 5.57　字幕设计器界面

2. 字幕设计器的编辑工具

字幕设计器的编辑工具位于界面的最左边，如图 5.58 所示。

1) 选择工具

选择一个对象,方法为:选中选择工具后,在字幕窗口中单击对象,此时在选中的对象周围会出现一个带角的线框。当把指针移到对象的4个顶点时,可以旋转对象。

2) 水平文本输入工具 T 与垂直文本输入工具 IT

选择该工具后,在字幕窗口中需要输入文字的地方单击,就可以水平方向或垂直方向输入文本了。

3) 水平段落文本输入工具 与垂直段落文本输入工具

在规定区域内输入一段水平或垂直文本内容。

4) 法向路径文本输入工具 与切向路径文本输入工具

这两个工具是 Premiere 6.5 新增的文本输入工具,其特点是允许用户依据一定的路径来输入文本,使得文本总体产生线条感。前者定义路径文本的文字是沿着路径的法向排列,后者定义路径文本的文字是沿着路径的切向排列。

5) 钢笔工具 、增加锚点工具 、删除锚点工具 和翻转锚点工具

Premiere 6.5 使用钢笔工具组,可以方便而快速地绘制各种各样的曲线图形,并且能绘制一些专业的曲线图形。

6) 几何图形工具组

该工具组提供了8种简单几何图形的快捷工具按钮,如图5.58中的下面4行所示,使用这些工具,可以快速地绘制对应的简单几何图形。

3. 字幕设计器工作界面

1) 工作区

字幕工作区是提供给用户用于输入文本和编辑文本时的工作区域,如图5.59所示。它是字幕窗口的核心面板,所有的字幕效果都在这里完成。

图 5.58 字幕设计器的编辑工具   图 5.59 字幕工作区

在默认设置下,工作区中有两条明显的边界线。外面的边界线称为动作安全区边界线,当给字幕添加各种运动效果时,如果此时字幕处于该线之外,则这些运动效果有可能无法正常演示。里边的边界线称为字幕安全区边界线,如果标题字幕的文本超出了字幕安全区边界线的范围,那么字幕将不能在某些显示器中正确显示,超出的部分可能产生模糊或者

变形现象。

　　只有在字幕工作区中建立了字幕对象之后，才能使用字幕窗口的其他控制面板来进行修改。

　　2)　顶层控制面板

　　该控制面板用于整体确定要建立的字幕的滚动方式、是否使用字幕模板及是否使用关键帧等，这些都是很重要的控制属性，如图 5.60 所示。

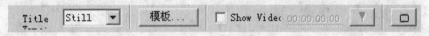

图 5.60　顶层控制面板

　　其中各选项说明如下。

- Title Type 下拉列表框：用于定义字幕的滚动方式，有 3 种滚动方式可供选择，分别是不滚动、水平滚动和垂直滚动方式。
- 【模板】按钮：可以让用户进入 Premiere 6.5 预设的字幕模板窗口。使用该工具按钮可以快速制作一些精美和专业的字幕效果。
- Show Video 复选框：用于让用户决定是否在字幕工作区中显示当前时间线窗口上所处位置的视频图像。也就是是否使用影片关键帧来辅助制作特定的字幕。

　　Show Video 复选框后面的文本框对应的就是时间线窗口的视频素材的时间长度，后面的按钮就是使得时间线中所指的帧画面对应到字幕工作区中。

　　3)　【对象风格】控制面板

　　【对象风格】控制面板完善了字幕窗口的编辑功能，如图 5.61 所示。在用户使用字幕工具按钮创建初始字幕之后，就可以在该面板中对这些初始字幕进行详细的属性设置。该面板中可设置属性的参数项相当丰富。

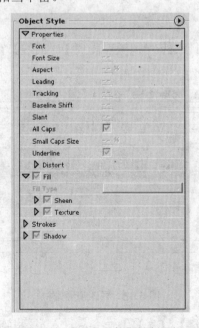

图 5.61　【对象风格】控制面板

【对象风格】面板中有 4 个主选项可供选择，单击它们前面的右向箭头就可以展开对应的主选项而进行具体参数设置。如打开 Fill(填充)选项区域，就可以看到其中有 Fill Type、Color 和 Opacity 等控制参数。

4) 【风格化】控制面板

通过该面板让用户利用模板建立字幕，如图 5.62 所示。

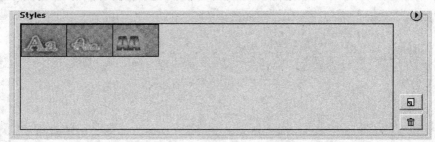

图 5.62 【风格化】控制面板

使用时，先选中字幕工作区中的某个字幕对象，然后直接在该面板中双击所需要的效果图标，即可添加到对象字幕中。这些预设效果可以由用户自定义，也可以使用系统提供的多种预设方案。

当用户对字幕的属性进行重新设定之后，单击该控制面板中的【新建】按钮 ，即可将该改动后的效果设定为一个预设的效果方案，同时在控制面板列表中显示。这样，就可以在以后的编辑中快速地应用同一个字幕效果。如果不再需要这个效果，单击【删除】按钮 即可。

5.7.2　字幕制作实例

【例 5-12】加片头文字。

(1) 导入素材库中的"上海.avi"视频片段到【时间线】窗口中的视频 1A 频道中，如图 5.63 所示。

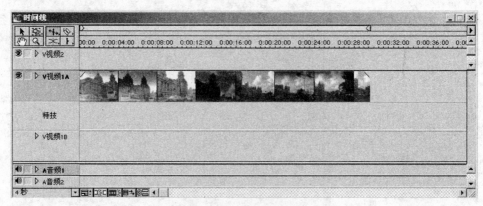

图 5.63 导入视频素材

(2) 选择【文件】|【新建】|【字幕】命令，进入字幕编辑窗口。

(3) 选中 Show Video 复选框，此时在字幕编辑窗口中显示"上海.avi"视频片段的静止画面。

(4) 选择水平文本工具，并在画面中间单击，得到一个文本输入框。

(5) 在右边栏的 Object Style 面板中，选择 Font | LiSu | Regular 命令，得到隶书字体。

(6) 在右边栏的 Object Style 面板中，双击 Font Size 标签右边的"100.0"链接，修改字号为 40.0。

(7) 在右边栏的 Object Style 面板中，单击 Fill 选项区域中的 Color 色块，在色谱中选择红色。

(8) 在文本框中输入"上海——国际大都市"，如图 5.64 所示。

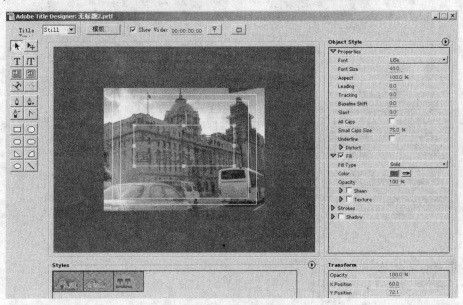

图 5.64 片头字的设置与输入

(9) 选择 工具后，在画面中拖动文本到合适的位置。

(10) 选择【文件】|【保存】命令，在弹出的对话框中，选择保存路径，输入文件名"片头字.prtl"，单击【保存】按钮。此时片头字被保存在指定的路径下，与此同时被添加到素材夹中，如图 5.65 所示。

图 5.65 添加到素材夹中的片头字

(11) 把"片头字.prtl"素材拖入视频 2 中，在运动设置中制作放大效果。

(12) 再次把"片头字.prtl"素材拖入视频 2 中，接在第一段后面，制作淡出效果。

(13) 完成后的界面如图 5.66 所示。

图 5.66　完成后的界面

【例 5-13】加滚动字幕及结束标志。

(1) 在图 5.66 中，选择【文件】|【新建】|【字幕】命令。

(2) 重复上例中的步骤(3)~(7)。其中 Font Size 设置为 20。

(3) 在文本框中输入以下文字：

"上海，作为一个国际化大都市，它在全国的经济文化发展中都起到了不可估量的作用。它内陆接全国，港口通世界，具备了海纳百川的气魄和卓越的经济发展眼光。这一方水土造就了精明的上海本土文化和优雅高贵的城市气息，是全国最贵族化的城市。

上海，引领着东部乃至全国的经济腾飞！"

(4) 选择 ✛ 工具后，拖动文本到合适的位置。

(5) 选择【文件】|【保存】命令，在弹出的对话框中选择保存路径，输入文件名"片尾字.prtl"，单击【保存】按钮。此时片尾字被保存在指定的路径下，与此同时被添加到素材夹中。

(6) 用以上方法再制作一个"完"字，保存在同一路径下，文件名为"完.prtl"。

(7) 按照图 5.67 把"片尾字.prtl"和"完.prtl"素材拖入【时间线】窗口中。

(8) 在运动设置中制作"片尾字.prtl"素材的滚动效果。方法为：把开始点拖到可见区域的底部，把结束点拖到可见区域的顶部。预览可看到文字的滚动效果。

也可用图 5.60 顶层控制面板来设置垂直滚动效果，读者可自行设置。

(9) 在视频 1A 中截断片段，把最后部分的片段在运动设置中制作成变形效果，方法为：在截断的片段部分作运动设置，把开始点拖到可见区域的中心，再把结束点也拖到可见区域的中心，然后在结束点上作变形，变形效果如图 5.67 中监视器的显示状态。

(10) 在运动设置中制作"完"字的缩放效果。

(11) 在素材库中导入音乐 Music.aif，并拖放到音频 1 中。

(12) 完成后的效果如网站案例库中的第 5 章实例"5-7-2.mpg"所示。

图 5.67　片尾字的滚动效果设置

5.8　音　频　处　理

5.8.1　音频素材的输入和输出

一个好的视频片段一定要有好的背景音乐，才能给影像带来震撼和冲击。Premiere 6.5 可在专门的音频通道(共 99 个轨道)上编辑音乐。每个音频通道的中间都有一条蓝色的粗线，用于划分左右声道，蓝线上方表示左声道，蓝线下方表示右声道，如图 5.71 所示。

1. 音频素材的输入

Premiere 6.5 支持导入 MP3、WAV 和 AIF 三种格式的音频文件。

除了可以导入计算机中存储的音频文件以外，还可以选择【文件】|【采集】|【声音采集】命令，从录像机、录音机等其他类型的播放设备中采集音频素材。

2. 音频文件的输出

选择【文件】|【时间线输出】|【音频】命令，可以输出音频文件。同时，在弹出的对

话框中单击【设置】按钮，可对音频输出进行设置。

标准的音乐 CD 格式为 44.1kHz、16b、双声道；DVD 格式为 48kHz、16b、多声道。采样率和采样位数越低，音质越差。

5.8.2　在【时间线】窗口中编辑音频素材

1. 导入素材

导入视频片段"海鸥.avi"到视频 2 通道中，导入音频素材"班德瑞.WAV"到音频 1 通道中，如图 5.68 所示。此时，可看到视频片段的长度与音频素材的长度不一致。如果需要两者的长度统一，必须对音频素材进行剪辑。

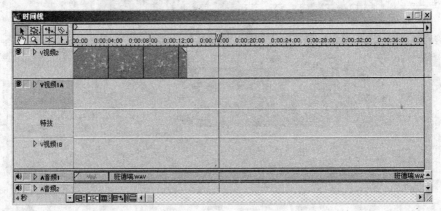

图 5.68　导入的视频和音频片段

2. 剪辑音频素材长度

方法一如下。

右击时间线中的视频片段，在弹出的快捷菜单中选择【持续时间】命令，复制后，粘贴到音频素材的持续时间中。此时得到的是从头开始的音乐。

方法二如下。

(1) 在素材夹中双击"班德瑞.WAV"图标，进入如图 5.69 所示的 Clip 窗口中对它进行剪辑。

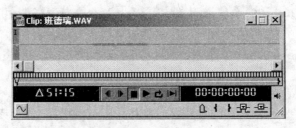

图 5.69　Clip 窗口

(2) 选择当中的某一段，设置入点和出点(拖动 ▌和 ▌图标即可设置)，如图 5.70 所示。

(3) 完成剪辑后，将 Clip 窗口中的音频片段直接拖入【时间线】窗口中。

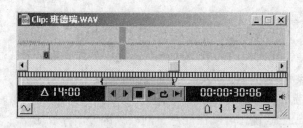

图 5.70 设置入点和出点

3. 调整播放时的音频及淡入淡出效果

音频的淡入淡出调整与视频片段的淡入淡出调整方式是相同的,都是利用 音量淡化控制器来进行调整的。可通过拖动红色方格来增强或降低音量,如图 5.71 所示。

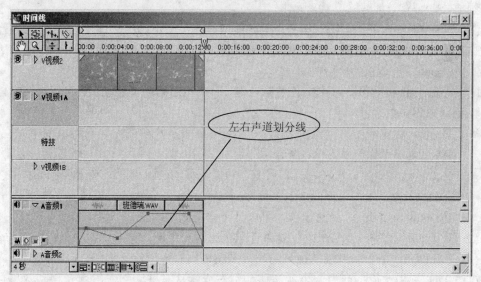

图 5.71 设置音频及声音的淡入淡出效果

4. 将视频和音频片段进行链接

编辑完音频效果后,可选择 工具(时间线工具箱中第二行、第三列的工具)后分别单击视频片段和音频片段,将视频和音频片段链接起来。

5.8.3 音频滤镜

1. 添加音频滤镜

Premiere 6.5 提供了 21 种音频滤镜效果,可以使用这些滤镜处理录制的原声片段,添加特殊的声效,或者掩饰原声的缺陷,进而使影片的音频更加完美。

Premiere 6.5 将音频效果放到了音频滤镜面板中,视频效果放到了视频滤镜面板中,添加音频滤镜的方法与添加视频滤镜的方法相同,设置的方式也基本一致,读者可参照进行。

2. 常用音频滤镜

把所需的音频滤镜拖入相应的音频通道中，就会在右上角显示该滤镜的控制面板，可在控制面板中设置该滤镜的各种参数。

1) Bandpass(带通)滤镜组

(1) Highpass(高通)滤镜：可以保证声音的高频部分，有效地滤除低频。下面详细介绍滤镜组的参数设置。

- Mix：可以设定原始音频与效果声混合的比例。
- Cutoff Frequency：可以设定一个频率值，滤除低于此值的音频。
- Preview Sound：选择此选项，可以预听滤镜的效果。

(2) Lowpass(低通)滤镜：设置方法与 Highpass 滤镜类似。Lowpass 滤镜可以保证声音的低频部分，可有效地滤除高频。

(3) Notch/Hum(消除频率)滤镜：当电源线或设备没有正确屏蔽或接地时，常给音频带来嗡嗡声，可以使用 Notch/Hum 滤镜从音频素材中消除。

2) Channel(声道)滤镜组

(1) Auto Pan(自动移动)滤镜：使音频在左、右喇叭之间循环移动，具有较强的立体感。下面详细介绍各参数设置。

- Depth：设定声源移动范围。其中，Narrow 表示声源在左、右声道的中间位置，Wide 则表示完全从左(右)声道移动到右(左)声道。
- Rate：设定声源位置在左、右声道之间循环移动的速度，从 Slow 到 Fast，其值为 0.01～3Hz。
- Preview Sound：选择此选项，可以预听滤镜效果。

(2) Fill Left(填充左声道)滤镜：隔离音频轨迹到左声道。

(3) Fill Right(填充右声道)滤镜：隔离音频轨迹到右声道。

(4) Pan(移动)滤镜：产生一个从左移动到右或者从右移动到左的声音移动效果，Pan Settings 对话框中含有一个滑杆用来控制声音的位置。

(5) Swap Left&Right(交换左、右声道)滤镜。使左右声道的内容互换。

3) Direct-X 滤镜组

如果计算机中安装了一些音频软件，其中那些采用 Direct-X 方式的特效插件，就可以通过这一分类夹在 Premiere 6.5 中使用。

4) Dynamics(动态)滤镜组

(1) Boost(提升)滤镜：可以增强弱音并保持高音的完整性。

(2) Compressor/Expander(压缩/扩展)滤镜：可以控制音频的动态范围，高音量和柔和播放间的差距。可以提高柔声的效果而不必改变音量电平。压缩动态范围将在高、柔声之间建立一个更小的差距，增强动态范围将在高、柔声之间建立一个更大的差距。

(3) Noise Gate(噪音门限)滤镜：可以有效消除无声部分的背景噪音。

5) EQ(均衡)滤镜组

(1) Bass&Treble(低音和高音)滤镜：可以分别调整声音音调，即提升或降低声音的低频或高频。

(2) Equalize(均衡)滤镜：可以将声音进行分频的补偿。它可以较为精确地调整音频的声调。

(3) Parametric Equalization(参数化均衡)滤镜：用于调整一个音频素材的音质，它是个高级的平均化滤镜，能恰当地隔离特殊的频率范围。

6)　Effect(效果)滤镜组

(1) Chores(和声)滤镜：可以应用一个声音的副本或播放与原素材频率稍有偏差的信号，来改善音场的深度效果、再现效果和速率。

(2) Flanger(波浪)滤镜：通过对一个音频信号的中心频率进行倒相处理来增加声音的趣味性，其效果是能够听到更小的合声。常用于流动和急促的声音。

(3) Multi-Effect(多重效果)滤镜：通过对当前声音延迟的精确控制和调制，可以建立一个多样性的回声和合声效果，包括延迟、回声、调制、强度和波形等。

7)　Reverb&Delay(混响和延时)滤镜组

(1) Echo(回声)滤镜：产生回音效果。Echo Settings 对话框中含有设置回音延时强度的选项。Delay 选项可以控制原始声音开始和回音开始之间的时间差。

(2) Multitap Delay(多重延时)滤镜：该滤镜规定了一个高次数的延迟控制效果，对诸如电子舞蹈音乐中的同步和重复回声等有使用效果。

(3) Reverb 滤镜：该滤镜将产生一个宽阔的或生动的内部听觉模拟效果。首先，指定房间的尺寸，然后，调整其他设置，包括混音、衰减、漫射和音色等。

5.8.4　音频编辑实例

【例 5-14】制作合声。

(1) 导入音频文件 Music.aif 及视频文件"上海.avi"到【时间线】窗口中，如图 5.72 所示。调整两者的片段长度一致。

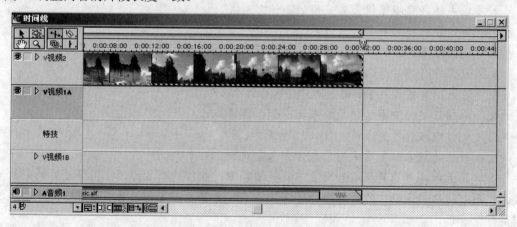

图 5.72　【时间线】窗口中的 Music.aif 及"上海.avi"文件

(2) 选择音频滤镜中的 Effect 文件夹中的 Chorus 滤镜，如图 5.73 所示。

(3) 把 Chorus 滤镜拖入音频 1 通道中，在右边的控制面板中设置参数如图 5.74 所示。

(4) 在监视器中预览可听到合声效果。

图 5.73　Chorus 滤镜

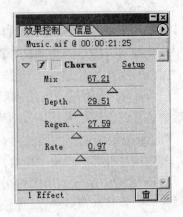

图 5.74　Chorus 滤镜参数设置

5.9　本 章 小 结

　　本章主要介绍了 Premiere 6.5 的主要功能，并对 Premiere 6.5 的素材夹、【时间线】窗口、工具面板、监视器窗口及基本控制面板做了详细的介绍。同时，通过大量实例，使读者学会如何添加过渡效果。如何使用音频、视频滤镜。如何使用叠加效果，如何使用运动效果和如何添加字幕等视频后期制作和处理的方法。

5.10　习 题

1. 国内的数码摄像机大多采用的是什么制式？
2. 如何添加视频和音频通道？
3. 如何设置片段的转场、运动和滤镜效果？
4. 视频或音频片段的淡入淡出主要用在什么时候？
5. 导入的片段放在 Premiere 6.5 主界面的什么位置？
6. 在项目文件中添加特技效果后，如何预览？
7. 制作虚拟片段的作用是什么？
8. 什么是抠像？主要采用什么方式来完成？
9. 用素材库中的素材或到网上下载视频片段，制作一个名为《祖国风光》的影片。

要求：用到转场、运动、滤镜和叠加等特技效果；要有片头字和滚动字幕说明；并选择适当的背景音乐。

注意：可用素材库中的 03.mp3 的前面音乐部分为"海鸥.avi"配音。

第6章 多媒体创作软件 Authorware 6.0

Authorware 是一个优秀的多媒体创作软件,利用它可在一种较高的层次上开发多媒体作品,并且可以在其中直观地引入和编辑文本、图形、声音、动画、视频等多种多媒体素材,组织程序的流程,实现软件与用户的交互,创作美妙的作品。本章将重点介绍 Authorware 6.0 的动画功能,各种交互功能,分支、循环和超级链接功能,库、模块、函数及变量的使用,以及文件的打包与发行等知识。

6.1 概 述

Authorware 是由美国 Macromedia 公司推出的多媒体创作工具,由于其简便高效、功能强大,因而迅速成为同类产品中的佼佼者。

6.1.1 Authorware 6.0 的特点

Authorware 作为一个优秀的交互式多媒体制作工具,经常用于制作教学光盘、商业产品介绍,模拟产品的实际操作过程、设备演示等。

Authorware 有以下几个特点。

- Authorware 的程序由流程线和图标按一定的程序结构组成,其主流程线、分支流程线和相关的流向都变得一目了然。
- 程序的调试和修改直观,即在修改程序内容时,可以做到所见即所得。程序运行时可以逐步跟踪程序的运行和流向。
- 强大的交互功能。提供了多种交互响应方式,方便易行。程序设计时只需要选中交互作用类型,然后完成对话框设置即可。程序运行时,可通过交互响应对程序的流程进行控制。
- 对媒体具有良好的兼容性,能处理各种图片、音频、动画格式的文件。
- 强大的函数和丰富的变量。大量的变量和系统函数、周边开发商和爱好者编写的灵活全面的外部函数库,使 Authorware 的功能更加强大。
- 系统提供了丰富的知识对象和模块。通过知识对象的应用可以实现特定的功能,而不必理会内部复杂的结构。
- 编译输出应用广泛。调试完毕后的程序,经打包后的可执行文件,可以脱离 Authorware 在 Windows 98、Windows Me、Windows 2000 和 Windows XP 中独立运行。

6.1.2　Authorware 6.0 的新特性

Authorware 6.0 主要具有以下新特性。

1)　一键发布

Authorware 6.0 整合了发布功能，可以直接保存程序并发布到 Web、CD-ROM 或者局域网上。发布功能整合在 Authorware 中。

2)　MP3 Streaming Audio

Authorware 6.0 支持低带宽的 MP3 音频，以此使发布在 Web 上的多媒体程序支持声音(声音图标直接支持 MP3)。

3)　Media 同步

Authorware 6.0 可以根据媒体的时间同步显示文本图像和其他事件，媒体可以是声音和视频等基于时间的媒体。

4)　丰富文本编辑器 Rich Text Editor

Authorware 6.0 内置的新编辑器支持高级格式，例如嵌入图像、图形和 Authorware 表达式等，犹如 Word 一般。

5)　外部丰富文本 Rich Text

Authorware 6.0 可以动态链接到外部的文本文件，以此来制作更加容易升级和维护的程序。

6)　可扩展的 Command 菜单

Authorware 6.0 的菜单多了 Command 命令，可以使用新功能 Find Xtras 添加命令来增加和扩展 Authorware Command 菜单。

6.1.3　Authorware 6.0 的运行环境

1. 硬件环境

由于考虑到多媒体制作的环境和特点，建议使用不低于以下的配置要求。

- 操作系统：Windows 98、Windows Me、Windows XP 或 Windows 2000 等。
- CPU：主频 500MHz。
- 内存：128MB 内存。
- 硬盘：15GB 硬盘。
- 显卡和 VGA：显存为 8M 的显卡和支持 800×600 分辨率的真彩色显示器。
- 多媒体设备：声卡、音箱和光驱。
- 其他：建议配备光盘刻录机、扫描仪、视频采集和捕捉设备。

2. 软件环境

为了处理好 Authorware 使用的素材信息，最好安装下列软件。

- Photoshop：图像处理软件。
- 3DS MAX：制作三维动画软件。

- Director：平面动画制作软件。
- WaveEdit：声音处理软件。
- Premiere：数字视频编辑软件。

当然，也可以根据自己的爱好选用其他类似的软件。

6.1.4 Authorware 6.0 的安装

当一切准备就绪之后，就可以开始安装 Authorware 6.0 了。

安装 Authorware 6.0 的步骤如下。

(1) 将 Authorware 的安装光盘插入光驱中，然后双击光盘中的 Setup.exe 文件，如图 6.1 所示，这时启动了它的准备安装程序。

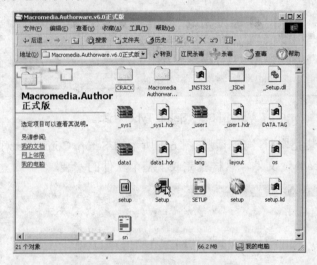

图 6.1 双击 Setup.exe 启动安装

(2) 几秒钟后就会启动安装向导，接着出现如图 6.2 所示的 Software License Agreement 对话框。

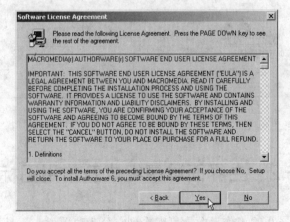

图 6.2 Software License Agreement 对话框

（3）单击 Yes 按钮后，出现如图 6.3 所示的 Setup Type 对话框。在对话框中选择软件的安装方式，也可单击 Browse 改变安装路径。在此选择 Typica 安装，单击 Next 按钮，此时计算机会自动进行软件的安装。

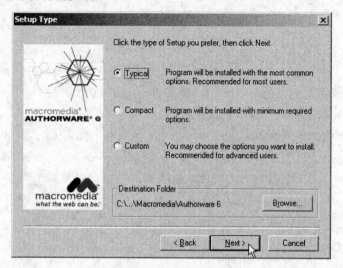

图 6.3　Setup Type 对话框

（4）当软件安装完毕后，会出现如图 6.4 所示的 Setup Complete 对话框，单击 Finish按钮，便可看到 ReadMe 文件。这样就完成了整个软件的安装。

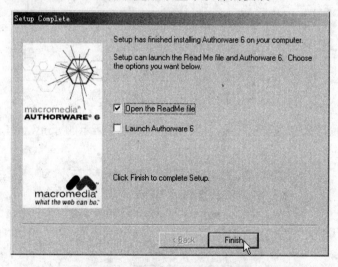

图 6.4　Setup Complete 对话框

6.2　主界面屏幕组成及常用图标

进入 Authorware 6.0 的工作界面，可以看到它分为菜单栏、工具栏、流程线窗口、知识对象窗口、图标工具栏。下面将逐一介绍。

6.2.1 主界面屏幕组成

1. Authorware 的启动与注册

选择【开始】|【程序】| Macromedia Authorware 6 | Authorware 6 命令，如图 6.5 所示。第一次启动该程序时，会打开一个注册对话框(如图 6.6 所示)，上面两行可任意填写，Serial Number 可以在安装光盘上文件名为 Sn 的文件中找到，然后将它填入其中。单击 OK 按钮便可开始使用 Authorware 了。

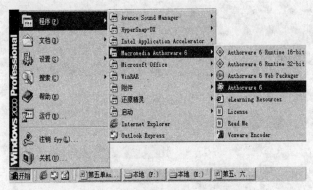

图 6.5 启动 Authorware 6 程序

图 6.6 要求用户输入信息和注册码

2. 主界面屏幕的组成

进入 Authorware 界面后，可单击 Cancel 按钮(或在 New Project 对话框中选择一种知识对象)，开始一个新程序的制作，其主界面如图 6.7 所示。

流程线窗口：流程线窗口是编辑 Authorware 程序的主窗口，如图 6.8 所示。

在流程线窗口中可以看到下列内容。

- 图标：构成 Authorware 程序的各种图标。
- 开始点：整个 Authorware 程序的开始处。
- 结束点：整个 Authorware 程序的结束处。
- 主流程线：程序中的主要流向线。
- 支流程线：主流线以外的流向线。
- 粘贴手：利用剪贴板粘贴图标时，用它指明粘贴位置。

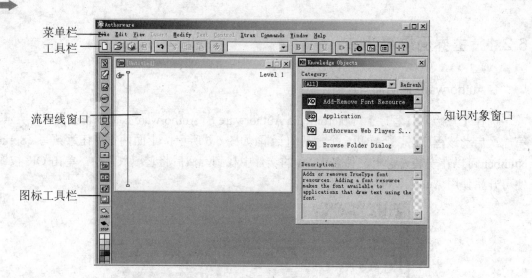

图 6.7 Authorware 6.0 主界面

图 6.8 流程线窗口示例

演示窗口既是演示程序的窗口，也是编辑程序的窗口。当运行如图 6.8 所示流程线上的程序时，结果就会在演示窗口中表现出来，得到如图 6.9 所示的演示窗口。

单击 Modify | File | Properties 命令，打开如图 6.10 所示的文件属性对话框。在此可以设置演示窗口的大小、背景的颜色以及是否带有标题栏等内容。

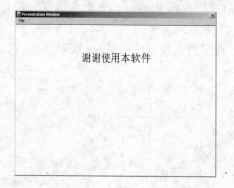

图 6.9 演示窗口

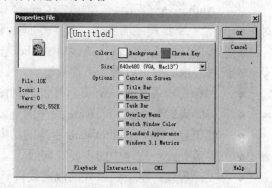

图 6.10 文件属性对话框

6.2.2 图标及常用功能介绍

1. 工具栏

工具栏中的每一个按钮，对应于一个使用频率较高的菜单命令。把这些命令图形化，并安排在工具栏中是为了使用方便，如图 6.11 所示。

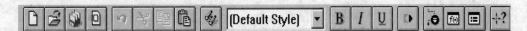

图 6.11 工具栏

工具栏中各个按钮所对应的名称及其功能见表 6.1。

表 6.1 工具栏中各个按钮所对应的名称及其功能

工具按钮	名 称	功 能
	New(新建)	建立新的 Authorware 文件
	Open(打开)	打开已经存在的 Authorware 文件
	Save All(全部保存)	将当前打开的文件和库一次全部保存
	Import(引入)	引入外部素材文件
	Undo(撤销)	撤销上一次操作
	Cut(剪切)	将选中的对象剪切到剪贴板中
	Copy(复制)	将选中的对象复制到剪贴板中
	Paste(粘贴)	将剪贴板中的内容粘贴到指定的位置
	Find(查找)	在文件中指定查找的文本
B	Bold(粗体)	将所选文本的字体变为粗体
I	Italic(斜体)	将所选文本的字体变为斜体
U	Underline(下划线)	为所选文本加下划线
	Restart(运行按钮)	从头开始运行程序
	Control Panel(控制面板)	打开或关闭控制面板
f(x)	Functions Windows(函数)	打开或关闭函数按钮
	Variable Windows(变量)	打开或关闭变量窗口
+?	Help(帮助)	给出指定对象的帮助信息

2. 控制面板

单击工具栏上的 Control Panel(控制)按钮，便可打开如图 6.12 所示的控制面板。控制面板是在编辑、调试和运行程序时频繁使用的工具。

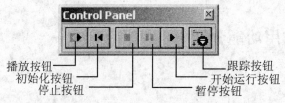

播放按钮
初始化按钮
停止按钮
跟踪按钮
开始运行按钮
暂停按钮

图 6.12　Control Panel 控制面板

3. 图标工具栏

Authorware 窗口左侧的竖栏就是图标工具栏，如图 6.13 所示。这里有 13 个图标、两个调试旗和一个着色板。这些图标是 Authorware 的核心与精华，是构建程序的基本元素。

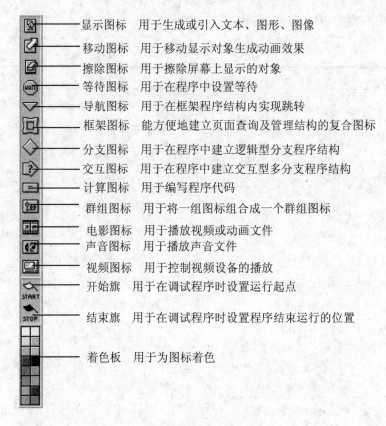

显示图标　用于生成或引入文本、图形、图像
移动图标　用于移动显示对象生成动画效果
擦除图标　用于擦除屏幕上显示的对象
等待图标　用于在程序中设置等待
导航图标　用于在框架程序结构内实现跳转
框架图标　能方便地建立页面查询及管理结构的复合图标
分支图标　用于在程序中建立逻辑型分支程序结构
交互图标　用于在程序中建立交互型多分支程序结构
计算图标　用于编写程序代码
群组图标　用于将一组图标组合成一个群组图标
电影图标　用于播放视频或动画文件
声音图标　用于播放声音文件
视频图标　用于控制视频设备的播放
开始旗　用于在调试程序时设置运行起点
结束旗　用于在调试程序时设置程序结束运行的位置
着色板　用于为图标着色

图 6.13　图标工具栏

4. 几个常用的图标

1)　▨(显示图标)用法介绍

显示图标是 Authorware 多媒体设计中最基本，也是最重要的图标之一。它可用来制作多媒体的静态画面，显示正文及图片对象。

在工具箱中显示图标上按下鼠标左键不放，将它拖到程序设计窗口的流程线上，在默认的情况下，Authorware 自动将其命名为 Untitled。双击 Untitled，可将显示图标进行重命名。

双击流程线上的显示图标或选择 Edit | Open Icon 命令，均可进入显示图标的 Presentation Windows 演示窗口。可向显示图标中载入文本及图形对象，也可以利用图解工具箱提供的工具创建文本或图形对象。

利用显示图标属性对话框可以设置多种显示效果。选中一个显示图标，选择 Modify | Icon | Properties 命令，就会打开一个 Properties：Display Icon 对话框，如图 6.14 所示。

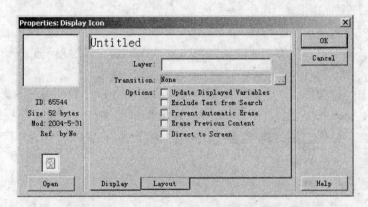

图 6.14　Properties：Display Icon 对话框

对话框左侧列出了当前图标的一些信息，包括显示图标的标识号、内容大小和最后修改日期。左上角的预览窗口显示了图标的内容。对话框中部由 Display 和 Layout 两个选项卡组成，以下对它们分别作介绍。

(1) Display 显示效果选项卡。

● Layer 设置选项：作为该图标显示内容所在的层次，层次数高的图标内容将会覆盖层次数较低的图标内容，默认值为 0。处于同一层的显示图标如果沿流程线顺序排列，在运行过程中位置靠后的显示内容将覆盖掉前面的显示图标内容。

● Transition 设置选项：用于设置显示图标内对象的特殊显示效果。默认的显示效果为 None，即直接显示，单击 Transition 项旁边的 — 按钮，可设置特殊过渡效果。

(2) Layout 显示效果选项卡。

单击 Layout 标签，即可打开 Layout 显示效果选项卡，如图 6.15 所示。

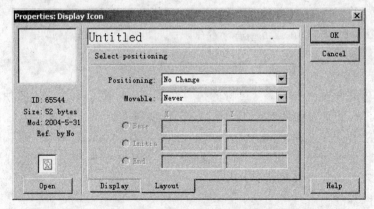

图 6.15　Layout 显示效果选项卡

- Positioning 定位方式：显示对象在展示窗口中可以按不同的方式定位。有以下四种类型：No Change(不变)；On Screen(在屏幕上)；On Path(在路径上)；On Area(在区域中)。
- Movable 移动选项：在程序执行时，可以拖动显示对象在展示窗口中移动。具体有这几种形式：Never(不移动)；On Screen(在屏幕上)；Anywhere(任意位置)；On Path(在路径上)；On Area(在区域中)。

2) (等待图标)用法介绍

等待图标可用来实现暂停程序、等待用户响应的功能。如果流程线上有连续数个显示图标，为了欣赏到每个画面的内容，需要使用等待图标设置显示信息的保留时间，让程序等待一段时间，在需要时再继续运行。

在工具箱中等待图标上按下鼠标左键不放，将它拖到程序设计窗口的流程线上。双击等待图标，显示如图 6.16 所示的 Properties：Wait Icon 对话框。其中各选项说明如下。

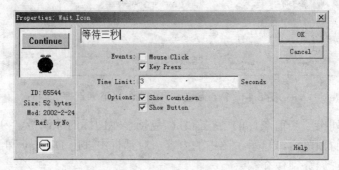

图 6.16　Properties：Wait Icon 对话框

- Events(事件)：选中 Mouse Click 复选框后，则在等待期间单击程序可继续执行。若选中 Key Press 复选框，则在等待期间按下任意键程序继续执行。
- Time Limit(时间限制)：在该文本框中输入数值指定等待的时间，单位为秒。如图 6.16 所示的就是要求系统等待 3 秒。
- Options(选项)：Show Countdown 复选框在 Time Limit 文本框中输入数据后才有效。选中该复选框，会在程序展示窗口中显示时间倒计数。选中 Show Button 复选框后，则程序在等待延时过程中显示 Continue 按钮，单击此按钮则结束等待，程序继续执行。

同时设置 Events 和 Time Limit 后，若在限制时间内未按下按键或单击，则超过设置的时间后程序继续执行。

3) (擦除图标)用法介绍

在应用程序开发过程中，多个图标的内容在演示窗口中显示。这样各种内容在同一窗口中重叠显示，必将使画面凌乱不堪，所以应该及时删除不再显示的内容。

Authorware 提供了多种删除方式，如擦除图标、交互图标的删除选项和删除函数等。在实际应用过程中使用最多的还是 (擦除图标)。利用擦除图标可以删除显示图标、交互按钮、数字电影图像和声音等对象。

(1) 擦除图标的使用。

下面使用擦除图标，将一幅图片擦除，操作步骤如下。

① 首先从工具栏中将擦除图标拖到流程线上要删除图片的下方。

② 运行一遍程序出现要删除的对象后，按 Ctrl+J 键切换到流程线。按住 Shift 键的同时双击擦除图标，进入编辑状态。单击要删除的图片，图片消失表示图片已经被擦除了。

(2) 使用擦除图标时应注意的问题。

① 擦除图标只能清除某一图标的所有对象，而不能只清除其中的一部分。

② 擦除图标通常要结合其他图标一起使用，一般要放在清除对象图标的后面。若清除对象的图标不相邻，则双击要清除内容所在的显示图标。然后双击擦除图标，再回到显示图标的 Presentation Window 中单击要清除的内容。

③ 利用擦除图标可以同时清除多个图标内容。要实现该功能，只需重复几次擦除一个图标内容的操作即可。

(3) 设置擦除特效。

Authorware 为擦除提供了多种特效，这将大大丰富程序的过渡效果。双击需要设置的擦除图标，显示擦除图标属性对话框，如图 6.17 所示。

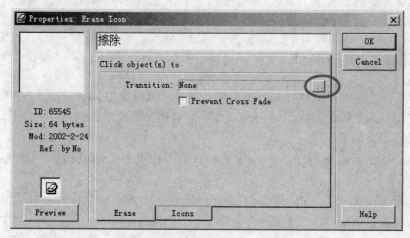

图 6.17　擦除图标属性对话框

单击 Transition 文本框右边的 ⋯ 按钮，出现 Erase Transition 对话框。在对话框左边的 Categories 栏中所列出的是所有的删除方式，右边的 Transition 是根据不同的 Categories 所列出的过渡方式(或不要过渡方式)。可将这两栏中的选项相互配合，将会得到各种不同的过渡效果，单击右下角的 Apply 按钮进行预览，确定后单击 OK 按钮退出。

4) 🎹(群组图标)用法介绍

群组图标其实就是一个程序图标的集合，双击群组图标时出现一个新设计窗口。只是该设计窗口的层次降低了一级。在 Authorware 中用 Level 的级别来表示组图标的层次关系，Level 的数字越大则说明它的层次越低。

建议多使用群组图标，即把一个程序段集中在一个群组图标中。这样使整个主程序的流程看起来更有条理，也更容易理解。操作步骤如下。

(1) 选中要组合的所有图标。按住鼠标左键框选要群组的对象，或按下 Shift 键的同时逐个单击要组合的对象。

(2) 在菜单栏中选择 Modify | Group 命令，则选中的对象被一个群组图标所代替。

(3) 单击群组图标，输入图标名称；再双击群组图标，可展开群组图标，进入第二层程序，程序设计窗口的右上角标着 Level 2。

6.2.3 菜单系统

Authorware 的菜单系统共有 11 组菜单。

File——文件菜单　　　　　　View——视图菜单

Modify——修改菜单　　　　　Control——控制菜单

Commands——命令菜单　　　Help——帮助菜单

Edit——编辑菜单　　　　　　Insert——插入菜单

Text——文本菜单　　　　　　Xtras——Xtras 菜单

Window——窗口菜单

每一组菜单都包含若干个菜单项，有些菜单项还包含子菜单项，Authorware 菜单的组织以及符号规则，与 Windows 应用程序相似。

6.2.4 简单实例的制作

下面介绍一个简单多媒体作品展示实例的制作，通过使用显示、等待、擦除、群组这几个常用的图标，了解使用 Authorware 制作多媒体作品的整个过程。

具体操作步骤如下。

(1) 启动 Authorware 程序，在 New Project 窗口中单击 Cancel 按钮，则当前为一个空白文件。

(2) 选择 Modify | File | Properties 命令，按照图 6.10 所示的文件属性对话框进行设置，单击 OK 按钮将显示窗口设为无菜单和标题栏。

(3) 选择 File | Save 命令，打开一个 Save File As 对话框，将当前文件保存为名为"多媒体作品展示"的文件。

(4) 在左侧的图标工具栏中拖动 (显示)图标至主流程线上。此时添加的图标的默认名称为 Untitled。双击 Untitled，重命名为"字幕和图片"。

(5) 双击字幕和图片的图标，打开这个显示图标中的内容。可以看到其中的内容是空的，下面要在其中添加一张图片。

(6) 单击工具栏上的 (Import)图标，并在 Import Which File 对话框中，选择所需要的图片文件后单击 Import 按钮，便可在显示窗口中插入一张图片。如果图片太大或太小，则可以通过单击图片后拖动图片的角柄，调整图片的大小以在显示窗口中满屏显示。

(7) 在字幕和图片工具栏中单击 工具，在显示窗口内单击，输入文字"欢迎使用Authorware"。选择 Text | Front 命令和 Text | Size 命令，调整文字的字体为【宋体】，大小为 24，用 Pointer 工具将文字移到合适的位置，得到如图 6.18 所示的效果。单击显示窗口右上角的关闭按钮，关闭显示窗口。

(8) 回到程序设计窗口，并在工具栏上拖动 (等待)图标至字幕和图片图标的下方，将其命名为"等待 3 秒钟"，如图 6.19 所示。同时双击该等待图标，并在等待图标属性对话框中设置 Time Limit 为 3 Seconds；取消选中 Key Press 和 Show Button 复选框，如图 6.20 所示；单击 OK 按钮退出等待属性对话框。这样，程序运行时会在不按任何按键和不显示按钮情况下，等待 3 秒后自动进入下一张图片。

6.18　显示图标中加入图片、文字

图 6.19　加上等待图标

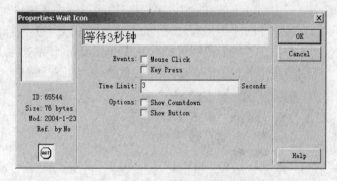

图 6.20　设置等待属性

(9)　单击工具栏上的 ▶ (Restart)按钮运行此程序，可看到如图 6.21 所示的结果。

(10) 在工具栏上拖动 📄 (擦除)图标至"等待 3 秒钟"图标的下方，将其命名为"擦除字幕和图片"，如图 6.22 所示。单击工具栏上的 ▣ 按钮，此时 Authorware 会自动运行程序并打开擦除属性对话框，如图 6.23 所示。切换到 Icons 选项卡，用鼠标在显示窗口内单击字幕和图片、文字，此时便擦除了前面的图片和文字。单击 OK 按钮退出显示窗口。

图 6.21　加上等待图标后的结果

图 6.22　加上擦除图标

(11) 在工具栏上拖动█图标至【擦除字幕和图片】图标的下方,将其命名为"Photoshop 组",双击 Photoshop 组的群组图标进入 Level 2 Photoshop 组,如图 6.24 所示。

图 6.23　设置擦除属性

图 6.24　群组图标的 Level 2

(12) 在工具栏上拖动一个█放在 Level 2 的流程线上,设置图标的名称为"Photoshop 作品文字";同时按照步骤(7)的方法,设置其中的内容为"Photoshop 作品",将文字调整到整个显示窗口的上部且居中。在主流程线上选中【等待 3 秒钟】图标,右击,选择 Copy 命令。然后在 Level 2 流程线【Photoshop 作品文字】图标的下面单击,右击,选择 Patse 命令,【等待 3 秒钟】图标就粘贴在【Photoshop 作品文字】图标的下面,如图 6.25 所示。

(13) 单击工具栏上的█按钮运行此程序,可看到如图 6.26 所示的结果。

Photoshop作品

图 6.25　Level 2 中设置显示内容和等待时间　　　图 6.26　第(11)步显示的结果

(14) 拖动工具栏上的█至 Level 2 的流程线上【Photoshop 作品文字】和【等待 3 秒钟】两个图标的下面,设置图标的名称为"Photoshop 图片 1";按照步骤(6)的方法,导入用 Photoshop 制作的图片。选择 Level 2 流程线上【Photoshop 作品文字】下面的【等待 3 秒钟】图标,右击,选择 CopyPatse 命令。在【Photoshop 图片 1】图标下面单击,右击,选择 Patse 命令可得到如图 6.27 所示的线程。

(15) 重复操作步骤(14),只是将显示图标的名称改为"Photoshop 图片 2",其内容为"用 Photoshop 制作的图片",如图 6.28 所示。

(16) 单击工具栏上的█按钮运行此程序,可看到如图 6.29 和图 6.30 所示的结果。

(17) 回到主流程线,在工具栏上拖动█擦除图标至【Photoshop 组】图标下面,将其命名为"擦除 Photoshop 内容"。单击工具栏上的█按钮,此时 Authorware 会自动运行程序并打开该图标的擦除属性对话框。单击 Icons 标签,在显示窗口中单击【Photoshop 作品文字】、【Photoshop 图片 1】、【Photoshop 图片 2】，此时便擦除了 Photoshop 组中的文字和图片，单击 OK 按钮关闭显示窗口。

图 6.27 第(14)步后的程序

图 6.28 第(15)步后的程序

图 6.29 第(15)步后显示窗口的内容

图 6.30 第(15)步后显示的内容

(18) 重复步骤(12)、步骤(14)、步骤(15)只是将【Photoshop 作品文字】图标名改为"3DS MAX 作品文字"，其输入的文字是"3DS MAX 作品"。【Photoshop 图片 1】图标名改为"3DS MAX 图片 1"，其内容是用 3DS MAX 制作的图片。【Photoshop 图片 2】图标名改为"3DS MAX 图片 2"，其内容是用 3DS MAX 制作的另一张图片，得到如图 6.31 所示的流程图。

图 6.31 步骤(18)后的程序流程图

(19) 单击工具栏上的 按钮运行此程序，可看到如图 6.32 和图 6.33 所示的结果。

(20) 回到主流程线，在工具栏上拖动 擦除图标至【擦除 3DS MAX 组】图标下面，将其命名为"擦除 3DS MAX 内容"设置，擦除属性中擦除的内容为 3DS MAX 组中的文字和图片，单击 OK 按钮。单击显示窗口右上角的关闭按钮，关闭显示窗口。

图 6.32　第(19)步后显示的内容

图 6.33　第(19)步显示的内容

(21) 在主流程线最后，从工具栏上再拖动一个显示图标，给它命名为"结束字幕"，内容为"谢谢使用本软件"，位置是整个屏幕的正中心，如图 6.34 所示。

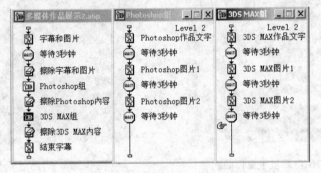

图 6.34　多媒体作品展示程序流程图

(22) 单击工具栏上的 ▣ 按钮运行此程序，最后结束时看到是无标题栏和菜单的效果图。

(23) 结果正确后单击工具栏上的【保存】按钮将此文件保存。

6.3　Authorware 6.0 的动画功能

在多媒体程序中，动画是不可缺少的媒体元素。它不仅可以直接向用户传达信息，而且使应用程序的画面更加生动有趣。

Authorware 为多媒体创作人员提供了两种形式的动画。

- 由"移动"图标实现的显示对象在平面内移动的平移动画。
- 由"数字电影"图标或通过菜单插入方式加载外部动画，用它可以实现各种复杂的动画效果。

6.3.1　移动图标简介

移动图标 ☑(Motion)是 Authorware 中的一个重要工具，使用它能非常方便地制作出简单、便捷的动画效果。从移动图标的属性对话框可以看出，移动图标属性由两部分构成：一是 Motion(运动选项卡)；二是 Layer(层选项卡)，如图 6.35 所示。其中主要的属性项如下。

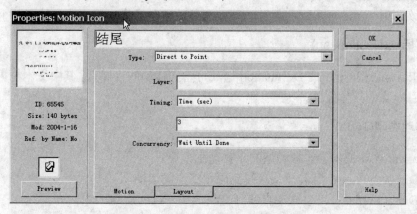

图 6.35　Motion Icon 的 Motion 选项卡

1．移动对象(Object)

在 Authorware 中，可以利用移动图标驱动显示对象在展示窗口中平行移动，产生简单的动画效果。这些显示对象既可以是显示图标代表的文本或图片，也可以是"数字电影"。如果还没有设置移动对象，可以用鼠标在展示窗中选择要移动的对象。

2．移动层面(Layer)

在 Layer 文本框中，可以输入正整数、负整数和零，作为移动对象的移动层面。在动画的演示过程中，不可避免地会出现不同显示对象之间的重叠对象。在重叠时为了决定哪个显示对象在上面，哪个显示对象在下面，以产生不同的动画效果，Authorware 提供了移动层面的概念，利用移动层面的高低来决定重叠时它们之间的关系。当两个显示对象重叠时，层面高的显示对象显示在层面低的显示对象的上面。

3．时间控制选项(Timing)

Authorware 提供两种时间的控制方法。

1)　Time(sec)

用移动显示对象所需时间来控制。在 Timing 文本框中，可以输入任何数字类型的数值、变量或表达式。例如：选择 Time(sec) 时间控制方式，然后在其下方的文本框中输入 3，意思是显示对象从起始点到终点时间是 3 秒。

2)　Rate(Sec/in)

用显示对象移动的速率(秒/英寸)来控制，即多少秒移动 1 英寸。

4．并发控制选项(Concurrency)

该列表框的选项决定 Authorware 执行该移动图标时与其他图标之间的并发关系。

1)　Wait Until Done

Authorware 在执行该移动图标时，暂停其他动作，等待该移动图标的移动完成后再执行下一个图标。

2) Concurrent

选择该选项，Authorware 在执行该移动图标的同时，执行流程线上的下一个图标。

5. 目标点(Destination)

通过 Layout 选项卡中的 Destination 选项可定义移动的目标点。其中文本框内的坐标值可以决定目标点的具体位置。

6. 移动类型(Type)

Authorware 6.0 提供了 5 种类型的平移动画效果。

- Direct to Point：沿着一条直线到固定终点的运动。
- Direct to Line：沿着一条直线到直线上任一点的运动。
- Direct to Grid：指定区域内的直线运动。
- Path to End：沿任意路径的运动。
- Path to Point：沿任意路径到指定点的运动。

6.3.2 固定终点的移动动画

固定终点的移动动画(Direct to Point)动画是移动对象从它的当前位置沿着一条直线到固定终点的直线运动。

【例 6-1】文字移动动画。

实例说明：该实例主要应用了移动图标的 Direct to Point 类型，所要达到的效果是，在一个多媒体作品的片尾移动显示创作群体。

操作步骤如下。

(1) 首先从工具栏上拖一个显示图标到主流程线上，并命名为"背景"。双击"背景"，单击工具栏上的 (Import)，并在 Import Which File 对话框中，选择所需要的图片文件后单击 Import 按钮。

(2) 在主流程线上的【背景】图标下再插入第二个显示图标，并命名为【制作群】，双击"制作群"，在展开的演示窗口输入如图 6.36 所示的文字。

(3) 将演示窗口中的文字拖曳到窗口的右面。

(4) 将一个移动图标拖到第二个显示图标的下面，命名为"移动文字"，如图 6.37 所示。

(5) 设置移动属性。按住 Shift 键的同时双击移动图标，系统弹出如图 6.38 所示的对话框。选中要移动的文字，将其移动到演示窗口的左端(也可以直接在 Layout 选项卡的 X 和 Y 的文本框中输入确定的坐标值)。选择动画类型 Type 为 Direct to Point。运行的时间 Timing 默认为 1 秒。如果觉得太短可以自行设置，单击 OK 按钮确定。

(6) 返回主流程线后，单击工具栏上的 Restart 按钮，程序开始运行。可以看到文字按照刚才拖动的结果从起始位置(右面)移动到结束位置(左面)。程序运行结束后，按 Ctrl+Q 组合键退出运行窗口，或者在运行窗口中单击 File|Quit 命令退出。运行效果如图 6.39 所示。

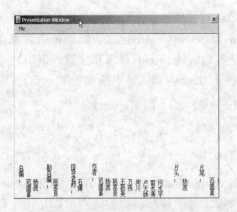

图 6.36　输入文字

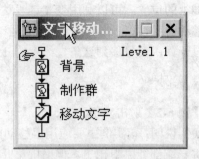

图 6.37　文字移动流程图

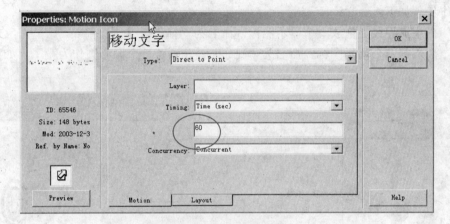

图 6.38　设置移动属性

图 6.39　运行效果

6.3.3　点到直线的动画

点到直线的动画(Direct to Line)是将对象从它当前位置移动到一条直线上通过计算得

到的点。这种类型的动画需要指定对象移动的起点和终点，以及计算对象移动到终点所依赖的直线。对象移动的起点就是该对象在演示窗口中的初始显示位置，终点是指对象在给定直线上的位置。可以利用变量或表达式控制规定直线路径上的对象和位置。例以一个小球为移动对象，如图 6.40 所示，小球运动的终点在由 base 点和 end 点所确定的一条直线上，即通过计算，对象移到这条直线上的 destination 点处。

1. 实例

【例 6-2】射击实例。

实例说明：该实例主要应用了移动图标的 Direct to Line 类型，实例所要达到的效果是，射手每一箭都能射中靶子，但射中第几环是随机的。说明移动对象的终点可以是指定直线上的任意位置。

操作步骤如下。

(1) 在主流程线上拖放一个显示图标，命名为"箭"，并画一箭头。

(2) 插入第二个显示图标，命名为"靶子"，并画若干个同心圆作为靶子，如图 6.41 所示。

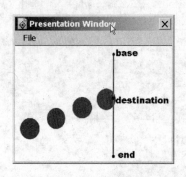

图 6.40　小球沿直线运动

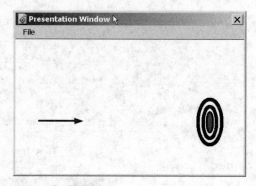

图 6.41　画箭头和靶子

(3) 插入一计算图标，命名为"射中位置 x"。双击该计算图标，输入如图 6.42 所示的内容。此表达式的含义是在 1～100 之间产生随机数，并将该数值赋给变量 x。

(4) 将一个移动图标拖到计算图标的下面，并命名为"射箭"，如图 6.43 所示。

图 6.42　射中位置 x 的设置

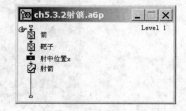

图 6.43　射击流程图

(5) 设置移动类型。按住 Shift 键的同时双击移动图标，系统弹出 Properties：Motion Icon 对话框。选择动画类型为 Direct to Line。

(6) 设置箭移动的范围。单击 Layout 标签，选中 Base 单选按钮，将箭拖放到靶子的上方；再选中 Layout 选项卡中的 End 单选按钮，将箭拖放到靶子的下方，可以看到在靶子的起点和终点位置之间产生一条直线。这条直线为箭运动的范围。箭所到的终点只能在这条直线上。

（7）设置箭移动的具体位置。选中 Layout 选项卡中的 Destination 单选按钮，在其文本框中输入变量 x，对应前面计算图标中的变量 x，系统将随机数值赋给变量 x。设置完毕后，单击 OK 按钮确定，如图 6.44 所示。

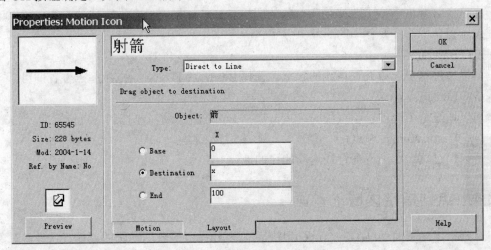

图 6.44　设置箭移动的具体位置

（8）返回主流程线后，单击工具栏上的 ▶ 按钮，程序开始运行。可以看到箭在设定的直线范围内随机运动。

2. Direct to Line 的主要参数设置

Direct to Line 中 Motion 选项卡与 Direct to Point 中的 Motion 选项卡基本相同，只是增加了一个选项 Beyond Range。下面重点介绍 Motion 选项卡中的 Beyond Range 项。

1）Motion 选项卡

Beyond Range (越界选项列表)选项介绍。

当使用变量或表达式来定义直线上的计算点或者区域中间的计算点的位置时，该点的位置有可能超出直线或者区域的范围。在这种情况下，Beyond Range(越界选项列表)给出了3 种解决办法。

（1）Stop at Ends(在终点停止)选项。

该选项用于防止把对象移动到规定的线或区域外面。例如：如果控制动画的数值、变量或表达式的值大于线或区域数值时，则对象将仅仅移动到线或区域终点位置。

（2）Loop(环路)选项。

该选项将线性路径看作其终点位置和起点位置的连接。例如：如果起点位置值为 0，终点位置值为 100，控制移动的值为 120，那么对象将移动到直线上的某个位置，该位置数值为 20=120-(100-0)。

（3）Past Ends(越过终点)选项。

选择该选项，Authorware 建立一条长度无限的线，并假定其起点位置、终点位置和数值都是线上的简单参考点。例如：如果起点值为 0、终点值为 100，而支配动画的值为 200，那么该对象的位置是在建立的路径以外的(距终点)约一倍的位置。

2） Layout 选项卡

该选项卡的选项用于设置指定的直线及移动的目标点。

(1) Object(移动对象)。

在这个区域里显示了要移动的对象的图标名称。如果还没有设置移动对象，可以用鼠标在展示窗口中选择要移动的对象。

(2) Base(起点)。

可以通过这个选项设置直线的起点。选择 Base，将移动对象拖到起点位置即可。

(3) End(终点)。

可以通过这个选项设置直线的终点。选择 End，将移动对象拖到终点位置即可。

(4) Destination(目标点)。

可以通过这个选项设置直线运动的目的地。

6.3.4　点到指定区域的动画

点到指定区域的动画(Direct to Grid)是动画点到指定区域的动画的制作，它是将对象从当前位置移动到通过计算得到的网格上的一点。其制作过程与点到直线动画的制作十分相似。二者不同之处仅仅在于：点到指定区域动画需要设置目标区域，而点到直线动画需要设置目标直线。下面用一个例子来讲解此类动画是如何设计的。

【例 6-3】踢足球。

实例说明：该实例应用了移动图标的 Direct to Grid 类型，实例所要达到的效果是表演一个足球在草地上任意滚动的动画。说明移动对象的终点可以在指定区域上的任意位置。

操作步骤如下。

(1) 首先在主流程线上插入一个显示图标，命名为"草地"，并导入一幅草地的背景图片，如图 6.45 所示。

(2) 插入第二个显示图标，命名为"足球"，并导入一幅足球图片。

(3) 插入一计算图标，命名为"目的地 x,y"。双击该计算图标，输入如图 6.46 所示的内容。此表达式的含义是在 1～100 之间产生随机数 x，y，并将该数值赋给变量 x 和 y。

图 6.45　踢足球流程线

图 6.46　给变量 x、y 赋值

(4) 设置移动类型。按住 Shift 键的同时双击移动图标，系统弹出 Properties：Motion Icon 对话框，如图 6.47 所示。在演示窗口中选择足球，选择动画类型 Type 为 Direct to Grid。

(5) 设置足球移动的范围。单击 Layout 标签，选中 Base 单选按钮，将足球拖到草地的左上角；再选中 Layout 选项卡中的 End 单选按钮，将足球拖到草地的右下角，可以看到在草地上有一个矩形区域，这个矩形区域为足球的运动范围。

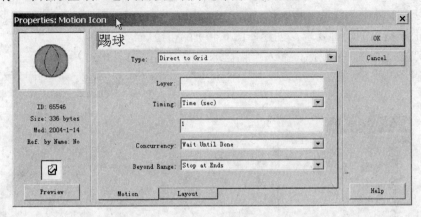

图 6.47　设置 Motion Icon 移动类型

(6) 设置足球运动的具体位置。选中 Layout 选项卡中的 Destination 单选按钮，在其文本框中输入变量 x、y，对应前面计算图标中的变量 x 和 y，系统将随机数值赋给变量 x 和 y。设置完毕后，单击 OK 按钮确定，如图 6.48 所示。

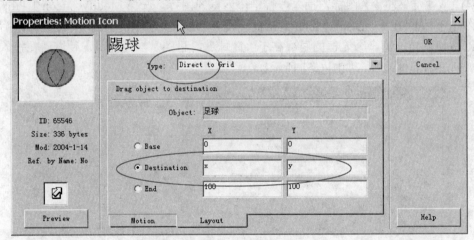

图 6.48　设置足球运动的具体位置

(7) 返回主流程线后，单击工具栏上的 ▶ 按钮，程序开始运行。可以看到足球在设定的矩形区域范围内随机运动。

6.3.5　沿任意路径到终点的动画

沿任意路径到终点的动画(Path to End)动画是指移动对象沿着任意设计的运动路线移动到终点。路径可以由直线段或曲线段组成。下面通过一个投篮的实例来说明沿路径动画的制作。

【例 6-4】投篮。

实例说明：该实例应用了移动图标的 Path to End 类型。篮球投出后的运动路径是一条

曲线，开始是沿弧线进入篮球框，然后落下，并在地面跳动。这里制作一个投篮过程的动画。该例说明可以自由设计移动对象的运动路径。

操作步骤如下。

(1) 根据提出的动画要求，创建如图 6.49 所示的流程线。

(2) 双击【球框 1】图标，插入一幅篮球架的图片，如图 6.50 所示。

图 6.49　投篮流程线

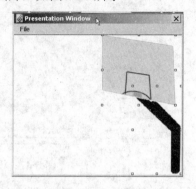

图 6.50　插入篮球架图片

(3) 双击【篮球】图标，插入一幅篮球的图片。

(4) 双击【篮框 2】图标，插入一幅半个篮框的图片。选择 Modify | Icon | Properties 命令，打开 Properties：Display Icon 对话框，设置 Layer 文本框的值为 2。设置完毕后，单击 OK 按钮确定。这半个篮框的层次高于"篮球"，目的是挡住篮球，使篮球在投入篮框时，如同进入篮框一样，如图 6.51 所示。

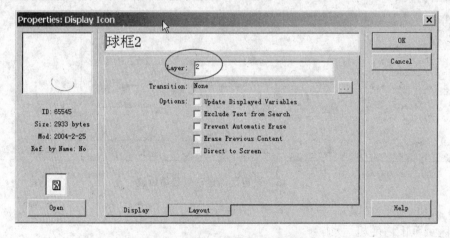

图 6.51　设置"篮球"的显示层次

(5) 双击【投篮】移动图标，在 Motion 选项卡中，选择 Type 下拉列表中的 Path to End 选项，输入运动时间为 5 秒。

(6) 单击 Layout 标签，选择篮球，此时鼠标指针下方出现一个三角标志。将对话框下移，以免遮住工作窗口，然后把篮球拖到合适的位置，松开鼠标便产生了另一个三角标志，用同样的方法产生其他的节点。这些节点连接起来就形成了运动路径，如图 6.52 所示。

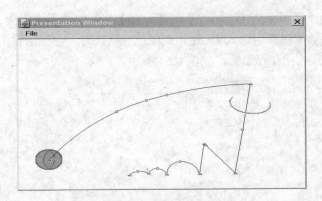

图 6.52 篮球的运动路径

(7) 双击路径上某一个三角标志，三角标志会变成图形标志。此时直线就会变为圆弧。三角代表该点两侧是用直线相连，圆形标志代表该点两侧是曲线圆滑过渡。

(8) 运行程序得到效果如图 6.53 所示。

图 6.53 运行效果

6.3.6 沿任意路径到指定点的动画

沿任意路径到指定点的动画(Path to Point)是指沿着路径将对象从当前位置移动到通过计算得到的路径上的某点。路径可以由直线段或曲线段组成，其设置与沿任意路径到终点的动画相似。二者的区别在于：沿任意路径到指定点动画可以选择路径上的任意一点作为动画的目标点，而沿任意路径到终点的动画则是被移动的对象只能沿路径一次到达终点。

【例 6-5】投篮精彩瞬间。

实例说明：引用【例 6-4】，对它进行适当的修改来制作投篮中某一精彩瞬间。该实例应用了移动图标的 Path to Point 类型。实例所要达到的效果是：拍摄篮球进框的一瞬间。该例说明移动对象的终点可以在任意路径上的任意位置。

操作步骤如下。

(1) 打开文件【例 6-4】，将它保存为【例 6-5】。

(2) 拖动一个计算图标到【篮框 2】与【投篮】之间，将其命名为"停止"。然后双击此图标，在弹出的编辑框中输入 x:=50。关闭此对话框时，会提示设定 x 变量的初始值，设定为 0。单击 Yes 按钮保存设置，如图 6.54 所示。

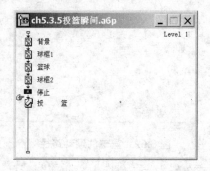

图 6.54　投篮精彩瞬间流程线

(3) 双击【投篮】图标，在 Layout 选项卡中设置动画类型为 Path to Point。然后在 Destination 文本框中输入新变量 x，单击 OK 按钮，如图 6.55 所示。

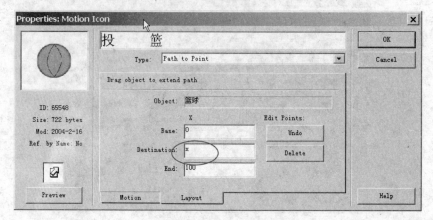

图 6.55　设置动画类型

(4) 单击【运行】按钮运行程序，也可按 Ctrl+R 键运行程序。此时，可看到篮球在路径上 x=50 位置处停止，如图 6.56 所示。

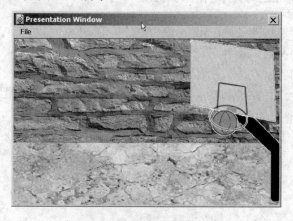

图 6.56　精彩瞬间运行效果

6.3.7　多个对象的动画设计

前面所讲的动画对象都是只有一个，在效果方面往往显得有些单调。其实 Authorware 在动画制作方面支持多个对象的同时运动。下面以三只小鸟送信为例，说明同一画面中多个对象的同时运动。

【例 6-6】小鸟送信比赛。

实例说明：该实例所要达到的效果是，三只小鸟送信比赛，比赛结束时显示比赛结果。通过层的控制，可以使多个对象同时运动，而且每个对象的运动类型可以不同。灵活地将它们组合在一起便可构成生动的平移动画画面。

操作步骤如下。

(1) 双击显示图标，用直线工具画出如图 6.57 所示的赛区。

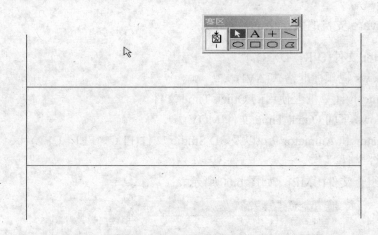

图 6.57　画赛区

(2) 拖动三个显示图标到主流程线上，并分别导入三个小鸟图片，命名为"鸟 1"、"鸟 2"和"鸟 3"。

(3) 增加 3 个移动图标，分别命名为"鸟 11"、"鸟 22"、"鸟 33"。并设"鸟 11"的动画类型为 Direct to Point、"鸟 22"的动画类型为 Direct to Line、"鸟 33"的动画类型为 Path to End。飞行时间分别设为 4 秒、5 秒、6 秒。将"鸟 11"、"鸟 22"的 Concurrency 列表框设置为 Concurrent。"鸟 33"的 Concurrency 列表框设置为 Wait Until Done。

(4) 增加一个显示图标，在展开的显示图标中输入"第一只鸟赢"的比赛结果。最终流程线如图 6.58 所示。

(5) 程序编辑完毕，运行程序。屏幕显示的效果如图 6.59 所示。

仅仅使用"移动"的图标制作出来的动画只能使显示对象在展示窗口中作二维的平移，而不能改变显示对象的大小及方向，因而不能制作出尽善尽美的动画。的确，Authorware 不具备制作复杂动画的能力。但是，作为一个优秀的多媒体制作工具，Authorware 提供了强大的多媒体制作集成功能。它不仅支持多种数字化电影的格式，还支持 GIF、Flash 等动画格式。

第一只鸟赢

图 6.58　小鸟送信流程线　　　　图 6.59　"小鸟送信比赛"运行效果

6.3.8　数字电影的加载

1. Authorware 支持的数字化电影的格式

- Director 文件(DIR，DXR)。
- Windows 视频标准格式(AVI)。
- Macintosh 计算机上使用的 Quick Time 文件。
- Windows 下的 Quick Time 文件(MOV)。
- Animator 和 Animator Pro 以及 3D Studio 文件(FLC，FLI，CEL)。
- MPEG 文件。
- 位图组合文件(BMP)，如图 6.60 所示。

图 6.60　Authorware 支持的数字化电影的格式

2. 数字电影属性设置

数字电影图标的属性 Movie Icon 对话框包含 3 个选项卡，如图 6.61 所示。下面具体进行介绍。

1)　Movie 选项卡

将一个数字电影图标拖放至流程线上，双击该图标，打开 Properties：Movie Icon(数字电影图标属性)对话框。

图 6.61　数字电影 Movie 选项卡

- 标题：设置数字电影图标的标题名。
- File 文本框：显示数字电影文件的名称与路径。
- Storage 文本框：显示数字电影文件的保存方式，有内部(Internal)和外部(External) 两种方式。它由引入的数字电影格式决定，用户不能更改。
- Layer 文本框：设置播放对象的层次，层次越高，播放画面显示越在上面。
- Mode(显示模式选项)下拉列表框：只适用于内部存储(Pics、flc 和 FLI 格式类型) 的数字电影文件，外部存储的数字电影文件的显示模式只能是 Opaque 模式。4 种 显示模式介绍如下。
    - Opaque(不透明)显示模式：播放区将全部覆盖其下面的对象。快速显示所有 的帧，没有透明的像素。使用该模式，数字电影将播放得更快一些，并且占 用较少的内存空间。
    - Transparent(透明)显示模式：将使数字电影画面中以透明颜色显示的像素点变 得不可见，而在这些像素点的位置上显示出它下面对象的内容，从而产生一 种透明的效果。对于 PICE 数字电影，默认的透明色是白色；对于 FLC/FLI 数字电影，黑色作为默认的透明色。
    - Matted(遮隐)显示模式：数字电影边缘的透明色部分被透明掉，显示下层的内 容。例如一个旋转的红色茶壶，背景色为黑色。若选择 mode 为 Matted 模式， 则运行程序时，壶四周的黑色部分被透明掉，而壶手柄中间仍为黑色。但是 如果选择 mode 为 Transparent 模式，则运行程序时，背景黑色都被透明掉。
    - Inverse(反显)显示模式：数字电影中像素点的颜色将变成它下面的对象像素点 的颜色的反色，从而生成一种反色显示效果。例如将 Authorware 的背景色设 为黑色，数字化电影背景色也为黑色。此时选择 mode 为 Inverse 模式，则运 行程序时，电影背景色变为白色。当然这种设置效果只对内部存储(pics、flc 和 FLI)格式有效。
- Options 选项组：该选项组中设有 6 个复选框。
    - Prevent Automatic Erase 复选框：防止其他图标设置的自动擦除功能。

- ◆ Erase Previous Content 复选框：执行到此图标时自动将前面内容擦掉。
- ◆ Direct to Screen 复选框：默认插入对象的层次为最高。
- ◆ Audio On 复选框：若所播放的对象中包含声音，选中此项则能够正常播放声音；否则，播放时声音被关闭。
- ◆ Use Movie Palette 复选框：使用多媒体系统本身的调色板，而不使用 Authorware 提供的调色板。
- ◆ Interactivity 复选框：允许与 Director 和 Quicktime VR 的电影文件进行交互操作。

2) Timing 选项卡

在 Timing 选项卡中，可以设置电影文件的播放条件、速度和过程等，如图 6.62 所示。

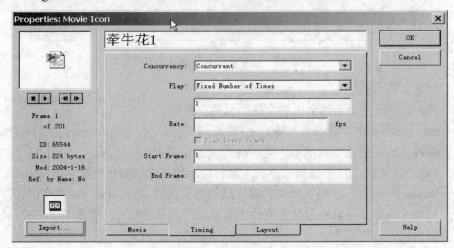

图 6.62　Timing 选项卡

- ● Concurrency 下拉列表框：设置数字电影文件的播放方式，有 3 个选项。
  - ◆ What until Done 选项：当前数字电影文件播放完成后再执行下一个图标。
  - ◆ Concurrent 选项：当前数字电影文件播放的同时执行下一个图标。
  - ◆ Perpetual 选项：Authorware 将始终监视 Play 选项中 Until True 表达式的值，当该值为 True 时，Authorware 会以设定的方式播放数字电影。例如：在其下的文本框中输入系统变量 Mousedown，则程序运行时，单击，动画的播放停止，程序执行下一个图标。
- ● Play 下拉列表框：下拉列表框中各选项功能如下。
  - ◆ Repeatedly：重复播放数字电影，直至用擦除图标将其擦掉。
  - ◆ Fixed Number of Times：选择此项，同时在下面的文本框中输入数字，可控制播放的次数。
  - ◆ Until True：当其中表达式或变量的值为真时，数字电影停止播放。
  - ◆ Only While In Motion：只有当该数字电影图标被移动时才开始播放。
  - ◆ Times/Cycle：可以用一个数字，或一个变量，或一个表达式来控制播放次数。
  - ◆ Controller Pause/Play：屏幕上将显示播放控制面板。
- ● Rate 文本框：设置数字电影文件的播放速度，也可以输入变量或表达式。

- Start Frame 文本框：设置数字电影播放的起始帧。
- End Frame 文本框：设置数字电影播放的终止帧。

3) Layout 选项卡

同显示图标属性对话框一样，也设有 Positioning 和 Movable。可参考 Properties：Image 对话框。

3. 数字电影的加载

下面介绍如何插入一个数字电影。从图标栏中拖放一个数字电影图标 ▦(Digital movie) 到流程线上，双击该图标，在打开的数字电影图标属性对话框中，单击 Import 按钮，弹出 Import which file?对话框；在搜寻下拉列表中选择文件夹或驱动器，然后在文件列表中选择所需文件；最后单击 Import 按钮将所选文件插入。下面通过一个具体的实例说明数字电影是如何加载的。

【例 6-7】牵牛花开了。

实例说明：该实例不仅说明了数字电影的加载方法，并通过显示模式的控制，实现对动画背景显示情况的控制。实例所要到达的效果是：两朵牵牛花同时开放，但由于数字电影文件格式的不同、显示的模式不同，表现出不同的效果。

操作步骤如下。

(1) 在主流程线上加入一个显示图标，命名为"背景"，导入一张背景图片。

(2) 加入一个电影图标，命名为"牵牛花 1"。双击【牵牛花 1】图标，单击 Import 按钮，导入"牵牛花 1.avi"。

(3) 再加入一个电影图标，命名为"牵牛花 2"。双击【牵牛花 2】图标，单击 Import 按钮，导入"牵牛花 2.flc"，如图 6.63 所示。

图 6.63　牵牛花流程线

(4) 设置"牵牛花 1"的 Movie 属性，如图 6.64 所示。

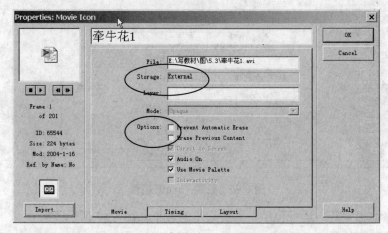

图 6.64　"牵牛花 1"的 Movie 属性

其中各选项设置如下。

- 设置 Storage 为 External(外部格式)。

● 设置 Mode 为 Opaque(不透明)。

(5) 设置"牵牛花 2"的 Movie 属性,如图 6.65 所示。

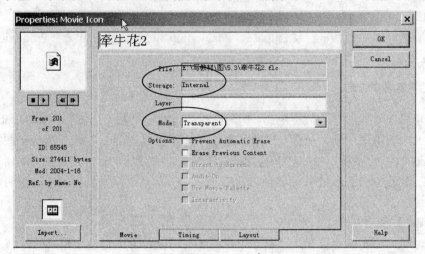

图 6.65 "牵牛花 2"的 Movie 属性

其中各选项设置如下。

● 设置 Storage 为 Internal(内部格式)。

● 设置 Mode 为 Transparent(透明方式)。

(6) 设置 Timing 属性如图 6.66 所示。Concurrency 为 Concurrent(同时),即两个数字电影可以同时播放;设置 Play 为 Fixed Number of Times=1,表示数字电影只播放一次。

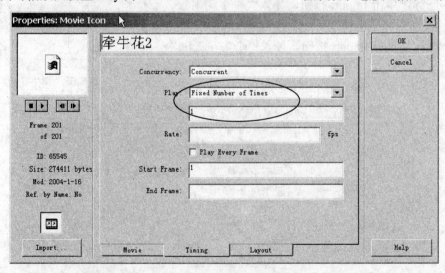

图 6.66 设置 Timing 属性

(7) 程序编辑完后,运行程序。屏幕显示的效果如图 6.67 所示。

从程序的运行结果可以看出,Authorware 引入的 avi 格式数字电影是外部格式,默认为不透明方式,且不能更改。而引入的 flc 格式是 Authorware 的内部格式,可以设置其显示方式。

图 6.67 数字电影效果图

6.3.9 其他动画文件的加载

Authorware 除了由数字电影图标加载 avi、flc、mov、dir 等格式的动画文件外，还可以通过菜单插入方式加载 Flash、gif 等格式的动画文件。加载方法如下。

在 Authorware 中插入 SWF、GIF 动画文件很简单，只要使用 Insert | Media | Flash 命令或 Insert | Media | Animated GIF 命令就可很方便地插入 Flash 的 SWF 或 GIF 文件，如图 6.68 所示。

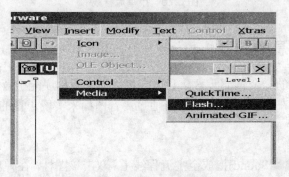

图 6.68 加载 Flash 动画

【例 6-8】三只会飞的小鸟。

实例说明：通过修改【例 6-6】，让三只小鸟飞起来。用以说明 gif 动画的加载方法。

操作步骤如下。

(1) 打开【例 6-6】，删除三个显示图标【鸟 1】、【鸟 2】和【鸟 3】。

(2) 加入 GIF 动画。选择 Insert | Media | Animated GIF | Browse 命令分别导入三个小鸟动画图片(GIF 格式)，如图 6.69 所示。

(3) 程序编辑完毕，最终流程线如图 6.70 所示。

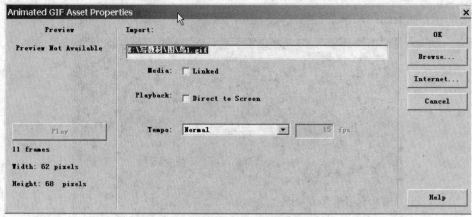

图 6.69　加载 GIF 动画

图 6.70　小鸟流程线

6.3.10　声音信息的加载

声音是多媒体中的一个重要元素，利用它可以为应用程序配上背景音乐和解说词，使作品更富有感染力。在 Authorware 中，可通过声音图标来实现声音的加载和控制。

1. 声音的加载

将一个声音图标  (Sound)拖放至主流程线上。双击该图标，在弹出的【声音图标属性】对话框中选择 Import 按钮，打开 Import which file?对话框，在其文件列表中搜寻所需的声音文件。选择声音文件，然后单击 Import 按钮便可将声音文件加载。

【例 6-9】给"牵牛花开了"加上伴奏音乐。

实例说明：通过为【例 6-7】加载背景音乐来说明如何给动画加载声音。

操作步骤如下。

(1) 将一个声音图标拖放至主流程线的背景之下，并命名为"背景音乐"，如图 6.71 所示。

(2) 双击该图标，在弹出的 Properties：Sound Icon 声音图标属性对话框中，单击 Import 按钮，搜寻所需的声音文件并导入。

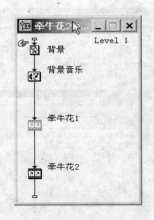

图 6.71　加载背景音乐流程线

2. 声音的属性设置

加载声音文件后，在对话框中切换到 Timing 选项卡，如图 6.72 所示。

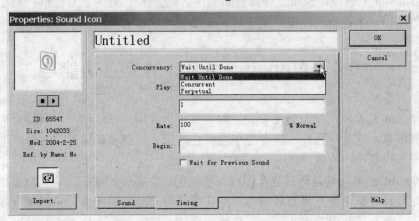

图 6.72　设置 Sound Icon 声音属性

- Concurrency(同时性)下拉列表框：其中 3 个选项的作用如下。
  - ◆ Wait Until Done(等待至完成)：当前声音被播放完毕后，执行下一个图标的内容。
  - ◆ Concurrent(同时)：伴随声音文件的播放，同时执行流程线上下一个图标的内容。
  - ◆ Perpetual(永久)：选择此项，声音文件永远处于等待状态。Authorware 判断 Begin 文本框内的条件，当其值为真时，开始播放。
- Play(播放)下拉列表框：其中的选项用于设置播放次数和播放条件，如图 6.73 所示。其中各选项说明如下。
  - ◆ Fixed Number of Times(固定播放次数)：选择此项，在其下面的文本框内可输入声音文件播放的次数。
  - ◆ Until True(直到条件满足)：选择此项，Authorware 将不断地播放声音，直到 Begin 文本框中的播放条件为真。

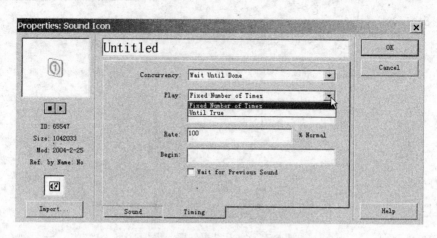

图 6.73　设置播放次数和播放条件

- Rate(速率)文本框：数字为 100 时，声音按正常速率播放；小于 100 时，声音的播放速率变慢；大于 100 时，声音的播放速率变快。
- Wait for Previous Sound(等待前面的声音)复选框：选中该复选框，Authorware 将等待前一个声音文件播放完毕后，才播放此声音文件。

6.4　Authorware 6.0 的交互功能

Authorware 具有双向信息传递方式，即不仅可以向用户演示信息，同时允许用户向程序传递控制信息，这就是所说的具有交互性。它改变了只能被动接受的局面，可以通过键盘、鼠标等来控制程序的运行。

Authorware 的交互性是通过交互图标来实现的，它不仅能够根据响应，选择正确的流程分支，而且具有显示交互界面的能力。交互图标与前面的图标最大的不同点就是：它不能单独工作，而必须和附着在其上的一些处理交互结果的图标一起才能组成一个完整的交互式的结构。另外，它还具有显示图标的一切功能，并在显示图标的基础上增加了一些扩展功能，如能够控制响应类型标识的位置和大小。

当 Authorware 遇到交互图标时，就在屏幕上显示交互图标中所包含的文本和图像，然后就停下来等待响应。作出响应后，Authorware 就将该响应沿着交互流程线发送出去，并判断响应是否与某个目标响应相匹配。如果找到一个匹配项，则程序流程转向该分支并执行对应的图标。

6.4.1　交互的创建及属性设置

1. 交互的创建

在 Authorware 中，实现交互功能是很方便的，可通过交互图标在程序中加入交互性。操作步骤如下。

(1) 把交互图标拖放到流程线上预定的位置。

(2) 交互图标本身并不提供交互响应功能，为了实现交互功能还必须再拖动其他类型的图标(如显示图标、群组图标等)到交互图标的右边。注意：一定要把该群组图标放置在交互图标的右边，而不能放置在其下边；否则，群组图标就会出现在流程线的主干上。当释放鼠标左键时，系统会弹出一个对话框，如图 6.74 所示。

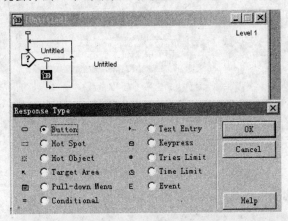

图 6.74　Response Type(交互图标响应类型)对话框

(3) 在弹出的 Response Type 对话框中选择程序中需要的响应类型，默认情况下是 Button(按钮)。确定后单击 OK 按钮，就可将一个群组图标添加到交互图标的右边。从对话框中可以看出，Authorware 提供了 11 种交互响应方式，包括按钮(Button)、热区(Hot Spot)、热对象(Hot Object)、目标区域(Target Area)、下拉式菜单(Pull-down Menu)、条件(Conditional)、文本输入(Text Entry)、按键(Keypress)、尝试限制(Tries Limit)、时间限制(Time Limit)和响应(Event)等方式。在对话框中的每种响应类型单选按钮左边都有一个标识图案，称它为响应类型标识符。应记住这些标识符，因为在流程线上所看到的都是这种标识符，而不会看到 Button 这样的文字说明，并且在 Response Type 对话框中选择不同的单选按钮时，流程线上的交互响应标识符也会发生同步的变化。

2. 交互的属性设置

1) 交互的反馈分支类型

交互程序中一般使用 3 种反馈分支类型：Try Again、Continue 和 Exit Interaction，如图 6.75 所示。

● Try Again 分支类型：程序流向将在分支结构中等待执行另外一个响应。

● Continue 分支类型：程序流向沿原路返回，期待下一响应。

● Exit Interaction 类型：执行完分支中内容后，程序退出交互，返回到主流程线，执行交互图标的下一个图标。

2) 交互图标属性设置

将一个交互图标拖放到设计窗口的主流程线上，然后选中交互图标，单击 Modify | Icon | Properties 命令，将交互图标的属性对话框打开。交互图标属性对话框中有 3 个选项卡，下面分别进行介绍。

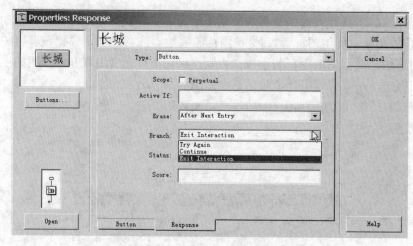

图 6.75　Branch 交互的反馈分支类型

(1) Interaction 选项卡的选项设置如图 6.76 所示。

图 6.76　Interaction 选项卡

- Erase(擦除)下拉列表框：提供 3 种擦除方式。
  - Upon Exit(退出后)：退出该交互图标后，将交互图标中的显示内容擦除。
  - After Next Entry(进入下一个分支后)：用户给出响应后，Authorware 在进入下一分支后擦除交互图标中的内容。
  - Don't Erase(不擦除)：不擦除该文本框交互图标中的内容，除非使用擦除图标。
- Erase Transition(擦除过渡方式)文本框：单击该项后面的■按钮，可以决定 Authorware 在擦除交互图标显示对象时所采用的擦除方式。
- Options 选项组
  选中 Pause Before Exiting 复选框，则程序执行完交互图标后，会暂停下来，以便看清屏幕上的显示内容，然后可按任意键继续执行。若同时选中 Show Button 复选框，屏幕上会显示一个 Continue 按钮，选择它也可以继续执行程序。
- (2) Display 选项卡可用于设置交互图标的显示方式，如图 6.77 所示。

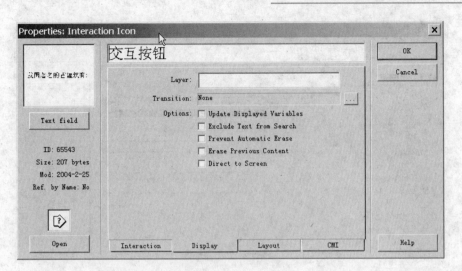

图 6.77　Display 选项卡

- Layer 文本框：使用层次输入框给交互图标分配一个显示层次，来决定该交互图标的显示位置。
- Options 选项组：共有 5 个复选框。
    - Update Displayed Variables：如果屏幕上有被显示的变量，Authorware 将保持监视该变量。当变量值发生变化时，Authorware 将把这种变化随时反映在屏幕上。
    - Exclude Text from Search：若设置了一个文字查找，系统将屏蔽本图标内的文本对象。
    - Prevent Automatic Erase：防止其他分支中设置的自动擦除功能将交互图标的内容擦掉。
    - Erase Previous Content：擦除前面的所有显示内容。
    - Direct to Screen：直接写屏，其中的内容将覆盖前面的内容。即系统为该图标的显示对象设置最高显示层次。
(3) Layout 选项卡用于设置交互图标中显示对象的位置和移动属性。
- Positioning 下拉列表框：共有 4 个选项，如图 6.78 所示。
    - No Change：总是在目前所在的位置出现。
    - On Screen：可能出现在屏幕上任意地方。此时选项卡下部分的 Base、Initial 和 End 三个选项只有 Initial 可选，通过其下的 X、Y 文本输入框可设置显示对象中心点的位置。
    - On Path：显示对象会出现在预定轨迹上起点和终点间的某一点上。通过拖动交互图标中的显示对象，设定一条路径，再通过 Base、Initial 和 End 选项的文本框确定显示对象的具体位置。
    - In Area：显示对象会出现在预定区域中的某一点上。设定方法类同于 On Path。

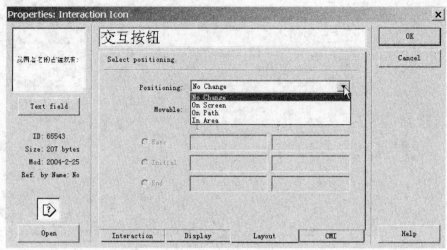

图 6.78　Positioning 下拉列表框选项

- Movable 下拉列表框：系统提供了 4 种可移动方式，如图 6.79 所示。
  - ◆ Never：对象不可移动。
  - ◆ On Screen：可在屏幕上任意移动。
  - ◆ Anywhere：对象移动可超出屏外。

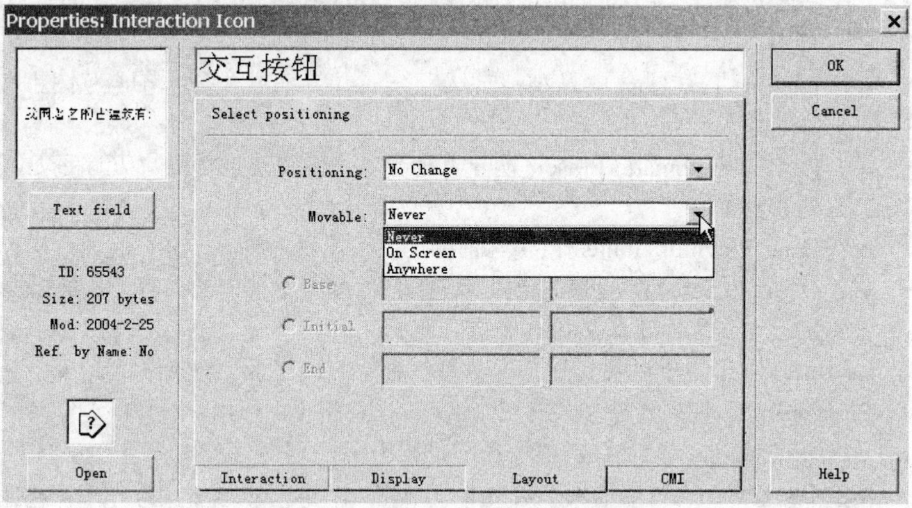

图 6.79　Movable 下拉列表框选项

6.4.2　按钮响应及实例

按钮响应是最基本的交互形式。它是通过对按钮的单击或双击而触发响应的交互形式，使用最为广泛。这里通过一个实例介绍按钮响应的建立、设置等。

【例 6-10】考考你 1。

实例说明：在各种多媒体课件中，利用按钮与用户交流是最常用的方式。本例所要达到的效果是：用户通过按钮回答系统提供的单项选择题。

操作步骤如下。

(1) 新建一个文件，并在主流程线上拖放一个交互图标。

(2) 拖放三个群组图标到交互图标的右侧，并分别命名为"长城"、"金字塔"、"长江"。随后屏幕上弹出 Response Type 对话框，选中 Button 单选按钮，完成按钮响应类型的设置。

(3) 双击此分支的响应类型标识符，弹出 Properties：Response 对话框。

(4) 单击 Buttons 按钮，弹出 Buttons 对话框，在 Preview 列表框中将显示按钮的样式，如图 6.80 所示。

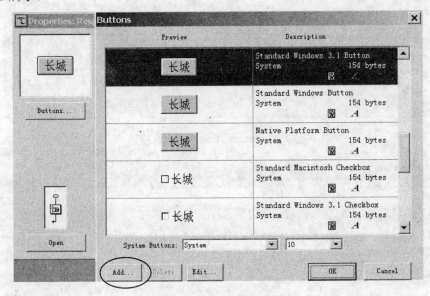

图 6.80　显示按钮的样式

(5) 选择 Preview 列表框中所列的按钮即可。如果想加入自定义的按钮，可单击 Add 按钮，打开 Button Editor 对话框。在 State 选项组中选择 Up 选项，此选项用于未把鼠标移至按钮上方时的按钮状态。单击 Graphic 下拉列表框右侧的 Import 按钮，可从外部插入一个图片作为 Up 状态时的按钮。在 State 选项组中选择 Down 选项，此选项用于把鼠标按下时按钮的按钮状态。在 State 选项组中选择 Over 选项，此选项用于把鼠标移至按钮上方时的按钮状态。以上的设置完成后，单击 OK 按钮确定，如图 6.81 所示。

(6) 在 Properties：Response 对话框的 Button 选项卡中，单击 Cursor 旁的▦按钮，弹出 Cursor 对话框，选择手型的鼠标指针，单击 OK 按钮。在程序运行时，当鼠标指针移至该按钮上方时，就会变为手型，如图 6.82 所示。

(7) 单击 Properties：Response 对话框的 Response 标签，在其选项卡中选中 Perpetual 复选框，则定义的按钮在整个文件中都有效。此时可拖动该按钮到合适的位置。

(8) 设置各按钮下群组图标的内容，如图 6.83 所示。

(9) 将程序保存，最终流程图如图 6.84 所示。

(10) 运行程序，效果如图 6.85 所示。

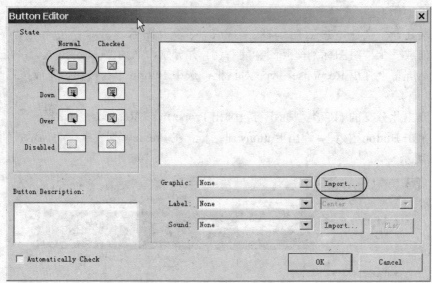

图 6.81　Button Editor 自定义按钮

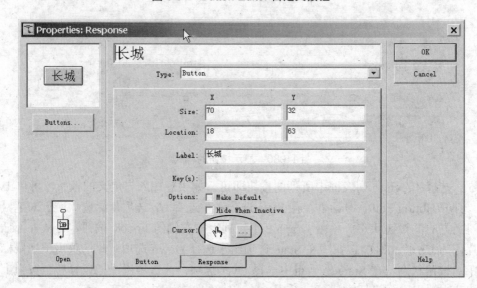

图 6.82　定义鼠标指针

图 6.83　定义群组图标的内容

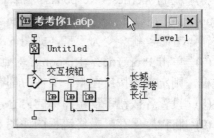

图 6.84　"考考你 1"流程图

图 6.85　"考考你 1"效果图

6.4.3　热区响应及实例

Hot Spot(热区)响应是将鼠标移到展示窗口的某一块矩形区域中，或者单击、双击该区域，因而触发响应条件。这种交互形式称为热区响应。图 6.86 是 Authorware 6.0 的界面图。下面通过实例来学习 Hot Spot(热区响应)的创建和设置。

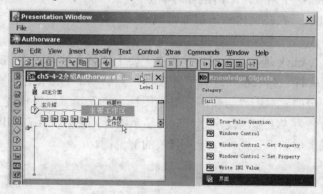

图 6.86　Authorware 6.0 的界面图

【例 6-11】介绍 Authorware 窗口。

实例说明：本实例应用了 Hot Spot(热区响应)交互功能。实例所要表现的效果是：当将鼠标指针移动到相应的部位时，就会触发响应，展示窗口中弹出介绍该区域功能的文字，显示该区域名称和功能。

操作步骤如下。

(1) 创建一个新文件，拖放一个显示图标到主流程线上，并导入 Authorware 窗口的图片文件。

(2) 创建交互结构，依次拖放六个群组图标到交互图标的右侧，分别命名为"标题栏"、"菜单"、"常用工具"、"工具箱"、"工作区"和"知识窗口"。

(3) 设置热区。双击响应类型标识符，弹出 Properties：Response 对话框，在 Type 下拉列表框中，选择 Hot Spot 选项。

(4) 在 Properties：Response 对话框的后面的演示窗口中出现一个矩形区域，即热区。此热区在程序运行时是不可见的。热区的大小可用鼠标按住选择句柄调整，热区位置可按住矩形区域拖动设置，将热区拖放到相应区域上，如图 6.87 所示。虚线框区域为"主要工作区"的热区。

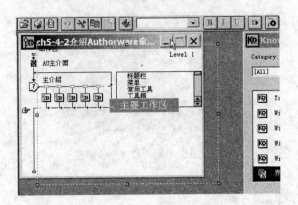

图 6.87　定义热区

(5) 设置响应属性。选择 Hot Spot 选项卡的 Match 下拉列表框,选择其中的选项可设置与热区所匹配的鼠标动作。这些选项分别如下。

● Single-click:在热区内单击鼠标时响应。

● Double-click:在热区内双击鼠标时响应。

● Cursor in Area:光标移到热区内时响应。

在此选择 Single-click 选项,当鼠标单击"主要工作区"时响应。单击 Cursor 右侧的 按钮,弹出鼠标指针样式列表框,选择手型指针,然后单击 OK 按钮,完成设置。

(6) 创建响应画面。双击"工作区"群组图标,进入第二级流程线。在流程线上拖放一个显示图标,命名为"工作区提示"。双击显示图标,输入文字,如图 6.88 所示。还可以在第二级流程线上增加声音图标,导入有关的解说词。

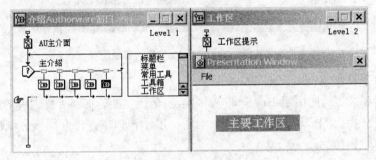

图 6.88　定义热区响应画面

(7) 创建其他交互分支内容。方法同上。结果如图 6.89 所示。

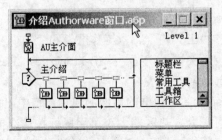

图 6.89　交互分支内容

(8) 保存文件。运行结果如图 6.86 所示。

6.4.4 Hot Object(热对象)响应及实例

Hot Object(热对象)响应是将鼠标指针移到展示窗口的某一显示对象上时，或者单击、双击该对象，因而触发响应条件。这种交互形式称为热对象响应。下面通过编制"认识动物"这个实例介绍热对象响应的应用。

【例 6-12】认识动物。

实例说明：在本例中，将光标移到如图 6.93 所示的动物上，演示窗口就会出现该该动物的名称和简要说明。该实例应用了 Hot Object(热对象)响应的交互功能。

操作步骤如下。

(1) 在主流程线上依次加入 4 个显示图标，并分别命名为"企鹅"、"鸡"、"豹"、"鱼"，并为各显示图标插入相应的动物图片。然后，将它们全部选中，选择 Modify | Group 命令将它们群组，命名为"动物"，如图 6.90 所示。

(2) 在主流程线上拖放一个交互图标，然后依次拖放四个群组图标到交互图标的右侧，分别命名为"企鹅"、"鸡"、"豹"和"鱼"。

(3) 双击"企鹅"群组图标。拖放一个显示图标，使用绘图工具箱中的文本工具，直接创建提示性文字。按 Ctrl+M 键，在弹出的对话框中选择 Transparent 模式，如图 6.91 所示。

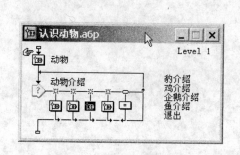

图 6.90 认识动物主流程图

图 6.91 选择 Transparent 模式

(4) 再拖放一个声音图标，命名为"企鹅解说词"，导入企鹅解说词的声音文件。

(5) 按 Ctrl+R 键运行该程序，当运行到交互图标的第一个分支时，系统会自动弹出 Properties:Response 对话框。

(6) 在 Type 下拉列表框中选择 Hot Object 选项，单击屏幕上的企鹅，此时对话框左端预览框中出现企鹅的图片，如图 6.92 所示。

(7) 选择 Match 下拉列表框中的 Cursor on Object 选项，使鼠标指针移至热对象上方时便可响应。单击 Cursor 右侧的 按钮，弹出 Cursors 对话框，选择手型鼠标指针。

(8) 单击 Response 标签，选择 Erase 下拉列表中的 before next Entry 选项，选择 Branch 下拉列表框中的 Try Again 反馈类型。设置完毕后，将文件保存。

(9) 运行程序，当鼠标指针移至热对象上方时，指针形状变为手型，在屏幕上显示出提示信息，并伴随有关动物的解说声音。例如将鼠标指针移至企鹅的上方时，显示出"企鹅"的提示信息，如图 6.93 所示。

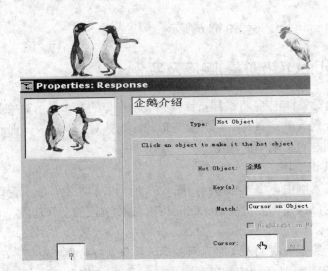

图 6.92 Hot Object 交互类型

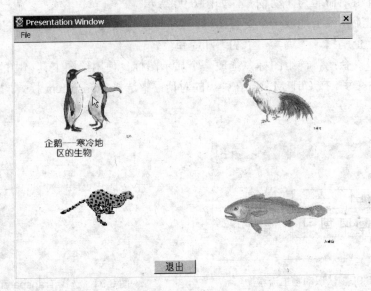

图 6.93 运行结果

6.4.5 Target Area(目标区域)响应及实例

Target Area(目标区域)响应是通过拖放对象到预定区域而发出的交互响应。该响应类型和变量结合时,可根据拖动操作的正确与否决定系统和流程的反应。即:如果对象被拖放到正确目标区,Authorware 自动将该对象放置在目标区域的中央;如果对象拖放的位置不正确,则对象自动返回到拖动前的位置。

【例 6-13】五子棋。

实例说明:在本例中,轮到执黑棋子下了,如果将棋子拖放到正确位置,棋子自动对齐到目标区域的中央,并显示文字"正确,好样的!"。如果拖放位置不正确,则对象自动返回到拖动前的位置,并显示"你输了!"。该实例主要应用了 Target Area 交互。

操作步骤如下。

(1) 在主流程线上加入一个显示图标,并命名为"棋盘"。双击显示图标,使用绘图工具箱,绘制如图 6.94 所示的棋盘。为方便绘制,可单击 Wiew | Grid 命令打开网格。

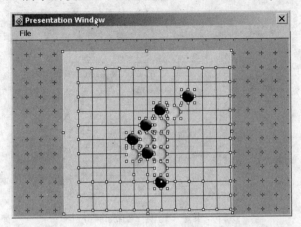

图 6.94　绘制棋盘

(2) 在主流程线上再加入一个显示图标,并命名为"棋子"。双击显示图标,使用绘图工具箱,在棋盘右上角绘制一个棋子。注意:棋子是要移动的对象,不要画在"棋盘"层,必须设一个独立的层。

(3) 在主流程线上加入一个交互图标,并在其右侧拖放两个显示图标,设定交互类型为 Target Area(目标区域)响应,如图 6.95 所示。

(4) 设定"正确"图标的响应区域。双击"正确"图标的响应类型按钮,弹出响应属性对话框。选择棋子图片作为移动的对象。屏幕上的虚线矩形自动移至如图 6.96 所示的位置。然后调节虚线矩形的大小即可定义目标区域的大小。

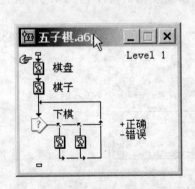

图 6.95　五子棋流程图

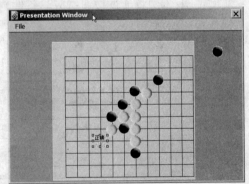

图 6.96　设定"正确"目标区域

(5) 在 On Drop 下拉列表框中选择 Snap to Center 选项,使对象在被拖放到正确目标区时,Authorware 自动将该对象放置在目标区域的中央。

(6) 单击 Response 标签,选择 Status 下拉列表框中的 Correct Response 选项,即定义刚才的目标区域为正确响应。

(7) 设定"错误"图标的响应区域。设置所要移动的对象为任何物体,调整虚线矩形至满屏，如图 6.97 所示。在 On Drop 下拉列表框中选择 Put Back 选项，表示对象放置错误时自动返回。

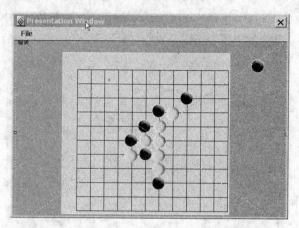

图 6.97　设定"错误"图标的响应区域

(8)　单击 Response 标签，选择 Status 下拉列表框中的 Wrong Response 选项。

(9)　保存并运行程序。当对象棋子被拖到正确目标区时，Authorware 自动将该对象放置在目标区域的中央；当对象棋子被拖到其他区域时，则自动返回到原位置。

6.4.6　Conditional(条件)响应及实例

条件响应与前面介绍的交互类型不同，它一般不是直接通过某种操作来实现交互，所以通常不单独使用，而是与其他交互响应配合使用，当条件满足时触发响应。

【例 6-14】考考你 2。

实例说明：本例将通过按钮响应与条件响应的结合，实现测试软件中多项选择题的制作。
操作步骤如下。

(1)　打开"考考你 1"文件，在交互图标的最右侧，增加一个群组图标。设置其响应类型为 Conditional。其流程图如图 6.98 所示。

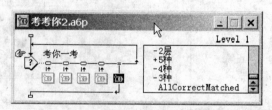

图 6.98　"考考你 2"流程图

(2)　在 Condition 文本框中输入一系统变量 AllCorrectMatched，选择 Automatic 下拉列表框中的 When True 选项。当所有选题正确时，此图标将会产生响应，如图 6.99 所示。

(3)　单击 Response 标签，选择 Branch 下拉列表框中的 Exit Interaction 选项，如图 6.100 所示。即执行完该分支内容后，程序退出交互。

(4)　双击此群组图标，进入第二级流程线。拖放一个显示图标，内容为文字"pass"，一个等待图标，设置等待时间为 1 秒，一个计算图标，内容为："quit()"，表示已通过考试，退出程序。

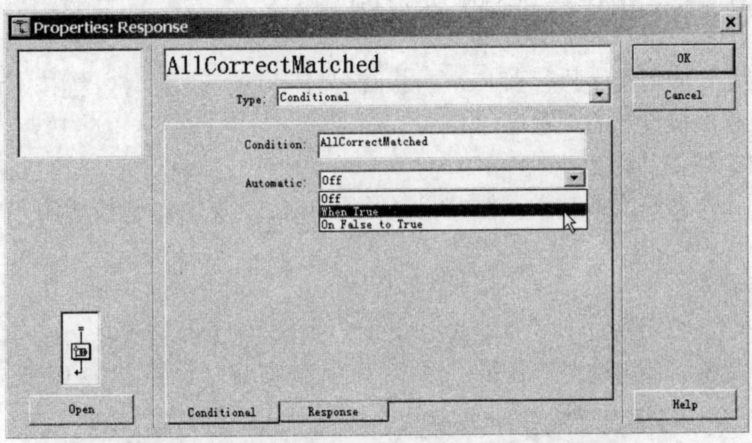

图 6.99 设置 Condition 和 Automatic 选项

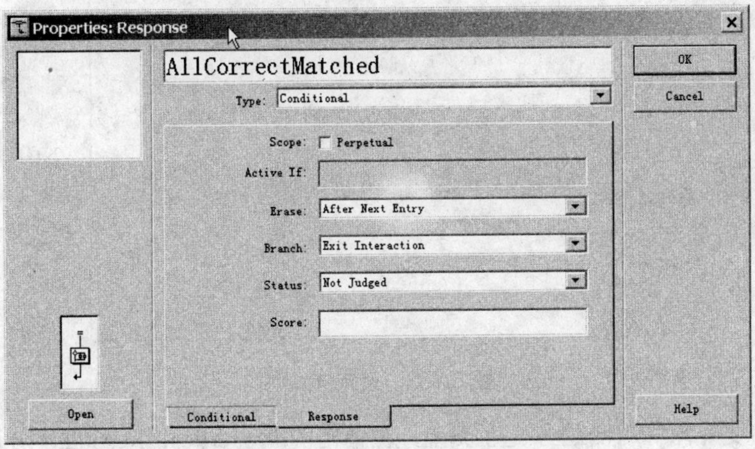

图 6.100 设置 Branch 分支选项

(5) 将程序保存。程序执行效果如图 6.101 所示。

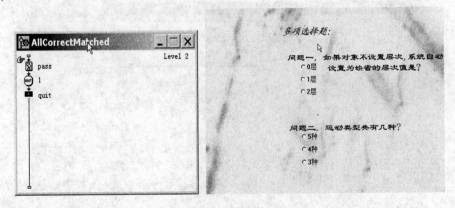

图 6.101 程序执行效果

6.4.7 Key Press(键盘)响应及实例

键盘响应是指应用程序执行到 Key Press(键盘)交互响应时暂停，等按下设定好的键，作出响应后，程序按设定的流程运行。

【例 6-15】认识动物 2。

实例说明：本例是媒体教学软件中经常用到的出题形式，通过按键的方式选择正确的答案。

操作步骤如下。

(1) 打开"认识动物 1"文件，双击群组图标【动物】，拖放一个显示图标到流程线上。双击显示图标，使用绘图工具箱，在其中输入选择项，如图 6.102 所示。

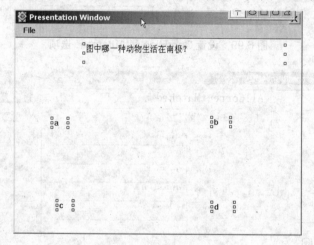

图 6.102　设定选择项

(2) 双击交互图标右侧的各交互类型，在弹出的 Properties：Response 对话框中，选择 Keypress 响应类型。其中，"企鹅"的 key 值为 a；"鸡"的 key 值为 b；"豹"的 key 值为 c；"鱼"的 key 值为 d，如图 6.103 所示。

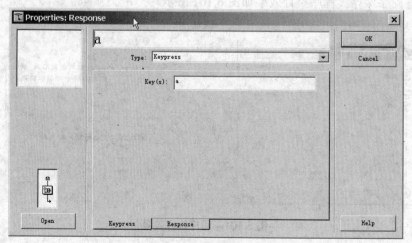

图 6.103　设定 key(键值)

(3) 设置响应。设定"企鹅"的 Status 为 Correct Response(正确响应)，其他的均设定为 Wrong Response(错误)响应，如图 6.104 所示。

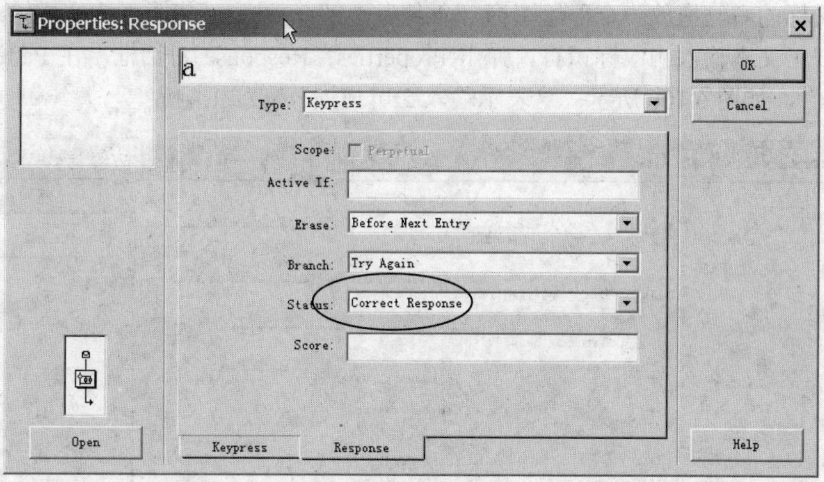

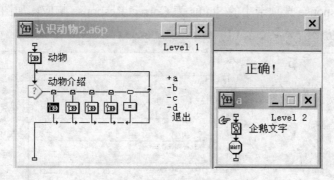

图 6.104 设置响应

(4) 设定按键盘上字母键时的响应内容。在群组 a 的二级流程线上拖放一个显示图标，双击显示图标，使用绘图工具箱，在其中输入响应正确时的显示内容，如图 6.105 所示。在其他群组的二级流程线上也拖放一个显示图标，双击显示图标，使用绘图工具箱，在其中输入响应错误时的显示内容。

图 6.105 "认识动物 2"流程图

(5) 将程序保存。运行程序，当出现选择目录时，按 A 键，系统就会作出响应显示【正确】。按其他键系统作出的响应显示是【错误】。

6.4.8 Text Entry(文本输入)响应及实例

Text Entry 响应是通过从键盘输入文本决定程序的流向。Text Entry 响应经常用于制作多媒体课件的填空题及程序开始运行时的用户名和密码检测等。

【例 6-16】填空题。

实例说明：本例是制作一个简单的数学自测题，当输入的答案正确时，系统显示"正确"；否则显示"错误"。

操作步骤如下。

(1) 拖放一个显示图标，命名为"题目"，并加入相应的问题。再拖放一个交互图标，并在交互图标的右侧拖放一个群组图标，命名为"5"，设定响应类型为文本输入响应。

(2) 双击文本输入响应标识符，弹出 Properties：Response 对话框，在 Pattern 文本框内输入"5"，如图 6.106 所示。这表示输入 5 可使该分支产生响应。

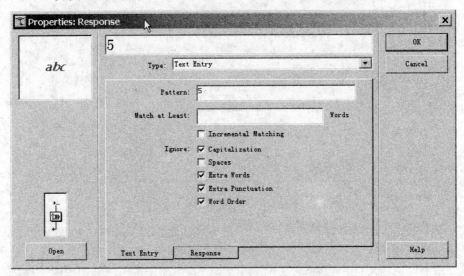

图 6.106　Text Entry 选项卡设置

(3) 设置 Response 选项卡中的 Status 为 Correct Response 响应，如图 6.107 所示。

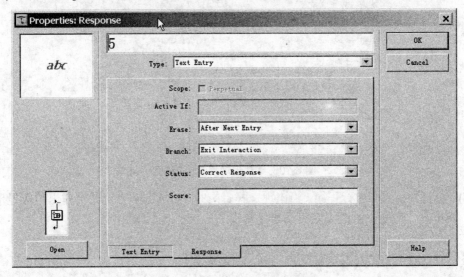

图 6.107　Response 选项卡设置

(4) 在交互图标的右侧再拖放一群组图标，命名为"*"，并设定响应类型为文本输入响应。在响应属性对话框中的 Pattern 文本框内输入"*"，表示当输入任何字符时均可使该分支产生响应。

(5) 双击交互图标，屏幕上将出现一个文本框，再双击文本框打开 Properties

Interaction：Text Field 对话框，调节四周的句柄可改变文本框的大小，拖动文本框可调整其位置。单击 Interaction 标签，取消选中 Entry Marker 复选框，可将文本框前的显示文本输入标记 ▶ 去掉，如图 6.108 所示。

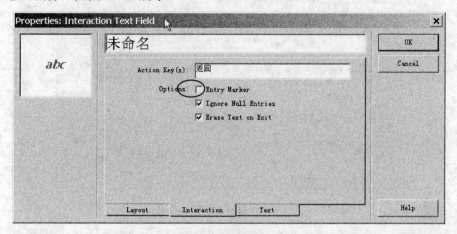

图 6.108　去掉文本框前的显示文本输入标记

（6）将程序保存为"填空题"。运行程序。当输入 5 时，分支响应，显示"答对了"；当输入其他值时，分支响应，显示"答错了"。最终流程图如图 6.109 所示。

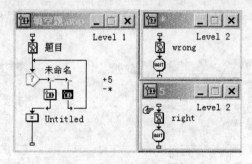

图 6.109　"填空题"流程图

6.4.9　Time Limit(时间限制)响应及实例

程序员通过 Time Limit 响应限制交互的时间。当设定的时间用完，程序就会触发时间限制响应。

【例 6-17】限时完成密码的输入。

实例说明：本例是在登录时，要求在一定的时间内输入密码，当在限时内密码输入正确时，系统显示"您为合法用户"；否则显示提示信息"超过时间，您不是一个合法用户！"。

操作步骤如下。

（1）拖放一个交互图标，并在交互图标的右侧拖放一群组图标，命名为"限时 10 秒"，并设定响应类型为时间限制响应。

（2）双击时间响应类型标识符，弹出 Properties：Response 对话框。在 Time Limit 文本框中输入时间为 10 秒。在 Interruption 下拉列表框中选择 Continue Timing 选项。选中

Show Time Remaining 复选框，在左端的预览框中将出现一个小时钟，用来显示剩余时间，如图 6.110 所示。

图 6.110　时间响应属性设置

（3）在"限时 10 秒"图标的右侧再拖放两个群组图标，设置分支的响应类型为文本输入响应。方法与【例 6-16】相同。

（4）设定交互图标下各群组的内容，如图 6.111 所示。

（5）保存程序。程序运行时，如果在规定的时间内未输入正确的密码，将显示提示信息"超过时间，您不是一个合法用户！"，然后应用程序自动关闭。源程序流程图如图 6.112所示。

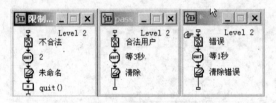

图 6.111　交互图标下各群组的内容

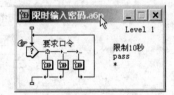

图 6.112　源程序流程图

6.4.10　Tries Limit(尝试)响应及实例

当不希望无限制地重试某一个响应时，可以通过 Tries Limit(尝试)响应对重试的次数给予限制。

【例 6-18】限制试输密码次数。

实例说明：本例通过 Tries Limit(尝试)响应限制不断试输密码的次数。

操作步骤如下。

（1）打开"限时完成密码的输入"程序，双击时间响应标识符，将响应类型改为 Tries Limit，并在 Maximum Tries 文本框中输入 3，表示尝试次数为 3 次。

（2）切换到 Response 选项卡，在 Branch 下拉列表框中选择 Exit Interaction 选项。这表示试输密码超过 3 次，则退出交互。

（3）保存程序。程序运行时，如果在规定的次数内未输入正确的密码，将显示提示信

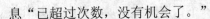

息"已超过次数，没有机会了。"

(4) 源程序流程图如图 6.113 所示。

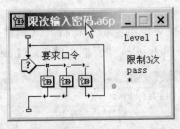

图 6.113　限次输入密码流程图

6.4.11　Pull-down Menu(下拉菜单)响应及实例

菜单是 Windows 系统的标准界面，是程序与用户交互的方式之一，使用 Authorware 可以很方便地建立 Windows 风格的标准下拉菜单。通过下面"自我测试程序"实例的介绍，不仅可以学会 Authorware 中菜单系统是如何制作的，还可以将前面介绍的各实例链接起来。

【例 6-19】自我测试程序。

实例说明：在本例中，选择不同的菜单，可以进入链接的各个小程序。

操作步骤如下。

(1) 拖放一个交互图标到流程线上，命名为"File"；在其右边拖放一个群组图标，命名为"Quit"，响应类型设为 Pull-Down Menu。这时 Quit 图标上方会显示一个小图标。这一步的作用是显示 File 系统菜单，以便下一步将其擦除。

(2) 向 File 图标下拖入一个擦除图标，命名为"删除 File 菜单"，并设置擦除对象为上一步建立的 File 菜单。这一步的作用是擦除系统默认显示的 File 菜单，否则会显示 File 菜单。

(3) 再向流程线上【删除 File 菜单】图标下方拖入一个交互图标，命名为"关闭系统"，这个图标的名称就是最后要显示的第一个菜单名。

(4) 向【关闭系统】图标右方拖入一个群组图标和三个计算图标，响应类型均设为下拉菜单，并分别命名为"退出 Windows"、"(-)"、"重新启动 Windows"、"退出并关机"，这些图标名也就是最后要显示的【关闭系统】下拉菜单的名称。

(5) 双击各计算图标，在弹出的计算窗口中分别输入如图 6.114 所示的内容。

图 6.114　各计算图标窗口内容

其中：函数"Quit(0)"表示在程序运行时，单击【退出到 Windows】命令，可以退出该程序返回 Windows 环境；"Quit(2)"表示在程序运行时，单击【重新启动 Windows】命令，可以退出该程序且重新启动 Windows；"Quit(3)"表示在程序运行时，单击【退出并关机】命令，可以退出该程序且关闭 Windows；"(-"，实际显示时为一条分隔线，可以用它将不同组的命令分隔开来。

(6) 双击【关闭系统】下拉菜单响应标识符打开其属性对话框，单击 Response 标签，选中 Perpetual 复选框，选择 Branch 下拉列表框中的 Exit Interaction 选项，如图 6.115 所示。

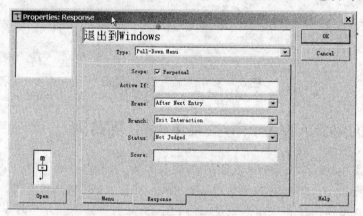

图 6.115　Response 选项卡设置

(7) 再拖放一个交互图标在【关闭系统】图标之下，命名为"自我测试程序"，并向【自我测试程序】图标右方拖放两个计算图标，响应类型均设为下拉菜单，并分别命名为"选择题"、"填空题"。

(8) 打开计算图标，在弹出的计算窗口中分别输入如图 6.116 所示的内容。

其中：函数 JumpFileReturn("填空题")和 JumpFileReturn("选择题")是跳转函数，该函数使 Authorware 跳转到指定的文件中，当调用的文件执行完以后，Authorware 返回到调用文件前的下一位置。

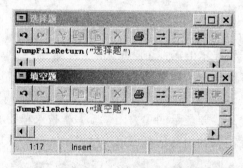

图 6.116　菜单 2 属性设置

注意：当被链接的文件不在当前文件的目录下，要给出调用文件的所在路径。

(9) 保存程序。源程序流程图如图 6.117 所示。

(10) 运行程序，程序执行效果如图 6.118 所示。

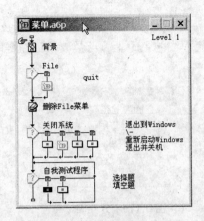

图 6.117 源程序流程图

图 6.118 程序执行效果

6.5 Authorware 6.0 的流程分支功能

在交互图标中，Authorware 根据输入的响应决定进入哪一个分支，执行分支后，流程根据响应属性中 Branch 选项的设置决定何去何从。在这一节中，将介绍分支图标又称决策图标(Decision)◇，并利用它实现程序的分支。分支图标的执行类同于高级语言中的 IF 和 CASE 语句，根据某一个预定条件的值决定执行哪个分支。不同的是可视化编程更简单。

6.5.1 分支图标的创建及属性设置

1. 分支图标的创建

Authorware 分支结构由两部分组成，即分支图标和分支项。一个分支图标可以根据设计意图有不同数量的项，项与项之间在组成结构上是相互独立的。分支图标的创建步骤如下。

(1) 把分支图标拖放到流程线上预定的位置。

(2) 为了实现分支图标的分支功能，还必须再拖动其他类型的图标(如显示图标、群组

图标等)到分支图标的右边。注意：一定要把该图标放置在分支图标的右边，而不能放置在其下边；否则它就会出现在流程线的主干上。当释放鼠标左键时，系统会弹出一个对话框。分支结构如图 6.119 所示。

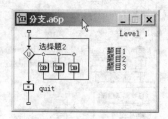

图 6.119　分支图标结构

2. 分支图标的属性设置

双击分支图标，将出现分支属性图标对话框，如图 6.120 所示。其中各选项说明如下。

(1) 空文本框：设置分支的名称。

(2) Time Limit(时间限制)文本框。

图 6.120　分支图标属性对话框

设置该分支的最长运行时间，当系统运行到一个分支图标时，可限制系统运行该分支图标的时间。在 Time Limit(时间限制)文本框内可以输入一个数字、变量或表达式。当分支图标的运行时间超过限定时间，系统中断当前动作，退出分支图标，执行主流程线上的下一个图标。利用此性质可以在编制测试类程序时限制学生的答题时间。

(3) Show Time Remaining (显示剩余时间)复选框。

设定 Time Limit(时间限制)文本框的值后，该选项才可用。若选用该选项，屏幕上出现一个小闹钟，用来显示该分支图标的运行时间还剩余多少。

(4) Repeat(重复)下拉列表框。

Repeat(重复)用于设置系统重复执行该分支图标的次数。可以用以下选项决定循环执行的次数，或是否重新执行某个分支。

- Fixed Number of Times(固定次数)选项：若选用该选项，Repeat 下拉列表框下面的文本框为可用，可在其中输入一个代表重复执行分支图标次数的数值。如果输入的数值小于 1，系统退出分支图标不执行任何分支。
- Until All Paths Used(直到所有分支都被执行完)选项：若选用该选项，则只有在分支图标的各个分支至少执行过一次后，系统才可以退出分支图标。

- Until Click/Keypress(直到按鼠标或键盘)选项：若选用该选项，系统不断地循环执行分支图标，直到按鼠标或键盘。在播放动画和数字电影时，该选项可以用于控制播放的进程。例如利用该选项，可以随时停止多媒体课件片头的播放，进入主要教学内容。
- Until True(直到值为真时)选项：若选用该选项，Repeat 下拉列表框下面的文本框为可用，可在其中输入一个变量或表达式，系统每次执行分支图标时，都计算变量或表达式的值。如果该值为假，则继续执行分支图标；如果该值为真，则退出分支图标。
- Don't Repeat(不重复)选项：若选用该选项，系统只执行分支图标一次，然后退出分支图标，继续执行主流程线上的下一个图标。

(5) Branch(分支)下拉列表框如图 6.121 所示。

图 6.121 Branch(分支)设置

Branch(分支)下拉列表框中的选项决定 Authorware 执行哪一个分支的内容。每个选项用一个字母表示，该字母作为标志反映在分支图标上。即只要看分支图标上的字母，就可以知道在 Branch 下拉列表框中设置哪一个选项。例如 表示 Branch 分支选择了 Randomly to Unused Path。分支走向有如下 4 种类型。

- Sequentially(S)(顺序执行)：如果在分支图标中选用该类型，Authorware 将重复执行该分支图标，第一次执行第一个分支中的内容，第二次执行第二个分支中的内容，依次类推，直至所有的分支全部执行完毕。
- Randomly to Any Path(A)(随机执行任意分支)：如果在分支图标中选用该项，Authorware 将重复执行该分支图标，并随机选择分支图标中的一个分支执行。在多次随机选择后，可能出现有些分支执行多次的情况。
- Randomly to Unused Path(U) (随机执行未执行过的分支)：遇到该分支图标时重复执行。但选择分支的原则改为：在未执行过的分支中随机选择一个分支执行。Authorware 自动记住哪些已经被执行过，哪些未被执行过。将每个分支都执行一遍前，不会将其中的任意一个分支执行第二遍。该类型可以保证在重复执行某个分支前，将所有分支都执行一遍。
- To Calculated Path(C)(通过计算变量值选择分支)：如果在分支图标中选用该项，则 Branch 下拉列表框下面的文本框为可用，可以在其中输入一个变量或表达式，该变量或表达式值决定 Authorware 将进入哪一个分支。Authorware 遇到该决策图标时，先计算变量或表达式的值，并根据计算值决定进入哪一个分支。如果值等于 1，则进入第一个分支；如果值等于 2，则进入第二个分支；依次类推。

6.5.2　分支图标的应用

【例 6-20】选择题。

实例说明：本例将 Authorware 的分支功能与交互功能相结合制作一个多媒体模拟考试软件。每道考题在试题分支项中随机抽取。考试结束系统自动给出成绩。

操作步骤如下。

(1) 创建新 Branch(分支)图标到主流程线上，命名为"选择题 2"。

(2) 创建分支路径，依次拖放三个群组图标到分支图标的右侧，分别命名为"题目 1"、"题目 2"和"题目 3"。

(3) 设置各分支中的题目。在"题目 1"、"题目 2"和"题目 3"的二级流程线上分别建立如图 6.122 所示的交互结构。

图 6.122　选择题各分支的题目

设置各分支题目的交互属性，具体如下。

● 正确答案的交互属性设置如图 6.123 所示。

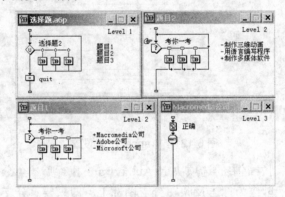

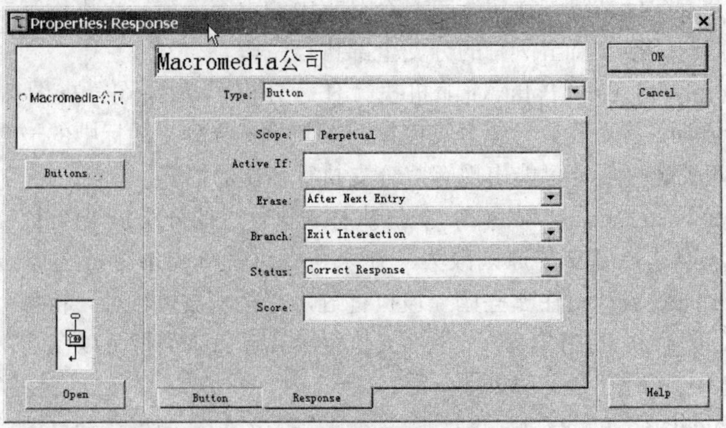

图 6.123　正确答案的交互属性设置

- 错误答案的交互属性设置如图 6.124 所示。

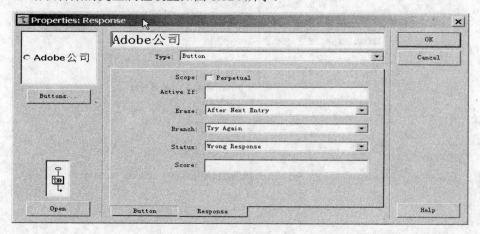

图 6.124　错误答案的交互属性设置

- 正确答案的群组展开内容如图 6.125 所示。
- 错误答案的群组展开内容如图 6.126 所示。

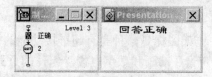

图 6.125　正确答案的群组展开内容

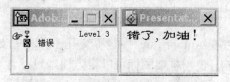

图 6.126　错误答案的群组展开内容

(4) 设置分支图标的属性。

- 设置 Repeat(重复)属性为 Until All Paths Used，即分支图标中的所有项至少执行一次后，系统才退出分支，如图 6.127 所示。

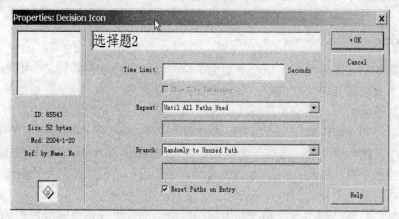

图 6.127　设置 Repeat(重复)属性

- 设置 Branch(分支)属性为 Randomly to Unused Path，即在未执行过的分支中随机选择一个分支执行，以确保每道题出现的随机性，如图 6.127 所示。
(5) 保存程序。源程序流程图和运行结果如图 6.128 所示。

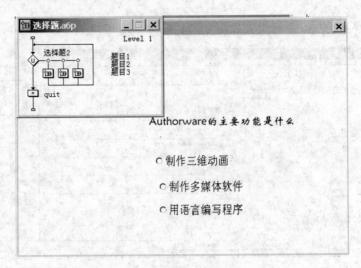

图 6.128　源程序流程图和运行结果

6.6　Authorware 6.0 的流程跳转和超链接功能

在 Authorware 中除了交互图标和分支图标外,框架图标是一种具有超链接功能的框架结构。使用框架图标可以很方便地设计含有图形、声音、动画和数字电影等组件的页面(外挂于框架图标的图标称为页面)。在框架图标内部,Authorware 内嵌了一整套导航按钮,利用这些导航按钮制作的页面不仅可以自由跳转,还可以通过检索、列表或热字等方式跳到某一特定的页面。

6.6.1　框架图标的创建及属性设置

1. 框架图标的结构

框架图标与交互图标类似,是一个功能图标,没有单独存在的意义。框架结构由框架图标和若干个下挂的其他图标组成,每一个下挂图标称为一页。一个框架图标可以根据设计意图有不同数量的页,页与页之间在组成结构上是相互独立的。页的类型可以是除交互和框架图标以外的非结构性图标。当页面的内容比较复杂时,页面图标一般使用群组图标。

打开一个新的程序文件,拖动一个框架图标回(Framework)到程序流程线上,双击该图标,显示框架图标默认结构,如图 6.129 所示。由图可见,框架结构是由若干个基本图标组成的图标组,是一个复合图标。

框架图标的默认结构由入口面板和出口面板两个部分组成。分隔线以上的部分为入口面板,以下的部分为出口面板,通过拖动分隔线右边的黑色小长方形可以调整入口面板和出口面板的相对大小。当 Authorware 进入框架图标,在执行第一页的内容之前,首先执行入口面板中主流程线上的图标,然后执行其他各页的内容;当其退出时,执行出口面板中的图标。

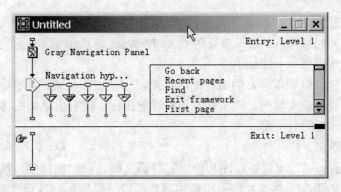

图 6.129 框架结构

1) 入口面板

在入口面板中可以设置一些图标来控制框架中的页。入口面板中含有默认的导航按钮，与这些导航按钮相对应的图标为框架的页。在入口面板中，可以加入显示图标、声音或动画，或加入并设置计算图标，使之影响局部或整个框架。

2) 出口面板

当退出框架图标时，使用出口面板可使 Authorware 自动擦除显示的所有对象，终止任何永久交互，并回到程序调用框架图标的下一位置。在出口面板中可以进行某些设置，使 Authorware 退出框架图标时发生一些事件。

3) 导航按钮面板

Authorware 的框架图标提供了 8 个导航按钮，如图 6.130 所示。这些按钮是系统默认的。它们都被设置成默认的流程跳转方式，跳转到程序的不同位置。当用户选择不同的控制按钮时程序便执行相应的流程跳转。

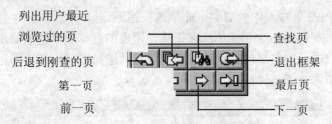

图 6.130 框架图标默认按钮的功能对照

2. 框架结构的创建

(1) 把框架图标▣(Framework)拖放到流程线上预定的位置。

(2) 为了实现框架图标的分支功能，还必须再拖动其他类型的图标(如显示图标、群组图标等)到框架图标的右边，作为框架页。注意：与交互和分支结构类同，一定要把该图标放置在框架图标的右边。

3. 框架图标的属性设置

1) 导航图标的属性设置

导航图标▽(Navigate)在本实例中虽然没有直接介绍，却发挥着至关重要的作用，

Authorware 将它提供给用户以实现流程的跳转。当程序流程执行到导航图标时，就会跳转到导航图标所指向的新地点。这一点类同于 Authorware 的 goto 函数，它们都可以使程序流程从当前位置跳转到另一个图标位置。

利用导航图标可以实现丰富的流程跳转效果，这一切都是通过对导航图标的属性设置对话框进行各种设置来实现的。双击任意一个导航图标，就会出现如图 6.131 所示的对话框，系统提供了 5 种跳转类型。

(1) Recent 选项。

选择 Recent 选项，可以在程序和使用过的页之间建立定向链接，从而可非常容易地返回以前使用过的页并重新使用该页中的内容。此时导航图标属性设置对话框如图 6.132 所示。

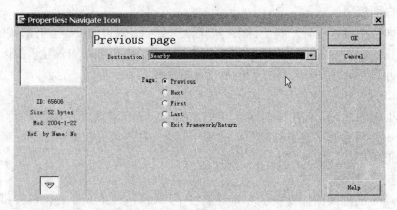

图 6.131　导航目标属性设置

返回的方式有以下两种。

● 选中 Page 选项组中的 Go Back 单选按钮回到前一页。
● 选中 List Recent Pages 单选按钮将使用过的页标题以列表的形式显示在屏幕上，可以双击标题名来跳转执行该页的内容。选择该项，使返回已使用过的相应内容变得非常方便与快捷。

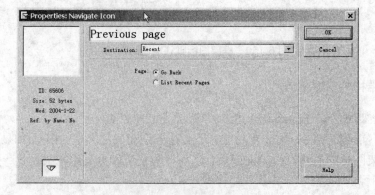

图 6.132　Recent 选项设置

(2) Nearby 选项。

选择 Nearby 选项，可以在框架结构内部页之间跳转或者退出框架结构。此时导航图标属性设置对话框如图 6.133 所示，共有 5 个选项。

- Previous：程序跳转到当前页的前一页。
- Next：程序跳转到当前页的下一页。
- First：程序跳转到框架结构中的第一页。
- Last：程序跳转到框架结构中的最后一页。
- Exit Framework/Return：程序退出框架结构。

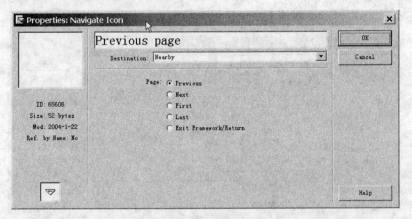

图 6.133　Nearby 选项设置

(3) Anywhere 选项。

选择 Anywhere 选项，可以建立与框架结构中任何一页的链接关系。此时导航图标属性设置对话框如图 6.134 所示。

- Type 选项组：用于设置链接类型。选中 Jump to Page 单选按钮，直接跳转到所链接的页中；选中 Call and Return 单选按钮，当执行完所链接页的内容后，程序返回到跳转的起点。
- Page 下拉列表框：列出了程序中所有框架结构的页，可以选择任何一页为链接页。

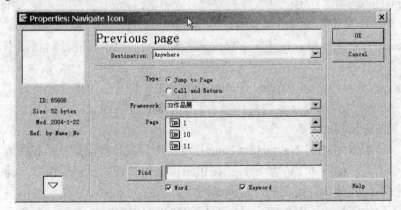

图 6.134　Anywhere 选项设置

- Find 文本框：用于设置搜索定向链接。可以通过页中的关键字或图标名查找程序中的页。
- Word 与 Keyword 复选框：用于设置搜索对象类型为单词或关键字。

(4) Calculate 选项。

选择 Calculate 选项，可通过表达式(由变量、函数、运算符组成)决定链接对象。

● Type 选项组：用于设置链接类型。与 Anywhere 中的 Type 相同，分为 Jump to Page 和 Call and Return。

● Icon 文本框：可以通过输入表达式，决定程序的流向。

(5) Search 选项。

选择 Search 选项，可设置搜索定向链接，如图 6.135 所示。

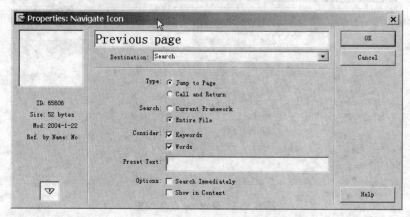

图 6.135　Search 选项设置

● Type 选项组：用于设置链接类型。与 Anywhere 中的 Type 相同，分为 Jump to Page 和 Call and Return。

● Search 选项组：用于设置搜索范围。选中 Current Framework 单选按钮，Authorware 在当前的框架结构中搜索；选中 Entire File 单选按钮，Authorware 在整个文件中搜索。

● Consider 选项组：用于设置搜索方式。选中 Keywords 复选框，按关键词搜索；选中 Words 复选框，按单词搜索。

● Preset Text 文本框：在该文本框内输入要搜索的内容，Find 对话框中就会出现要搜索的内容。

● Options 选项组：选中 Search Immediately 复选框，双击定向分支时，立即搜索；选中 Show in Context 复选框，显示匹配单词的上下文。

2) 框架图标结构的修改

(1) 修改显示图标 Gray Navigation Panel：可用擦除图标擦除默认的按钮面板，在其中创建"进入画面"，如图 6.136 所示。由图可见，不仅按钮面板已被擦除，而且增加了一个新的显示图标，并导入自定义的"进入画面"。

(2) 修改导航图标和控制按钮：导航图标的默认控制按钮如图 6.130 所示。可以对它们进行增、删、改。如图 6.137 所示，不仅删除了 6 个导航图标，而且修改了控制按钮。

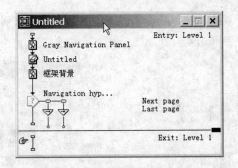

图 6.136　修改显示图标 Gray Navigation Panel

图 6.137　修改导航图标和控制按钮

6.6.2　框架图标的应用

在许多用 Authorware 制作的多媒体教学软件中,利用 Authorware 的框架图标可以很方便地实现翻页功能。从而使读者轻松地浏览自己感兴趣的内容。

【例 6-21】作品展 1。

实例说明:本例运用 Authorware 的框架结构制作一个简单的学生作品展软件,并对导航图标的默认控制按钮进行了适当的修改,实现了页面间的任意翻转。

操作步骤如下。

(1)　创建新文件,拖放显示图标到主流程线上,命名为"背景",并导入一背景图片。

(2)　拖一个框架图标放置到【背景】图标之下,命名为"作品展 1"。

(3)　在框架图标的右侧,拖放 3 个显示图标,分别命名为"作品 1"、"作品 2"和"作品 3",作为框架结构的页,并分别导入三张作品,如图 6.138 所示。

(4)　修改框架结构。

● 用擦除图标擦除默认的按钮面板(Gray Navigation Panel)。

● 删除了 6 个导航图标,只保留 Next page 和 Exit 两个导航图标。

● 在(Exit)出口窗口加入一个计算图标,命名为"quit",并在计算窗口内输入"Quit()",如图 6.139 所示。

● 修改控制按钮。双击 Next Page 和 Exit 控制按钮，分别导入两张图片，作为新的按钮。具体方法参照 6.4.2 节。

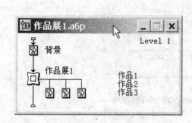

图 6.138　作品展流程线

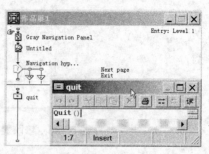

图 6.139　修改框架结构

(5) 保存程序。运行结果如图 6.140 所示。

图 6.140　运行结果

6.6.3　文本的超级链接及实例

所谓超文本，又称热字。利用这种具有特殊意义的文本进行定向链接，这样的链接称为超文本链接或超级链接。

【例 6-22】作品展 2。

实例说明：生成"热字"，即文本的超级链接是很多软件具有的功能，当单击某些文字时，程序就会跳转到文字所链接的程序执行。Authorware 同样具有这一功能。在本例中，将作品的名称设为"热字"。当单击作品名称时，程序就会将该作品打开。

操作步骤如下。

(1) 创建新文件，拖放一显示图标到主流程线上，命名为"背景"，并导入一背景图片。

(2) 拖一个框架图标放置到【背景】图标之下，命名为"作品展"。

(3) 在框架图标的右侧，放 1 个群组图标和 3 个显示图标，分别命名为"首页"、"作品 1"、"作品 2"和"作品 3"。如图 6.141 左图所示。

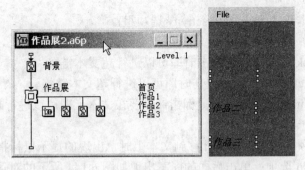

图 6.141　"作品展 2"程序主要流程和热字

(4) 展开"首页"二级流程线，加入一显示图标，命名为"ab"，并输入如图 6.141 右图所示的文字作为热字。

(5) 修改框架结构。

● 用擦除图标擦除默认的按钮面板(Gray Navigation Panel)。

● 删除 7 个导航图标，只保留一个导航图标，并命名为"返回首页"，如图 6.142 所示。

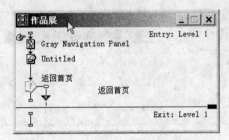

图 6.142　修改框架结构

(6) 定义文本风格。选择 Text 菜单中的 Define Styles 命令，在打开的对话框中单击 Add 按钮，将文本框中的 New Style 清除，输入"1"。然后定义文本样式中的字体、字号、颜色等，如图 6.143 所示。

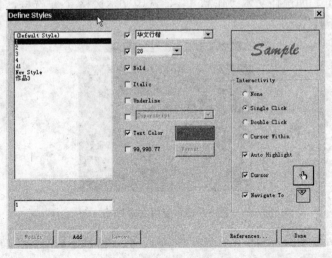

图 6.143　定义文本风格

(7) 建立超文本链接(设置 Interactivity 选项组)。

- None 选项：表示不进行超文本链接，下面的选项无效。
- Single Click 选项：表示单击时即可以进行超文本链接。
- Double Click 选项：表示双击时即可以进行超文本链接。
- Coursor Within 选项：表示鼠标指针只要在文本上即可以进行超文本链接。以上三者只选其一。
- Cursor 选项：设置鼠标指针移到文本上时，出现的提示鼠标指针形态。
- Navigate To 选项：单击后面的图案出现如图 6.144 所示的对话框。

本例文本风格"1"链接显示图标【作品 1】；文本风格"2"链接显示图标【作品 2】；文本风格"3"链接显示图标【作品 3】，如图 6.144 所示。

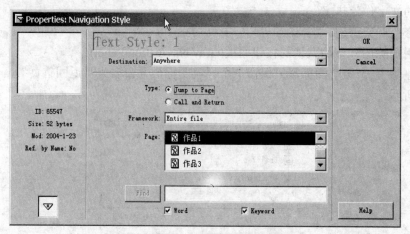

图 6.144　建立超文本链接

(8) 最后单击 Done 按钮完成所有文本风格的定义和文本的超级链接。

(9) 应用文本风格。打开"ab"显示图标，单击 Text 菜单中的 Apply Styles 命令，出现如图 6.145 所示的对话框。选择需要设置超级链接的文本，在自定义的文本风格中选择相对应的风格即可。如选择文本"作品 1"，选中文本风格 1 复选框，表示将文本风格 1 应用给文字"作品 1"。

图 6.145　应用文本风格

(10) 保存、运行程序。当单击文字"作品 1"时，则程序展示"作品 1"的具体内容。

6.6.4　其他媒体的超级链接及实例

所谓超媒体链接，是通过交互图标、热物响应、导航图标，设置数字电影等媒体的超级链接。

【例 6-23】放大数字电影。

实例说明：与"热字"类同，在 Authorware 中图片和数字电影也可以设置超级链接。本例利用这一功能实现将小画面的数字电影放大观看。

操作步骤如下。

(1) 打开【例 6-22】，双击群组图标【首页】，在二级流程线上加入一个电影图标，命名为"电影"，并导入一数字电影，将数字电影画面尺寸缩小。

> 注意：数字电影画面尺寸缩小方法是：先运行程序，当目标动画出现在屏幕上时，按 Ctrl+P 组合键暂停程序，单击该动画，动画的周围出现了八个控制句柄，然后拖动控制句柄即可。

(2) 设置数字电影的属性。在 Timing 选项卡中，设置 Concurrency 为 Concurrent，如图 6.146 所示。

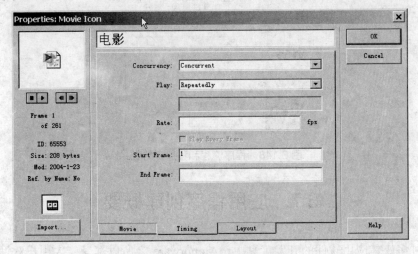

图 6.146　设置数字电影的属性 1

(3) 在【电影】图标的下方拖放一个交互图标，命名为"超媒体链接"。

(4) 向交互图标的右侧拖入一个导航图标，选择响应类型为 Hot Object。

(5) 设置导航图标的属性，双击导航图标上方的交互类型符号，将图标命名为"链接至放大"，如图 6.147 所示。

(6) 单击 Cursor 右侧的 按钮，选择手形 ，设置 Match 项为 Single-click。

(7) 在框架图标【作品展】最右侧再拖放一个群组图标，命名为"放大"。双击【放大】图标，拖入一个电影图标，并导入同名数字电影，命名为"电影放大"。

(8) 保存文件，程序流程如图 6.148 所示。

(9) 运行程序，结果如图 6.148 所示。单击缩小的动画，系统会自动链接到放大的动

图 6.147　设置数字电影的属性 2

图 6.148　程序流程和程序运行结果

6.7　应用程序创建概要

　　在各种多媒体应用软件的开发工具中，Authorware 之所以深受广大用户欢迎，是因为它采用了面向对象的程序设计思想，利用图标 Icon 和流线 Line，就可以把众多的多媒体素材按照设计人员的思路集成和组织。它操作简单，程序流程明了，开发效率高，并且能够结合其他多种开发工具，共同实现多媒体的功能。所以运用前面学过的各种图标和流程线，已经可以创作出一些较高水平的多媒体作品了。但是如果要用 Authorware 实现更高层次的多媒体开发则需要进一步学习本节的内容。

6.7.1　变量、函数、运算符和表达式

　　函数和变量是 Authorware 与其他程序的接口，它使得 Authorware 具有其他一些语言的部分编程功能，是 Authorware 的高级使用技巧。Authorware 的编程功能是通过计算图标

(Calculation)来实现的。

1．计算图标的属性

计算图标主要用于变量、函数、表达式的调用以及编写 Authorware 程序代码。通过这些变量、函数、表达式和程序代码的应用，可以控制 Authorware 程序的运算或走向。

计算图标的使用方法：将计算图标拖放到流程线上，然后双击计算图标，在其编辑窗口中可以像编写其他高级语言程序一样，定义变量、调用系统变量和系统函数、书写表达式和语句等程序代码。如："x:=abs(-10)"。

计算图标的属性：在计算图标中使用计算图标的属性对话框，可以获得该计算图标内部变量和函数的有关信息，并对它们的变化加以监控。

在菜单栏中选择 Modify | Icon | Properties 命令，激活该计算图标的属性对话框，如图 6.149 所示。对话框中各选项的含义如下。

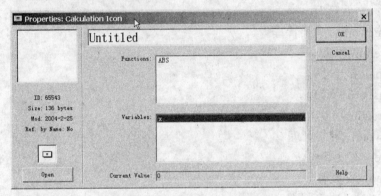

图 6.149　Calculation Icon 对话框

(1) 图标信息：显示计算图标的各种参考消息，其中包括以下内容。

● ID(编号)：显示 Authorware 为该图标分配的编号，该编号是唯一的。

● Size(大小)：显示该计算图标所占的存储空间。

● Mod(修改)：显示该图标建立或最近一次修改的日期。

● Ref by Name(参考变量)：显示该计算图标是否具有供参考的变量。如果有，显示YES；否则显示 NO。

● 图标标志：表示图标的性质。这里显示计算图标的标志，表示是计算图标。

(2) 图标名称文本框：显示图标的名称，可以在此对图标的名称进行修改。

(3) Open 按钮：可以展开计算图标窗口，编辑内容。

(4) Functions(函数)列表框：可以显示本计算图标中使用的函数。

(5) Current Value(当前值)：在 Variables(变量)列表框中选中一个在计算图标中使用的变量后，可以显示该变量的当前值。

2．变量

在 Authorware 6.0 中，变量不像其他编程语言中的变量那样有局部变量和全局变量等分类，各类又有各类的规则。其变量都属全局变量，即在程序中任何地方都可以使用任意一个变量。

Authorware 6.0 中的变量可以分为两种：系统变量和自定义变量。

1）系统变量

系统变量是 Authorware 本身预先定义好的一套变量，它们有固定的符号和特性，主要用于跟踪信息。如文件存储位置及状态、判定分支结构中正在执行的分支、显示图标中对象移动的位置、交互图标中用户的输入内容等。Authorware 将根据交互操作或程序的执行自动更新系统变量。

系统变量的名称一般以大写字母开头。有些系统变量后面可以跟一个"@"字符再加上一个图标标题，这种变量称为引用变量。例如：在某显示图标中输入" {Layer@"'背景音乐'"}"，程序运行到该显示图标时，将显示图标"背景音乐"所在的图层。

Authorware 中共有 11 类系统变量。

- CMI：计算机管理教学。
- File：文件管理。
- Framework：框架管理。
- General：一般。
- Graphics：绘图。
- Icons：图标管理。
- Interaction：交互管理。
- Network：网络管理。
- Time：时间管理。
- Video：视频管理。
- Decision：决策判断。

2）自定义变量

自定义变量就是用户自己定义的变量。创建一个自定义变量非常简单，首先要给变量命名，然后进行初始化，还可以输入一个简短的描述。给自定义变量命名须注意以下几点：

- 变量名必须唯一，不能与系统变量重名。
- 必须以字母形状开头，可以包含任何英文字母、数字、下划线和空格等。
- 允许有空格，但是空格不能忽略，如 Name1 和 Name 1 不是同一个变量。
- 自定义变量名可以包含无数多个字符，但最好起一个能表明用途的名字。

给自定义变量赋值，利用赋值号："："，如 Age:=22，如果是在运算图标中给变量赋值，则可以不输入"："。

3）变量使用

(1) 系统变量的使用方法。

单击工具栏上的 Variables Window回按钮，弹出 Variables 对话框。在 Category 下拉列表框中选择所要使用的系统变量名，如 NumEntry，单击 Paste 按钮粘贴该系统变量。单击 Done 按钮关闭对话框，如图 6.150 所示。

(2) 自定义变量的使用方法。

单击工具栏上的 Variables Window回按钮，打开 Variables 对话框，再单击 New 按钮，弹出 New Variable 对话框。在其中的 Name 文本框中输入自定义变量名，如"x1"。在 Initial value 文本框中对其进行初始化，例如"0"。单击 OK 按钮，关闭 New Variable 对话框。Authorware 能自动跟踪自定义变量在整个程序运行中值的变化，并将它加到 Variables 对话框中的变量列表中，如图 6.151 所示。

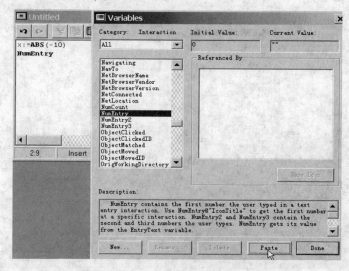

图 6.150　系统变量的使用方法

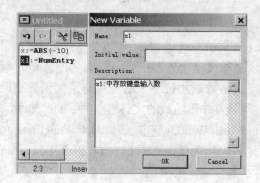

图 6.151　自定义变量的使用方法

3. 函数

函数，一般可以认为是提供某些特殊功能或作用的子程序。Authorware 本身带有大量的系统函数。对于 Authorware 系统函数所无法完成的任务，可以自定义函数来完成。

1）系统函数的使用方法

在使用系统函数时，若对该函数非常熟悉，可直接按其语法规则在计算图标的展示窗口中，由键盘输入；或者可借助函数表，选中所要的函数，然后用 Paste 命令直粘贴过去。具体方法如下。

选择要使用系统函数的地方。单击工具栏上的 Functions Window 按钮，打开 Functions 对话框。在 Category 列表框中选择要使用的函数所属的类别。如果不能确认所用的函数属于哪一类，则可选择 All。在 Category 列表框中选择要用的系统函数名，如 ABS，此时 Description 文本框中将显示该系统函数的语法及使用方法的简短描述。单击 Paste 按钮粘贴

该系统函数。单击 Done 按钮关闭对话框，如图 6.152 所示。

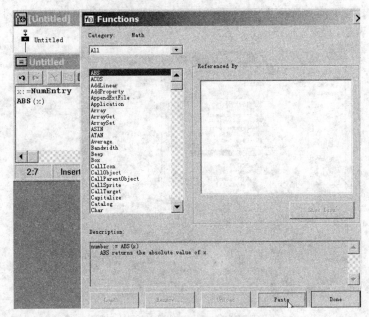

图 6.152　系统函数的使用方法

2)　自定义函数的使用方法

除了使用 Authorware 提供的系统函数，还可以使用外部函数来扩展 Authorware 的功能。使用外部函数之前，必须要加载这个外部函数，目的是使 Authorware 能知道存放该函数的地点。当加载了一个自定义函数后，接下来的使用与系统函数相同。

能够被 Authorware 调用为外部函数的文件有 3 种：Dll 文件、UCD 文件和 U32 文件。

单击工具栏上的 Functions Window 按钮，打开 Functions 对话框。在 Category 下拉列表框中，选择当前文件名，然后单击 Load 按钮，打开 Load function 对话框，选择相应的文件即可。

4. 运算符和表达式

1)　运算符

和数学中的加减乘除一样，Authorware 中的运算符也是执行某项操作的功能符号。系统共提供了 5 种运算符：赋值运算符、关系运算符、逻辑运算符、算术运算符和连接运算符。

(1)　赋值运算符（":="）。

该运算符的含义是将运算符右边的值赋给运算符左边的变量。例如 x:=Num Entry 是将键盘输入数值赋给自定义变量 X。Name:="Xiaoming"是将字符串"Xiaoming"赋给自定义变量 Name。Movale@"@circle":=TRUE 是将逻辑变量 TURE 赋给系统变量 Movale。

注意：当一个字符串的值赋给一个变量时，必须为字符串加上引号，否则，会将该字符串当作变量名来处理，如图 6.153 所示。

图 6.153　赋值运算符的应用

(2) 关系运算符。

关系运算符类型及含义如表 6.2 所示。

表 6.2　关系运算符类型及含义

运　算　符	含　　义
=	表示运算符两端的值相等
<>	表示运算符两端的值不相等
<	表示运算符左边的值小于右边的值
>	表示运算符左边的值大于右边的值
<=	表示运算符左边的值小于等于右边的值
>=	表示运算符左边的值大于等于右边的值

当关系运算符表达式成立时，该表达式的值为真(TRUE)或假(FALSE) 。例如 x=9，如果自定义变量的值相等，则该表达式返回一个值 TRUE；否则返回 FALSE。

(3) 逻辑运算符。

逻辑运算符类型及含义见表 6.3。

逻辑运算符是将变量的值进行逻辑运算。例如：S:=s1|s2 如果变量 s1 和 s2 的值有一个为 TRUE 时，则 S 的值为 TRUE。只有变量 s1 和 s2 的值都为 FALSE 的情况下，S 的值才为 FALSE。

表 6.3　逻辑运算符类型及含义

运　算　符	含　　义
~	逻辑非
&	逻辑与
|	逻辑或

(4) 算术运算符

算术运算符类型及含义见表 6.4。

算术运算符的使用方法与通常的加、减、乘、除、乘方等算术运算相同。例如：Result:=(A*B-C)/D，就是计算 Result 的值，存储的是四个变量运算的结果。

(5) 连接运算符("^")

连接运算符"^"的作用是将两个字符串连接成一个新的字符串。例如：字符串变量 s1:="江西人民"，字符串变量 s2:= "欢迎您!"字符串变量 s3:=s1^s2 经过 "^" 连接后，s3 的内容为"江西人民欢迎您!"，如图 6.154 所示。

表 6.4　算术运算符类型及含义

运　算　符	含　义
+	将运算符左右两边的值相加
-	将运算符左右两边的值相减
*	将运算符左右两边的值相乘
/	将运算符左边的值除以右边的值
**	将运算符右边的值作为左边的值的指数来进行运算

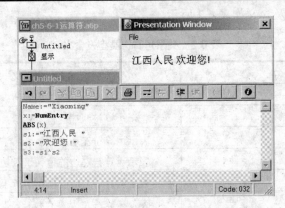

图 6.154　连接运算符"^"的应用

2)　表达式介绍

表达式是由常量、变量、函数和运算符组成的一个语句，用于执行某个特殊的操作或某个运算过程。在计算图标、对话框和显示图标的文本对象中可以使用表达式。须注意的几个问题如下。

● 数字的使用：在使用数字时，不能用货币符号及科学符号，负数用"-"表示。

● 字符串的使用：在表达式中使用字符串，一定要加引号，以区别于变量名及函数和运算符。如果字符串中本身用到了双引号，则在双引号前加反斜杠。

● 常量的使用：在 Authorware 中，1、On、Yes、True 是等价的；0、Off、No、False 是等价的。

● 注释的使用：加入注释的方法是在注释前加"—"作为标识。

5. 语句

Authorware 中可以起作用的语句只有两条：条件语句和循环语句。

1)　条件语句

语句格式：

if　条件 1 then

　　　任务 1

　　　[else

　　　任务 2]

　　end if

Authorware 在执行条件语句时，首先检查条件 1，成立时，执行任务 1；否则执行任务 2。

例：排序。

```
if score1<=score2 then
    temp:=name1
    name1:=name2
    name2:=temp
end if
```

2) 循环语句

语句格式：

```
repeat with 条件
        任务
      end repeat
```

Authorware 在执行一个循环语句时，如果条件成立，就始终执行任务，只有条件不成立时，才退出循环。

例：求和。

```
repeat with x:=1 to 10
      y:=y+x
end repeat
```

6. 应用实例

【例 6-24】加法运算。流程图如图 6.155 所示。

实例说明：本例将计算、分支、交互等图标相结合，通过对变量与函数的控制，编制一个简单的多媒体测试软件。测试结束后，给出成绩和耗时。

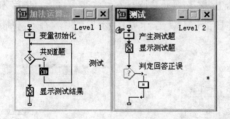

图 6.155 加法运算流程图

(1) 变量初始化。

在主流程线上拖放一个计算图标，命名为"初始化变量"。双击计算图标，打开计算窗口，输入程序代码"Initialize(v1,v2,v3,n,m,i)"。

其中，变量 v1 和 v2 为源运算数，v3 为正确答案，n 为总题数，m 为做正确的题数，i 为记录测试题数。

(2) 用分支图标进行测试循环。

在计算图标【初始化变量】的下方拖放一个分支图标，命名为"共 N 道题"。双击该图标，弹出 Properties：Decision Icon 对话框，设置 Repeat 为 Fixed Number of Times，在其下方的文本框内输入 n，如图 6.156 所示。n 表示做多少题，其值也可通过文本交互响应由用户自己确定。

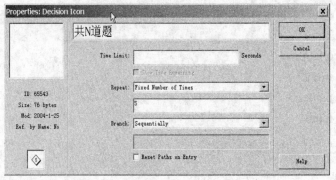

图 6.156　Decision Icon 的属性设置

(3)　分支图标下的群组图标设置。

在分支图标右侧拖放一个群组图标，命名为"测试"。选择 Modify | Icon | Calculation 命令，在计算窗口输入代码："i:=i+1"，关闭计算窗口。

(4)　产生测试题。

双击群组图标【测试】，拖放一个计算图标，命名为"产生测试题"。双击计算图标，在计算窗口中输入如图 6.157 所示代码。

(5)　显示测试题。

拖放一个显示图标，命名为"显示测试题"，双击打开显示图标，利用文字工具输入如图 6.158 所示的内容。

(6)　判定回答正误。

拖放一个交互图标，命名为"判定回答正误"。

(7)　记录回答对的题数。

在交互图标【判定回答正误】的右侧拖放一计算图标，命名为"*"，在弹出的 Response Type 对话框中，单击 Text Entry。双击计算图标"*"，在计算窗口中输入如图 6.159 所示的代码。

图 6.157　产生测试题

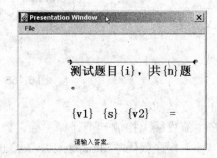

图 6.158　显示测试题

注意：计算窗口中的"------记录回答对的题数"为不可执行的注释语句。

(8)　显示测试结果。

在主流程线上拖放显示图标，命名为"显示测试结果"。双击【显示测试结果】图标，在显示窗口中输入如图 6.160 所示的内容。

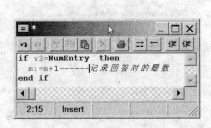

图 6.159 记录回答对的题数

图 6.160 显示测试结果

9) 保存程序，运行结果如图 6.161 所示。

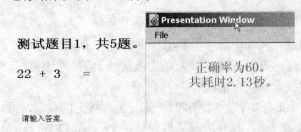

图 6.161 运行结果

注意： 要显示变量的值，可将变量用花括号"{}"括起。TimeInInteraction 为系统变量，返回使用最后一个交互所用的秒数。

6.7.2 库概要

1. 库的创建和使用

"库"是若干个图标的集合。库中可以包含显示、交互、声音、电影、计算 5 类图标。库文件的扩展名为*.a6l。它的使用可以使程序的数据分离，使程序和素材分离，从而使内容的组织与管理更加方便、项目的分工与合作成为可能。库中一个对象源可以在应用程序中反复使用，大大减少了整个程序的数据量，提高了运行效率。

1) 库的创建

(1) 单击 File | New | Library 命令，打开库的设计窗口，如图 6.162 所示。

(2) 为库添加内容：有 3 种方法可选用。

● 从流程线上拖动图标到库中。

● 从流程线上复制图标到库中。

● 从一个库拖动图标到另一个库。

(3) 保存库文件。

2) 库的使用

对于已经建好的库，需要打开才能使用其中的图标。

(1) 单击 File | Open | Library 命令，打开想要的库。

(2) 选择库文件中的图标，将它拖到流线上即可，如图 6.163 所示。

图 6.162　库的设计窗口

图 6.163　库的使用

2. 库的编辑与管理

(1) 库图标的删除。在库中选中要删除的图标，按 Delete 键即可。

(2) 库的查询。库的查询分两类：一是由流程线上的映象图标查询对应的库，二是由库图标信息查找流程线上的使用情况。

● 查询流程线上的映象图标对应的库：选择流程线上的查询对象，单击 Modify | Icon | Library Link 命令，在打开的对话框中单击 Preview | Find original(按钮)就可以查找并打开链接的库，如图 6.164 所示。

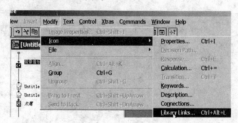

图 6.164　库的查询

● 库图标信息的查找：选择库中的查询对象，再单击 Modify | Icon| Library Link 命令，可以查找库图标信息。单击 Update 按钮还可以更新映象图标，如图 6.165 所示。

(3) 库的加锁。在库设计窗口中开启只读属性，则库文件中的图标会变成只读状态，如图 6.166 所示。

图 6.165　库图标信息的查找

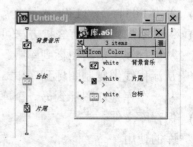

图 6.166　库的加锁

6.7.3　模块概要

模块是包含一系列图标的组合，其作用类似于子程序。模块可分为两大类：一是自定义模块；二是由系统提供的带有精灵向导的模块，又称"知识窗口"。

1. 自定义模块

1)　创建模块

(1)　选中需要创建模块的图标，如图 6.167 所示。

(2)　选择 File | Save in Model 命令，命名为"片头"，并存储在 Knowledge Objects 目录下，如图 6.168 所示。

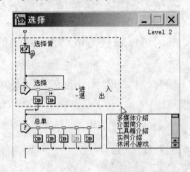

图 6.167　创建模块

图 6.168　模块的存储

2)　使用模块

(1)　选择 Window | Knowledge Objects 命令，在打开的对话框中单击 Refresh 按钮，载入新模块，如图 6.169 左图所示。

(2)　双击新模块【片头】，可以看到【片头】模块就被粘贴到流程线上，如图 6.169 右图所示。

图 6.169　使用模块

3)　删除模块

在 Knowledge Objects 目录下删除或移走模块即可。

2. 系统模块

这里所说的系统模块就是系统提供的带有精灵向导的模块，又称 Knowledge Objects，即知识对象。

模块是一段固定的图标流程结构，实际上是一段固定的程序。其中的每一个图标属性都是确定的。但在知识对象中，部分图标的属性是不确定的，可以通过精灵向导来临时设置图标的属性。也就是说，同一个知识对象，应用在不同的程序中，其属性可以有很大的不同。可见，知识对象相对于普通的模块来说，其使用就更灵活，功能就更强大。

Authorware 提供了多种知识对象，每一种知识对象都有其独特的功能。其中最有代表性的是 Quiz 知识对象。下面用一个简单的实例来说明系统模块的应用。

【例 6-25】单项选择题。

实例说明：知识对象的主要特征就是实用性很强。在本例中，根据知识对象提供的向导创建测试软件的单项选择题。

操作步骤如下。

(1) 引入知识对象。打开知识窗口，单击 Quiz，将它拖到流程线上。单击【确定】按钮，保存文件。

(2) 设置精灵向导。在 Quiz 知识对象精灵向导窗口中，可以设置 Quiz 知识对象的各种选项。单击 Next 按钮，开始设置精灵向导。

(3) 设置发行选项。在图 6.170 中可以设置展示窗口的尺寸，最下面的文本框是用来设置本程序中使用的媒体素材所在的目录。单击 Next 按钮。

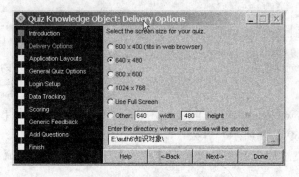

图 6.170　设置发行选项

(4) 设置外观式样。在图 6.171 中选择一种外观式样，系统提供了 5 种备选用的式样。单击 Next 按钮。

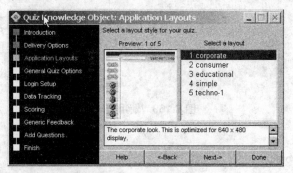

图 6.171　设置外观式样

(5) 设置一般选项。设置图 6.172 中的各选项，一般可以使用默认设置。单击 Next 按钮。

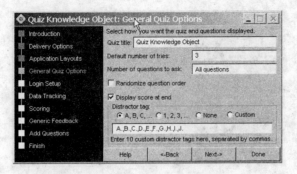

图 6.172　设置一般选项

　　(6)　设置登录选项。图 6.173 主要用于程序登录设置，即设置登录界面和登录口令等。这里使用默认设置，表示不要求登录。单击 Next 按钮。

图 6.173　设置登录选项

　　(7)　设置信息跟踪。图 6.174 主要用于设置程序以何种方式对用户的信息进行登录跟踪；这里使用默认设置。单击 Next 按钮。

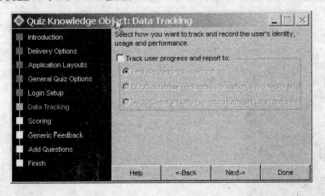

图 6.174　设置信息跟踪

　　(8)　设置得分与评判选项。图 6.175 主要用于设置得分、评判等选项，这里使用默认设置。单击 Next 按钮。

　　(9)　设置反馈信息。图 6.176 主要用于设置反馈信息，这里使用默认设置。单击 Next 按钮。

　　(10) 添加问题。图 6.177 主要用于向整个测试程序添加问题。它是 Quiz 知识对象的核心。单击 Add a questions 按钮组中的 Single Choice 按钮，添加一个单项选择类型的问题。

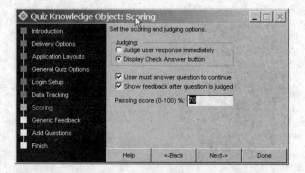

图 6.175　设置得分与评判选项

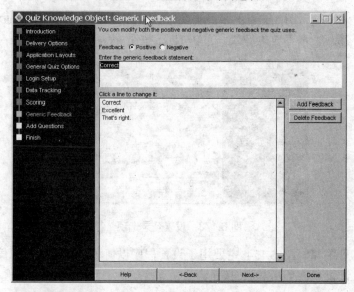

图 6.176　设置反馈信息

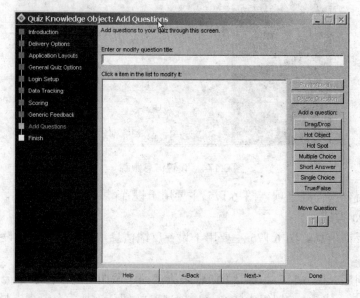

图 6.177　设置添加问题

(11) 单击 Run Wizard 按钮，设置问题，如图 6.178 所示。

(12) 单击题目，在编辑框内输入具体的题目内容。如本例第一题："Authorware 是哪家公司开发的？"

(13) 单击备选答案，在编辑框内输入备选答案，即编程人员为学生设置的选择项。如本例为第一题设置了 3 个备选答案："Adobe 公司"、"Microsoft 公司"和"Macromedia 公司"。

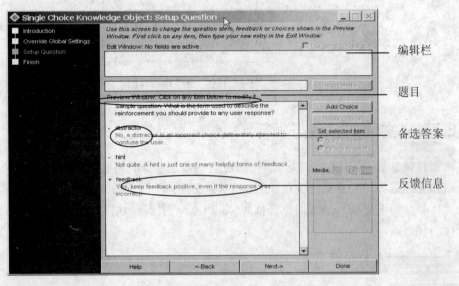

编辑栏

题目

备选答案

反馈信息

图 6.178　设置选择题窗口

(14) 单击反馈信息，在编辑框内输入反馈内容。如本例为第一题的 3 个备选答案设置的 3 个反馈信息是："错误"、"错误"、"正确"。

(15) 设置好的问题如图 6.179 所示。

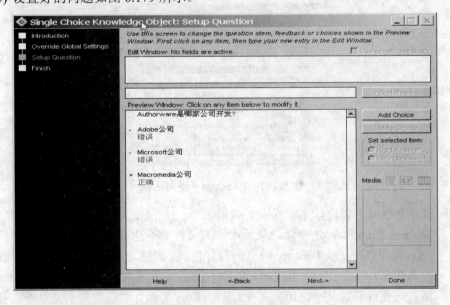

图 6.179　设置好的问题

(16) 完成创建测试题。单击 Next 按钮，单击 Done 按钮，系统返回到添加问题窗口。重复以上步骤，可添加更多的问题。

(17) 保存文件。源程序流程图如图 6.180 所示。

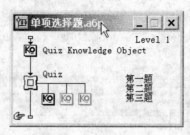

图 6.180   源程序流程图

6.7.4   文件的打包与发行

打包是 Authorware 多媒体制作的最后一步，是将编制好的源程序文件打包成可以脱离 Authorware 环境独立运行的可执行的 EXE 文件；发行即形成产品，它比前面学习的常规多媒体开发要求更高，通常根据传播媒体的不同，多媒体软件的发行分为 CD 发行和网上发行两种方式。

1. 文件的打包

文件的打包可分为源程序文件(A6P)打包和库文件(a6l)打包。

1)   源程序文件(A6P)打包

(1)   打开将要打包的源程序文件，从安全角度考虑，建议对源文件进行备份。

(2)   选择 File | Publish | package 命令，弹出如图 6.181 所示的对话框。

图 6.181   Package File 对话框

(3)   选择打包文件类型，系统提供了 3 种类型。

● Without Runtime：选择此选项所产生的文件并不是可执行文件，而是体积较小的 *.a6r 文件(这是 Authorware 特有的文件格式，需要通过 Authorware 的 Runtime 来执行程序，即需要带上 RUNA6W.EXE 文件)。用于发行软件中包含几个交互式应用程序文件，这几个应用程序文件与可执行文件有明确的关系并且不需打包成可执行文件。打包成网上发行的格式时也要用这种格式。

- For Windows 3.1：打包成在 WIN 3.1 下可执行的文件。
- For Windows 9x and NT variants：选择此选项所产生的是在 WIN9x 或 NT 下可执行的文件(*.EXE)。

(4) 设置打包选项。对话框中 4 个复选框的内容如下。

- Resolve Broken Links Runtime：让 Authorware 自动处理断链。在编写 Authorware 程序时，每放一个新图标到流程线上，系统会自动记录图标的所有数据，并且 Authorware 内部以链接方式将数据串联起来；而一旦程序做了修改操作，Authorware 里的链接会重新调整，某些串会形成断链。为了不让程序运行过程中出现问题，最好选中此项。
- Package All Library Internally：选中此项会使 Authorware 将所有与作品链接的库文件打包到主程序中。
- Package External Media Internally：选中此项会使 Authorware 将作品调用的所有媒体文件压缩。
- Use Default Names When Packaging：选中此项会使打包出来的作品以当前文件名来命名。

(5) 单击 Save File & Package 按钮，打包程序文件。

2) 库文件(a6l)打包

(1) 打开将要打包的库文件(a6l)。

(2) 选择 File | Publish | Package 命令，弹出如图 6.182 所示的对话框。

图 6.182　Package Library 对话框

(3) 设置打包选项。对话框中 3 个复选框的内容如下。

- Referenced Icons Only：选中此项则只打包与当前程序有链接关系的图标；否则将打包库中所有图标。
- Use Default Name：使用默认名称。选中此项则打包的库文件名与当前源程序文件的主名同名。例如：源库的文件名是：Sound 库 1.a6l，打包时若选中了 Use Default Name，则打包后的文件名为：Sound 库 1.a6e。
- Package External Media Internally：选中此项将会使所有的媒体文件压缩到库文件内部。

(4) 单击 Save File & Package 按钮，系统自动将库文件打包成运行库文件(a6e)。

2. 文件的发行

多媒体软件的发行通常分为 CD 发行和网上发行两种方式。这里以 CD 发行为例，介绍多媒体软件发行的一般步骤。

1) 发行多媒体软件所需文件

如果将一个打包的可执行文件复制到其他的地方去执行，很可能发现程序出错，不能正确执行。这是什么原因呢？

一个最常见的原因就是缺少必要的外部文件，例如各种驱动程序及被 Authorware 以链接方式调用的各种媒体文件等。如果将作品制成光盘发行，光盘上除了有主程序运行文件外，还包含其他一些必要的文件，通常包含以下文件。

- 主程序运行文件。
- 被 Authorware 以链接方式调用的各种媒体素材文件，如声音、图像、视频等。
- 如果主程序打包成 Without Runtime 的话，需将文件 Runa6w32.exe 或者是 Runa6w16.exe 附带在光盘上。
- 所使用的各种 Xtras 外挂文件。通常可直接将 Authorware 安装目录下的 Xtras 文件夹复制到发行目录下。
- 如果在程序中采用了特殊的字体，必须在光盘上附带。
- 应用程序用到的外部程序模块，如 ActiveX、UCD、DLL 等。
- 如果应用程序中有 QuickTime 动画，需要附带 QuickTime for Windows 的安装程序，并且需要 a6qt32.xmo、a6qt.xmo 驱动程序文件(在 Authorware 安装目录下)。
  如果程序中有 Director 动画，需要附带 Director、子目录，并且需要 a6dir32.xmo、a6dir.xmo 驱动程序文件(在 Authorware 安装目录下)。
- 如果程序中有 MPEG 格式的视频压缩文件，需要 a6mpeg32.xmo、a6mpeg.xmo 驱动程序文件(在 Authorware 安装目录下)。

2) 组织文件

这么多的文件，需要以一定的方式组织起来，这样既有条理性，同时又便于 Authorware 的程序文件的调用。通常采用如图 6.183 所示的文件组织结构。

图 6.183　文件组织结构

- Picture 目录存放被 Authorware 以链接方式调用的图片素材文件。
- Sound 目录存放被 Authorware 以链接方式调用的声音素材文件。
- Movie 目录存放数字电影文件。
- Xtras 目录存放外挂文件，直接复制 Authorware 根目录下的 Xtras 目录即可。
- Lib 目录存放应用程序用到的库文件。
- Program 目录存放主程序会调用的所有子程序。
- Driver 目录存放各种驱动程序。

3)　设置外部文件的搜索路径

当文件组织好之后，还需要设置外部文件的搜索路径，以使 Authorware 知道该到哪些目录中搜索相应的文件。操作步骤如下。

单击 Modify | File | Properties 命令，屏幕上弹出文件属性设置对话框，如图 6.184 所示。

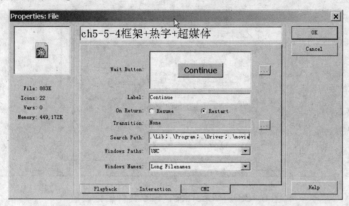

图 6.184　设置外部文件的搜索路径

在 Search Path 文本框中输入 ".\Lib；.\Program；.\Driver；.\movie"，表示系统将到作品所在目录下面的 Lib 目录、Program 目录、Driver 目录、movie 目录搜索外部文件。

6.8　综 合 实 例

在本节中，做一个实际的多媒体软件来复习前面所学过的内容。要做的是一个"走进 Authorware6.0"的多媒体教学软件，在该实例中，将涉及 Authorware 制作中的大部分内容。

【例 6-26】走进 Authorware6.0。

实例说明：在本例中，将用到 Authorware 所提供的如下功能：显示、移动、擦除、等待、交互、计算、群组、框架、分支、数字电影、声音等图标以及系统变量和系统函数等。

先来看一下程序的总体结构，如图 6.185 所示。下面分块介绍。

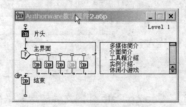

图 6.185　程序的总体结构

6.8.1　文件属性设置

1. 显示窗口设置

在这个程序中，希望显示窗口的大小是固定不变的，而且没有菜单栏和标题栏。所以

对文件属性作如下设置：单击 Modify | File | Properties 命令，在打开的对话框中选择 Size 为 800×600(SVGA)，同时取消选中 Title Bar 和 Menu Bar 复选框，如图 6.186 所示。

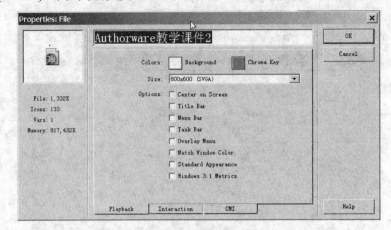

图 6.186　Properties：File 文件属性设置

2. 设置外部文件的搜索路径

在本例中，将图像资料放在"图片"目录下；声音资料放在"音乐"目录下；数字电影资料放在"动画"目录下；Xtras 目录存放外挂文件；Program 目录存放主程序调用的子程序。所以外部文件的搜索路径设置为："\.\音乐:.\图片:.\动画:.\xtras:.\program file:"，如图 6.187 所示。

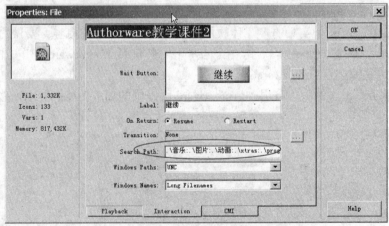

图 6.187　Search Path 外部文件的搜索路径设置

6.8.2　片头设置

片头结构如图 6.188 所示。

操作步骤如下。

(1) 背景音乐(Sound Icon)设置。其中：在 Concurrency 下拉列表框中选择 Concurrent 选项；在 Rate 文本框中输入"100"；Play 设置为 Until True，如图 6.189 所示。

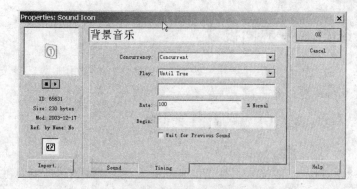

图 6.188 片头结构　　　　　　　　图 6.189 背景音乐(Sound Icon)设置

(2) 片头数字电影"走进 Authorware 6.0"是在 3DS MAX 中制作的。这里利用数字电影图标导入。属性设置如下：Concurrency 设置为 Wait Until Done；Play 设置为 Until True；其下的文本框中输入系统变量 MouseDown，意在单击时，停止动画的播放，如图 6.190 所示。

图 6.190 "走进 Authorware 6.0"属性设置

(3) 设置擦除图标(Erase Icon)的内容。如图 6.191 所示，擦除对象设置为数字电影图标【走进 Authorware6】。

图 6.191 擦除图标(Erase Icon)的属性设置

6.8.3 主界面设置

主界面主要用交互结构。交互类型为：按钮响应，分支项均为群组图标。下面对各分支群组进行介绍。

1. 群组【多媒体简介】的设置

操作步骤如下。

(1) 设置交互图标【主界面】属性。选中交互图标【主界面】，单击 Modify | Icon | Properties 命令，将交互图标的属性对话框激活。在 Interaction 选项卡中设置 Erase 方式为 After Next Entry。当程序运行时，单击交互图标的某一选项，系统将擦除其他选项，如图 6.192 所示。

图 6.192　【主界面】属性

(2) 群组【多媒体简介】的结构图如图 6.193 所示。

图 6.193　【多媒体简介】的结构图

(3) 在框架图标【简介】中设置了 3 个显示页面，分别命名为"介绍 1"、"介绍 2"、"介绍 3"。各页面中有关多媒体的相关文字内容，用文字工具直接输入。图 6.194 是显示图标【介绍 1】的内容。

(4) 计算图标【返回主界面】的内容如图 6.195 所示，表示程序由此返回图标名为【主界面】处。

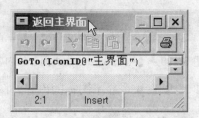

图 6.194　【介绍 1】的内容

图 6.195　【返回主界面】的内容

2．群组【界面简介】的设置

操作步骤如下。

(1)　群组【界面简介】的结构图如图 6.196 所示。

(2)　设置群组【启动 Authorware 主界面】的结构如图 6.197 所示，它由四个显示图标、两个等待图标和一个擦除图标构成。

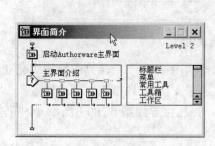

图 6.196　【界面简介】的结构图

图 6.97　【启动 Authorware 主界面】的结构

其中各图标说明如下。

● 显示图标【Windows 界面】、【Authorware 主界面】的内容分别为 Windows 和 Authorware 的界面图。图 6.198 为显示图标【Authorware 主界面】的内容。

- 显示图标【双击进入 Authorware】、【提示操作文字】的内容为提示操作的相关文字。

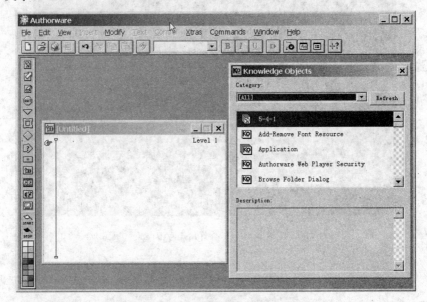

图 6.198　【Authorware 主界面】的内容

- 擦除图标的擦除对象为以上 4 个显示图标的内容。图 6.199 为擦除图标的内容。

图 6.199　擦除图标的内容

(3) 设置交互图标【主界面介绍】。它由 6 个群组图标和一个计算图标构成交互分支项，分别命名为"标题栏"、"菜单"、"常用工具"、"工具箱"、"工作区"、"知识对象"和"返回"。交互类型均设为热区响应，热区位置如图 6.200 所示。其中各项说明如下。

- 各群组图标下均为一个显示图标，内容为介绍相应区域功能的文字。图 6.201 是【知识对象】的响应内容。
- 计算图标【返回】的内容如图 6.195 所示，表示程序由此返回图标名为【主界面】处。

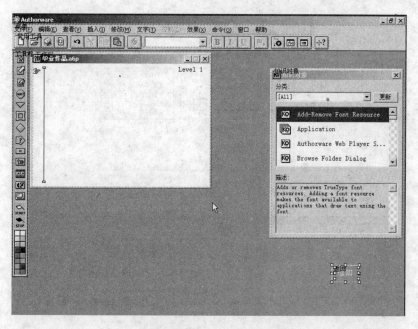

图 6.200　热区位置

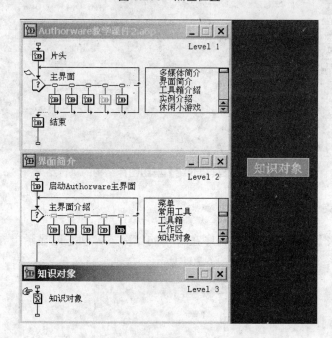

图 6.201　【知识对象】的响应内容

3. 其他群组图标的设置

　　其他群组图标设置类同于群组【界面简介】，这里就不再赘述了。例如，【工具箱介绍】群组图标结构如图 6.202 所示。

　　程序执行结果如图 6.203 所示。当单击工具箱上某一个工具时，系统会给出该按钮的名称和功能。设置方法参见【例 6-11】。

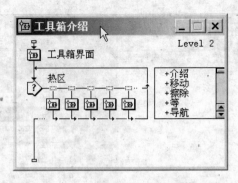

图 6.202 　【工具箱介绍】群组图标结构

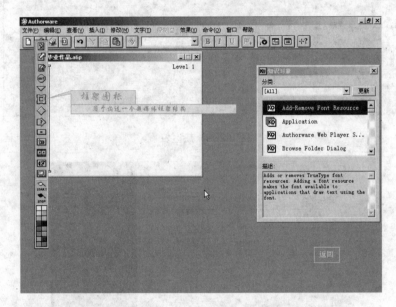

图 6.203 　【工具箱介绍】群组图标结构的执行结果

4. 群组【结束】的设置

在群组【结束】图标中，设置程序在音乐的伴奏下，动态地显示指导老师和创作者的姓名，最后退出系统。其结构图如图 6.204 所示。

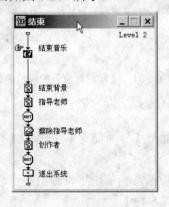

图 6.204 　【结束】结构图

操作步骤如下。

(1) 声音图标【结束音乐】的属性设置如图 6.205 所示。

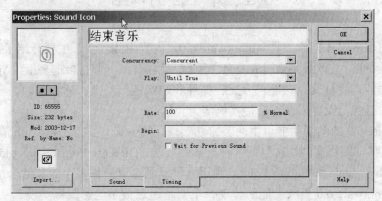

图 6.205　声音图标【结束音乐】的属性设置

(2) 显示图标【指导老师】和【创作者】的属性设置如图 6.206 所示。其中 Transition 设置为 Wipe Right，意为文字从左向右显示出来。

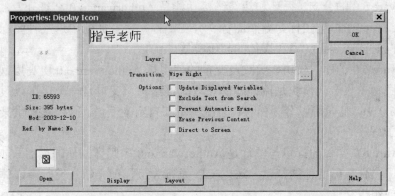

图 6.206　显示图标【指导老师】和【创作者】的属性设置

(3) 擦除图标的属性设置类同于显示图标，但擦除过渡方式 Transition 设置为 Wipe Down，意为文字从上向下擦除。

(4) 计算图标【退出系统】的内容为 "Quit()"，表示退出系统。

(5) 程序执行结果如图 6.207 所示。

图 6.207　程序执行结果

6.9 本章小结

本章介绍了多媒体创作工具 Authorware 6.0，内容由浅入深，主要介绍了：Authorware 6.0 的安装和运行、主界面屏幕组成及菜单系统常用图标。同时详细介绍了 Authorware 6.0 的动画移动功能，各种交互功能，分支、循环和超级链接功能，库、模块、函数及变量的使用，文件的打包与发行以及综合性实例等。

Authorware 6.0 的动画功能可由两类方法实现。其中第一类方法是 Authorware 6.0 的内部功能，通过移动图标实现。它包括五种具体的方法：Direct to Point、Direct to Line、Direct to Grid 、Path to End 和 Path to Point，利用五种动画可以制作多个对象的合成动画。第二类方法是 Authorware 6.0 集成功能的体现，主要是通过数字电影图标实现。

Authorware 6.0 的交互功能共有 11 种。本章结合实例详细介绍了按钮响应、热区响应、热对象响应、目标区域响应、下拉菜单响应、文本输入响应、按键响应、条件响应、尝试限制响应和时间限制响应。

Authorware 6.0 的分支、循环和超级链接功能是 Authorware 6.0 高级开发的基础。本章结合实例详细介绍了框架图标、导航图标、分支图标，以及如何用这三种图标实现程序流程的控制。同时还介绍了文本和媒体的超级链接。

Authorware 6.0 的库、模块、函数及变量的使用是 Authorware 6.0 更高层次的开发。库是一个设计图标的集合。模块是流程线的一段流程结构。变量是一个值可以改变的量。在 Authorware 6.0 中，变量可以分为两种：系统变量和自定义变量。函数是提供某些特殊功能或者作用的子程序。

Authorware 6.0 文件的打包与发行是 Authorware 6.0 多媒体制作的最后一步，本章主要介绍了源程序文件、库文件的打包，还以 CD 发行为例详细介绍了发行多媒体软件所需的文件以及如何组织文件。

6.10 习　　题

1. 如何启动和退出 Authorware 6.0 系统？
2. 设计一个多媒体课件的片头。其中：标题为有阴影效果的文本，文本的字体为隶书，大小为 48 磅，并且设计标题文本显示时都分别有过渡效果。
3. 进一步完善第 2 题，加入等待图标、擦除图标，并且加入显示和擦除的过渡效果。最后用群组图标来组织流程线上的各个图标。
4. 设计一个程序，使数字电影在屏幕上演播的同时有背景音乐衬托。
5. 设计一个程序，可以控制音乐的播放和停止。
6. 模仿【例 6-1】，制作一个课件的片头，使标题的出现产生动画效果。
7. 模仿【例 6-2】，设计出伴随音乐红旗缓缓升起的程序。
8. 模仿【例 6-4】，设计出飞机飞过城市上空，投下炸弹并爆炸的程序。
9. 设计一个模拟月亮围绕地球旋转的程序。
10. 交互响应的类型有哪几种？

11. 如何在流程线上设计一个交互结构？

12. 将【例 6-10】程序中的按钮改为自定义按钮，并为按钮加载自己设计的图像和声音。

13. 模仿【例 6-11】，设计一个介绍 Microsoft Word 的界面程序。

14. 将【例 6-10】中的鼠标指针形式改为其他的形式。

15. 为【例 6-14】程序增加两道测验题。

16. 设计一个口令程序，要求用户在 30 秒内输入正确口令，并且尝试次数不能超过 3 次；否则就结束程序运行。

17. Authorware 6.0 有哪些运算符？

18. 如何在一个演示图标内显示变量的值？

19. 设计一段程序，用变量来控制声音的开和关。

20. 查阅变量对话框，了解常用系统变量的功能和使用格式。

21. 查阅函数对话框，了解常用系统函数的功能和使用格式。

22. 导航图标包含哪几个不同的选项卡？

23. 框架图标的入口窗口的作用是什么？出口窗口的作用是什么？

24. 试设计一个风景画的浏览软件，要求：可以随意在各个画面之间进行跳转。

25. 分支属性对话框中，Repeat 选项的作用是什么？

26. 分支属性对话框中，Branch 下拉列表框中包含哪些选项？各选项实现的功能有何不同？

27. 用分支图标制作一个小学生的题库，要求至少包含 6 道题，出题顺序随机；当做完一定数量的题目后，自动给出分数；如果分数不及格，要求做题者继续练习；如果分数及格，程序结束。

28. 利用知识对象设计一个可以游览指定网页的小程序。

29. 为什么要对文件进行打包？

30. 将前面编制的程序进行链接、打包并发行。

第 7 章　网络多媒体技术

【学习目的与要求】

随着互联网的快速发展，越来越多的企业和个人都想拥有一个属于自己的网站。而且人们已经不再满足单调的纯文字网页了，多媒体网站已成为大势所趋。

在众多的网页制作软件中，应用最广泛的当属 Dreamweaver，它是 Macromedia 公司开发的网页制作三剑客软件中最主要的一个，主要用于网页制作和网站管理。它提供了功能强大的可视化工具和高度智能化的代码编辑环境，使用户拥有了对网页最大的控制权和极高的网页制作效率。

本章主要介绍 WWW 站点设计的基本知识和利用 Dreamweaver 8 进行网页制作的方法。使大家对网络多媒体技术有一个基本的了解，并能基本掌握网页制作的过程。

7.1　网站设计基本知识

7.1.1　Internet 与 Web 技术

Internet 是全球范围内的计算机组成的信息网络，又称为国际互联网。它是 20 世纪最伟大的发明之一，它改变了人们与世界交流的方式。

Internet 的历史并不长，它的前身是由美国国防部高级研究计划管理局在 1969 年创建的军用实验网络 APRAnet(阿帕网)，建立初期只有 4 台主机。后来随着 TCP/IP 通信协议的成功研制，使不同品牌、不同操作系统的计算机之间实现了互联，Internet 也因此得到了扩张和发展。目前，几乎所有的国家和地区都与 Internet 进行了连接，有上亿台计算机和几十亿个用户在使用 Internet。

人们可以利用 Internet 进行信息的浏览与发布，收发电子邮件(E-mail)，实现网上交流，从事电子商务活动等。随着科学技术的发展，Internet 的应用会越来越广泛。

Web 是 World Wide Web 的简称，因此又称为 WWW，中文译为万维网，它是一个建立在 Internet 基础上的网络化超文本传输系统。构成 Web 体系结构的基本元素包括：Web 服务器、Web 浏览器、HTTP 协议、HTML 语言以及 URL 地址。

这里的 Web 服务器指的是一种软件系统，例如 Windows XP、Windows 2000 操作系统中的 Internet 信息服务(IIS)就包含 Web 服务器的功能。网站中的所有文件都是通过 Web 服务器来提供访问的。Web 服务器对数据进行加工、处理，然后将结果返回给浏览器，浏览器便看到了具体的网页。Web 服务器还具备连接数据库的功能、FTP 服务功能及代理服务的功能等。

Web 浏览器用于显示网站上的信息。浏览器安装在客户端，能够理解多种协议，如 HTTP、FTP 等，也能理解多种文档格式，如 TEXT、HTML、JPEG 及 XML 等格式的文档。浏览器有许多种，如 Netscape Navigator、Microsoft Internet Explorer(即 IE)、Mozilla Firefox 等。目前，所占市场份额最大的是 Microsoft 公司开发的 IE 浏览器，它已经开发到 7.0 版本。

HTTP(超文本传输协议)是一种在 Web 服务器和 Web 客户之间传输 Web 页面的通信协议，它是一种请求/应答式的协议。浏览器通过 HTTP 向 Web 服务器发送一个 HTTP 请求，Web 服务器收到这个请求后，执行客户所请求的服务，生成一个 HTTP 应答返回给客户。HTTP 是建立在 TCP/IP 协议之上的应用协议，也是 Web 上最常用、最重要的协议。

HTML(超文本标记语言)是一种用来制作网络中超级文本文档的简单标记语言。它是在文本文件的基础上加上一系列标记，用以描述颜色、字体、文字大小及格式，再添加上声音、图像、动画甚至视频等形成精彩的页面。当用户浏览包含 HTML 标记的网页时，浏览器会翻译由这些标记提供的网页结构、外观和内容的信息，并按照一定的格式在屏幕上显示出来。目前，比 HTML 具有更多优势的 XML 已经逐渐成为网页制作的主要标记语言而与 HTML 并存。

URL(Uniform Resource Locator，统一资源定位器)，即人们常说的网址。它用来指定网上资源所在的位置和获取资源的方式。URL 的统一格式为：

协议名称：//主机域名或 IP 地址/路径/文件名

例如：http://news.sohu.com/20071105/n253050905.shtml，这是搜狐网站的一个新闻页面。其中 http 是指采用 HTTP 通信协议获取资源，news.sohu.com 是指搜狐网站的新闻服务器的主机域名，20071105 是主机上的目录，n253050905.shtml 则是用户最终看到的网页的文件名。

7.1.2　网站建设的流程

网站的建立是一个系统工程，不论是个人网站还是企业的网站，都要在精心构思、细致分析的基础上按照下面的流程进行建设。

1. 需求分析、确定主题

在建设一个网站之前，首先要清楚网站建立的目的是什么。需求分析是做好网站设计与规划的前提工作。设计者要了解网站的服务群体，这包括网站的拥有者和访问者。对于网站的拥有者，设计人员必须了解他们的目的以确定网站应具备的基本功能，了解他们的用户环境以确定网站的栏目结构，了解他们的产品或服务以确定网页的设计风格，了解他们投入建设网站的资金量以确定网站的规模等。对于网站的浏览者，设计人员必须注意网站要具有鲜明的主题、漂亮的外观、丰富的内容以及清晰的导航等，这是网站生存的条件。

网站的主题只能有一个，主题的确定应当短小而精要。如不要在介绍计算机知识的同时，加入介绍文学作品的内容，不要在一个学校网站上放置一些明星图片来吸引人，这样往往会起到相反的效果。

2. 域名注册

在确定网站的建设目标后，就需要注册域名了。注册域名是在 Internet 上建立任何服务的基础。域名采用层次结构，每一层构成一个子域名，子域名之间用圆点隔开，如：www.sina.com.cn。其中 www 代表提供 www 服务的服务器的名称；sina 代表公司或机构的名称；com 指公司的性质，代表某一类机构，如 edu 代表教育机构，com 代表商业机构，gov 代表政府机构，org 代表非营利性组织等；cn 表示 Web 服务器所在国家或地区的简称，如 cn 代表中国，jp 代表日本，tw 代表中国台湾等。

域名的选择要简短、切题、通俗，这样才会给用户留下深刻的印象。在域名注册之前，应先到 InterNIC(http://www.internic.net)和 CNNIC(http://www.cnnic.com.cn)网站去查询该域名是否已经被别人抢先注册了。

3. 设立主机

域名注册之后，要为网站内容的存放建立一定的空间，这需要设立主机。主机必须是一台服务器级的计算机，并且要用专线或其他形式 24 小时与互联网相连。可以根据投入资金的多少和信息流量的大小选择虚拟主机(租用网络服务机构的服务器空间)或服务器托管(自己购置服务器；托管给网络服务机构)等方式。

4. 规划网站内容并制作网页

网站的内容是网站的主体，内容选择和规划时要注意网页做得要新颖，要引人入胜，吸引浏览者的眼球；内容要简而精，要有侧重点，这样既有利于提高浏览者的浏览速度，又便于网站的维护和更新。

在制作网页之前，要先画出网页的设计结构草图。设计草图要直观，网站的首页内容、栏目名称以及各栏目网页的数量在草图中要一目了然。根据设计草图，创建网站的基本框架，建立相应的文件夹，设计首页和各栏目页面。

5. 网站测试

网站测试是保证网站整体质量的重要一环，当把多张网页整合成网站后，要对整个网站进行测试，看其是否能够正常运行，并将其中的运行错误加以修改。主要的测试内容包括：功能测试、性能测试、安全性测试、稳定性测试、浏览器兼容性测试及链接测试等。

6. 网站发布与推广

当网站经过测试可以正常运行后，就可以放到 Internet 上了。根据主机的设立方式，进行网站的发布，具体发布方法将在第 7.2 节中介绍。

网站发布成功后，还要展开一系列的推广活动，让更多的人知道网站的存在。要通过各种有效的手段提高网站的知名度，以提升网站的访问量。

7. 网站维护与更新

网站维护与更新是网站建设中极其重要的部分，也是最容易被忽略的部分。不进行维护的网站，很快就会因内容陈旧、信息过时而无人问津。互联网最大的优势就是信息的实时性，只有快速地反映、准确地报道，才能吸引更多的浏览者。严格来说，每一个站点都应该由专业人员定期更新维护。

7.2　Dreamweaver 8 简介

7.2.1　Dreamweaver 8 的工作环境

Dreamweaver 8 是美国 Macromedia 公司推出的"所见即所得"的可视化网站开发工具的最新版本。它是国内外普遍应用的专业网页设计软件，人们称之为"网页织梦者"。Dreamweaver 8 不仅提供了强大的网页编辑功能，而且提供了完善的站点管理机制。

Dreamweaver 8 的操作界面如图 7.1 所示。

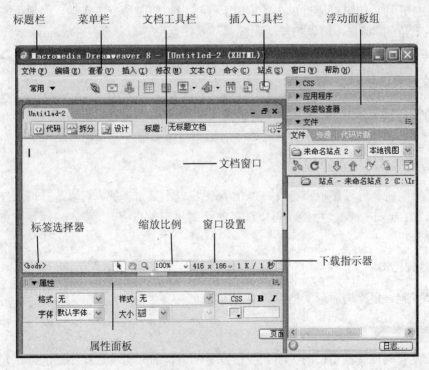

图 7.1　Dreamweaver 8 的操作界面

1. 标题栏

标题栏可显示当前正在编辑的网页文档的文件名。

2. 菜单栏

菜单栏包含 Dreamweaver 8 的所有操作命令，共 10 个主菜单。

3. 文档工具栏

文档工具栏提供了文档操作的常用命令，如【代码】选项卡表示仅在文档窗口中显示 HTML 源代码视图，【拆分】选项卡表示同时显示 HTML 源代码视图和设计视图，【设计】选项卡是系统的默认设置，表示在文档窗口中只显示设计视图，【标题】文本框用于输入当前网页在浏览器上显示时标题栏中的内容。

4. 插入工具栏

插入工具栏汇集了网页中可以插入的所有元素，如表格、层、图像、媒体以及文本等，可以单击【常用】标签后面的 ▼ 按钮，选择插入对象的类别。

5. 浮动面板组

浮动面板组包括一系列编辑网页时的控制内容。利用浮动面板对网页文档进行控制，可以在文档窗口中直接看到操作结果，真正实现了"所见即所得"，提高了工作效率。浮动面板的打开和关闭可以通过单击【窗口】菜单中的相应命令来实现。用鼠标左键拖动浮动面板左上角的 标记，可以将浮动面板移动到任意位置，甚至是 Dreamweaver 窗口的外面。单击浮动面板名称左边的 ▶ 标记，可以将浮动面板折叠或展开。

6. 文档窗口

文档窗口是实际编写网页的区域，根据不同的视图形式显示不同的内容。在单击【设计】标签时，文档窗口中显示的内容应与用浏览器浏览网页时显示的界面相同。

7. 标签选择器

编辑网页时，可以显示和修改 HTML 标签。单击某个标签，可以选择网页中相应的编辑对象。如：单击<body>标签，可以选择整个网页中的内容，单击<p>标签，可以选择一个段落等。

8. 缩放比例

可以按照一定比例显示文档窗口中的内容。

9. 窗口设置

可以设置网页文档窗口的大小。应根据显示屏幕的分辨率选择不同的窗口尺寸，如屏幕分辨率为 800×600 时，窗口大小设置为 760×420。

10. 下载指示器

下载指示器可显示当前网页文件所占容量，以及网页被下载时所需要的时间。

11. 属性面板

在文档窗口中选择某个元素，在属性面板中会显示该元素的相关属性。

7.2.2　创建本地站点

通常情况下，大多数的设计者都不可能直接在服务器上创建站点和文件，而要在本地计算机中完成网站的制作后，再将网站整体发布到服务器上。因此制作网站的第一步是要先创建本地站点。下面是创建本地站点的具体步骤。

1. 创建文件夹，收集网页素材

一个网站的制作往往需要许多不同种类的文件，如网页文件、图片文件、动画文件和声音文件等，合理地使用文件夹来管理网站内的文件，可以使网站的设计有条不紊，易于维护管理。

在此特别强调一点，网站中所有的文件及文件夹都不要使用中文命名，最好使用有规律可循的英文名称，如汉语拼音、英文单词和英文缩写等。如果使用中文名称可能会发生图片无法显示、音乐无法播放等错误。

首先要建立站点根文件夹，站点中的所有文件都要放在此文件夹下。本例中在 D 盘创建名为 myweb 的文件夹。

如果将所有文件不分类别地放置到根文件夹下，会造成文件太多，不易于管理的麻烦。因此，还要在站点根文件夹下再建立几个子文件夹，如建立 html 子文件夹，用来存放普通网页文件；建立 images 子文件夹，用来存放图像文件；建立 flash 子文件夹，用来存放 Flash 动画文件；建立 music 子文件夹，用来存放声音文件等。

需要指出的是，如果网站的规模比较大，包括许多栏目，建立两层结构的文件夹不能满足便于管理的目的，此时应考虑为每一个栏目建立子文件夹系统。如：网站中包括新闻栏目，可以先在根文件夹下建立名为 news 的子文件夹，然后在 news 文件夹中再创建 html、images、flash 和 music 等子文件夹，用来专门存放新闻栏目的网页、图片、动画和声音文件等。

文件夹建好之后，就可以将编写网页时需要用到的图片、动画及声音等素材文件复制到相应的文件夹下。在网页制作的过程中，也可以进行素材的收集。

2. 打开站点定义对话框

启动 Dreamweaver 8，在其操作界面中单击【站点】|【新建站点】命令，弹出【站点定义】对话框，如图 7.2 所示。

另外，还可以直接在 Dreamweaver 8 的起始页对话框的【创建新项目】选项组中单击【Dreamweaver 站点…】链接，如图 7.3 所示，也可以打开【站点定义】对话框。

【站点定义】对话框中有【基本】和【高级】两个选项卡，其中【基本】选项卡是以向导提示的形式按步骤创建站点，【高级】选项卡是以分类的形式定义站点的不同信息。本例中采用【基本】选项卡的方式进行站点定义。

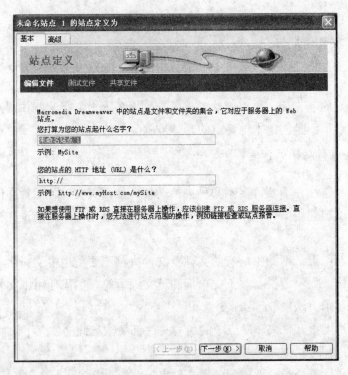

图 7.2 【站点定义】对话框

图 7.3 起始页对话框

3. 为站点命名

在图 7.2 所示的【您打算为您的站点起什么名字？】文本框内输入网站的名称，本例中输入"我的站点",在【您的站点的 HTTP 地址(URL)是什么?】文本框内可以输入站点的 URL 地址,本例中不进行设置,保留默认的"http://"即可。

单击【下一步】按钮,打开如图 7.4 所示的服务器技术选择界面。

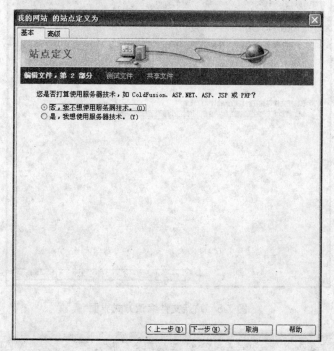

图 7.4 服务器技术选择界面

4. 选择服务器技术

在服务器技术选择对话框中有两个单选按钮,询问用户是否打算使用服务器技术。利用服务器技术可以创建 APS.NET、ASP 及 JSP 等技术支持的动态网站,否则创建的为静态网站。本例中选中【否,我不想使用服务器技术。】单选按钮。

单击【下一步】按钮,打开如图 7.5 所示的站点文件编辑方式界面。

5. 设置站点文件编辑方式

通常情况下,要在本地的计算机中编辑网页,然后再上传到服务器中,只有很少数的情况下才直接在服务器中直接编辑网页。因此在本例中选中【编辑我的计算机的本地副本,完成后再上传到服务器(推荐)】单选按钮。

另外,还需要指定网站中文件的存储位置。单击图 7.5 所示对话框中文本框右侧的 按钮,弹出选择文件夹中的通用对话框,找到并打开已经创建的 D 盘的 myweb 文件夹,如图 7.6 所示。单击【选择】按钮,此时站点文件编辑方式对话框的列表框内会显示出如图 7.7 所示站点根文件夹的内容。

单击【下一步】按钮,打开如图 7.8 所示的远程服务器连接方式界面。

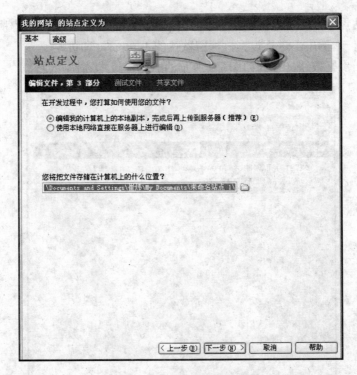

图 7.5　站点文件编辑方式界面

图 7.6　选择本地根文件夹

您将把文件存储在计算机上的什么位置？

D:\myweb\

图 7.7　站点根文件夹内容

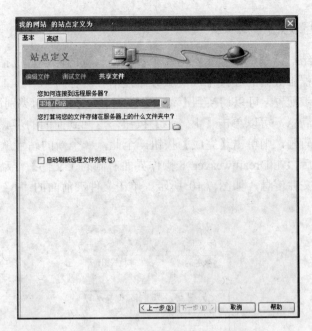

图 7.8 远程服务器连接方式界面

6. 选择远程服务器连接方式

制作好的网站内容，需要发布到服务器中后才能浏览。远程服务器连接方式对话框的功能是设置通过何种方式与远程服务器进行连接，以发布网站。本例是先在本地计算机中制作网站，有关网站发布和服务器的设置可以在网站制作完成后进行。因此在【您如何连接到远程服务器？】下拉列表中选择【无】选项，暂时不设置连接方式。

单击【下一步】按钮，打开如图 7.9 所示的站点设置总结界面。

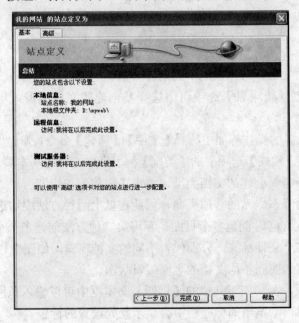

图 7.9 站点设置总结界面

7. 进行站点设置总结

在站点设置总结对话框中，显示出前几个步骤中设置的内容，包括站点名称、本地根文件夹的位置、远程服务器的连接方式及服务器技术等内容。

如果需要进一步配置，可以切换到【高级】选项卡，按照不同类别详细设置站点信息。如果对当前设置不满意，可以单击【上一步】按钮，返回到前面的步骤进行修改，重新设置。如果没有其他问题，则单击【完成】按钮。至此，一个新的站点就定义好了。

站点定义结束后，在 Dreamweaver 8 操作界面右侧的【文件】浮动面板中会显示出当前站点的文件夹及文件信息，如图 7.10 所示。单击文件夹前面的"+"图标，可以查看文件夹内的文件。

图 7.10　【文件】浮动面板

7.2.3　文档的创建及设置

站点定义好之后，就可以编写网页了。在 Dreamweaver 中编辑的网页通常被称为文档，文档的创建、存储和文档页面属性的设置是制作网页最基本的操作。

1. 创建空白文档

要创建一个空白文档，可以采用下面两种方法。

在起始页的【创建新项目】选项组中选择要创建的文档类型，单击后即可创建，如图 7.11 所示。

在 Dreamweaver 8 的操作界面中选择【文件】|【新建】命令，弹出如图 7.12 所示的【新建文档】对话框。在【常规】选项卡的【类别】列表框中选择【基本页】选项，然后在【基本页】列表框中选择需要创建的文档类型，单击【创建】按钮即可。

由于要制作的为静态网站的普通页面，因此在以上两种方法中均选择 HTML 选项。

Dreamweaver 允许同时创建多个页面。利用第二种方法创建多个页面后，在文档工具栏上方会同时显示多个文件标签，分别代表不同的文档窗口，如图 7.13 所示。在不同的文件标签上单击，即可切换到不同文档的页面编辑状态。

选中某个文档后，在文档工具栏的【标题】文本框中可以输入该网页的标题。当使用浏览器显示该网页时，浏览器的标题栏中会显示此处设置的标题。

图 7.11　在起始页中创建文档

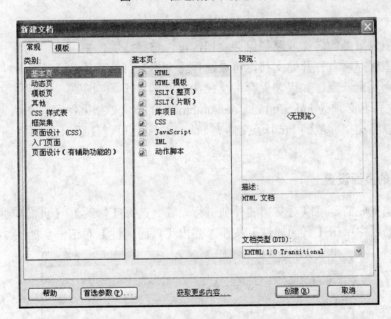

图 7.12　【新建文档】对话框

图 7.13　文档工具栏上方的文件标签

2. 存储文档

当网页文档的某一部分设计满意后，应当及时存储文档。选择【文件】|【保存】命令，或按快捷键 Ctrl+S 便可以进行文档存储。

如果文档尚未保存过，会弹出【另存为】对话框，如图 7.14 所示。选择网页文档的保存路径并输入文件名，单击【保存】按钮即可存储文档。

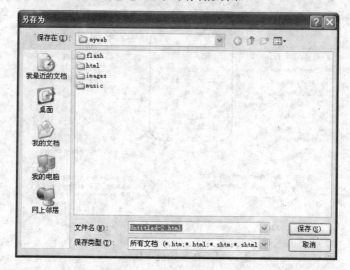

图 7.14 【另存为】对话框

如果希望以另外的名称或路径保存文档，可以选择【文件】|【另存为】命令。

如果希望保存所有打开的文档，可以选择【文件】|【保存全部】命令。

需要特别注意一点，如果要保存的文档为网站的首页，则应将文档保存在站点根文件夹下，而且文件名必须为 index.htm 或 default.htm 中的一个。如果保存的文档为网站中的普通页面，可以将文档存放到 html 子文件夹下，文件主名可以任意(不能用汉字)，文件扩展名应为.htm。

3. 文档的页面设置

文档创建完成后，可以对文档的外观进行设置。选择【修改】|【页面属性】命令，或在【属性】面板中单击【页面属性】按钮，弹出【页面属性】对话框，如图 7.15 所示。

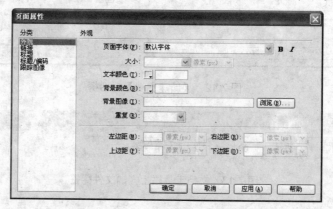

图 7.15 【页面属性】对话框

在该对话框的【分类】列表框中选择【外观】选项，此时可以设置文档的默认页面字体、文字大小、文本颜色、页面的背景颜色、背景图像、页面中的内容与页面边框之间的距离等选项。

7.2.4　插入文本

文本是网页的核心内容，在文档窗口中输入文本之后，还应对它的字体、字号、颜色以及对齐方式等进行设置。对具有层次关系、并列关系的文本，可以将其设置为列表形式。

1. 添加文本

利用 Dreamweaver 8 在网页文档中添加文本有两种方法：一是直接在文档窗口中输入文本；另一种是复制其他网页或 Word 文档中的文本，再粘贴到文档窗口中。

在文档窗口中，有一个闪烁的光标，这是文本的插入点。在光标后面输入文本，按 Enter 键会结束一个段落的输入，并且插入一个空行。按快捷键 Shift+Enter 会换行但不结束当前段落，如图 7.16 所示。第一段结束后按 Enter 键，它与第二段之间有一个空行，而第二段各行结束后按快捷键 Shift+Enter，只换行不会空行。

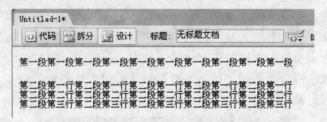

图 7.16　段落和换行

2. 设置文本大小

在文档窗口中输入的文本大小是系统默认的。可以利用【属性】面板的【大小】下拉列表框改变文本的大小。

可以在【大小】下拉列表中选择系统提供的字号，也可以在该文本框中输入数字。在【大小】下拉列表框后面的下拉列表中可以选择字号的单位，默认单位为像素，如图 7.17 所示。

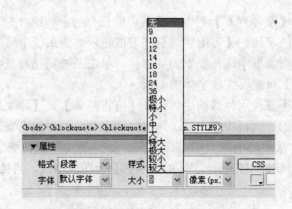

图 7.17　在【属性】面板中设置文本大小

3. 设置字体

在【属性】面板【字体】下拉列表框中可以设置所选文本的字体，如图 7.18 所示。

图 7.18　字体属性设置

其中【默认字体】选项依据操作系统环境而不同，对于简体中文环境，默认字体为宋体。多种字体出现在一行，如【隶书，黑体，宋体】选项表示浏览网页的操作系统中如果安装了隶书，则文本以隶书形式显示，否则以黑体形式显示；没有安装黑体则以宋体形式显示；如果宋体也未安装，则以默认字体显示文本。

如果字体列表中没有合适的字体，可以选择【编辑字体列表】选项，弹出【编辑字体列表】对话框，可定义新的字体，如图 7.19 所示。

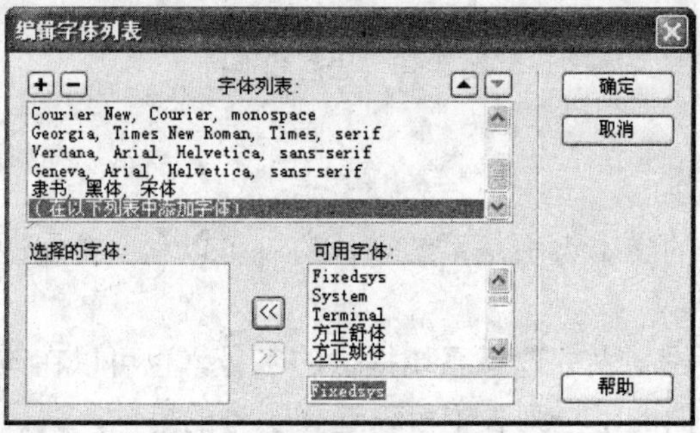

图 7.19　【编辑字体列表】对话框

在该对话框中，【字体列表】列表框显示当前已有的字体组合选项，【选择的字体】列表框显示当前选中的字体，【可用字体】列表框显示当前系统中可以使用的字体。

在【可用字体】列表框中选择要添加的字体，单击 按钮进行选择。可以选择多种可用字体，单击【确定】按钮可完成字体的添加。

需要注意，最好不要使用特殊的字体，如【方正舒体】、【华文彩云】等。这是因为不能保证网页浏览者的计算机中也安装了这些特殊字体，如果没有安装，特殊字体会以默认字体的形式显示，从而影响网页的整体效果。如果确实需要特殊字体的显示，可以在Photoshop 等图形编辑软件中将特殊字体的文字保存为图像格式，再插入到网页文档中。

4. 改变文本颜色

网页中的文本颜色采用 RGB 的颜色体系，共 1600 多万种颜色。选中文本，单击【属性】面板中的▣按钮，可以选择所需的颜色，如图 7.20 所示。

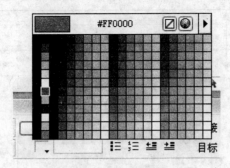

图 7.20　文本颜色选择

5. 对齐文本

【属性】面板上有 4 个按钮用来设置段落对齐方式。

≡(左对齐)：将文本向浏览器窗口的左边界对齐。

≡(居中对齐)：使文本在浏览器窗口的居中位置显示。

≡(右对齐)：将文本向浏览器窗口的右边界对齐。

≡(两端对齐)：使文本在浏览器窗口中两端对齐显示。

6. 段落的格式

在【属性】面板中，可以对文本的段落格式进行设置。

【格式】选项是系统已经设置好的段落格式和 6 种标题格式，不同格式的文本在字体、字号上会有区别。而【预先格式化的】选项是将文本以其真实的格式显示。

≝ 按钮可以将整段文本向右移动，进行缩进处理。

≝ 按钮可以将整段文本向左移动，恢复到原来的格式。

≔、≔ 两个按钮分别将文字所在的段落设置为项目列表和编号列表的形式。

7.2.5　插入表格

表格在网页中的用途非常广泛。它不仅可以有序地排列数据，还可以精确地定位文本、图像及网页中的其他元素，成为网页排版布局不可或缺的工具。表格运用的熟练与否直接影响作品外观的好坏，大部分的网站在制作过程中都用到了表格。

1. 表格的组成

从表格组成上看，Dreamweaver 中的表格与 Word 中的表格没有什么不同，包括三个基本组成部分：行、列和单元格，如图 7.21 所示。

2. 表格的建立

在 Dreamweaver 8 中建立表格，应选择【插入】|【表格】命令，弹出【表格】对话框，如图 7.22 所示。

图 7.21　表格的组成部分

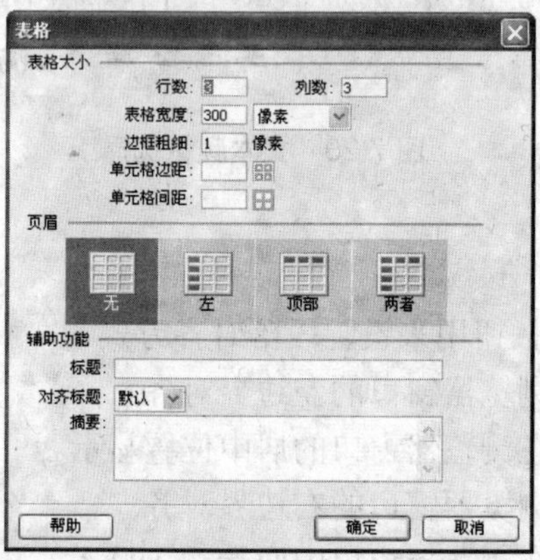

图 7.22　【表格】对话框

该对话框的内容如下。

【行数】、【列数】文本框：设置插入表格的行和列的数量。

【表格宽度】文本框：设置整个表格的宽度，单位有像素和百分比两种，像素表示固定宽度，百分比表示表格的大小会随着网页浏览器的窗口大小变化而改变。

【边框粗细】文本框：设置表格边框线的粗细，以像素为单位。无边框线时可设置为 0。

【单元格边距】文本框：设置单元格中的内容与单元格边框线之间的距离，以像素为单位，不输入数值时默认为 3 像素。

【单元格间距】文本框：用于设置两个单元格之间的距离，以像素为单位，不输入数值默认为 3 像素。

【页眉】选项组：可在表格中设置标题行或标题列。

【标题】文本框：可用于设置一个在表格外的表格标题。

【对齐标题】下拉列表框：设置表格标题相对于表格的显示位置。

【摘要】文本框：为表格设置说明文字，该文本不显示在浏览器中。

设置【表格】对话框中的内容后，单击【确定】按钮，可在光标所在位置插入一个表格。

3. 选择表格及表格元素

如果要设置表格和表格元素的属性，先要对其进行选择。

(1) 选择整个表格：单击表格中任意一个单元格的边框线(表格最上方的边框线和最左边的边框线除外)可以选中整个表格。表格被选中后，其右侧、下边和右下角分别出现三个控点，如图 7.23 所示。用鼠标拖动控点，可以改变表格的大小。

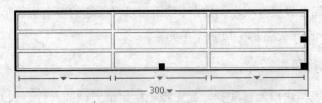

图 7.23　选中整个表格的状态

(2) 选择行与列：将光标置于欲选择行的最左边的边框线或欲选择列的最上方的边框线时，鼠标指针变成黑色箭头，此时单击可以选择行或列。

(3) 选择单元格：将光标定位到某个单元格内相当于选中该单元格；用鼠标在表格内拖动可以选择连续的多个单元格；按住 Ctrl 键单击欲选择的单元格可以选择不连续的多个单元格。

4. 设置表格属性

选中表格之后，可以在【属性】面板中设置表格的属性，如图 7.24 所示。

图 7.24　表格的属性

其中：【表格 Id】下拉列表框可以为表格命名；【行】、【列】文本框用于设置表格的行数和列数；【宽】、【高】文本框用于设置表格的宽度和高度；【填充】文本框用于设置单元格中内容与边框线之间的距离；【间距】文本框用于设置单元格之间的距离；【边框】文本框用于设置表格边框线的宽度；【对齐】文本框用于设置整个表格在页面中的对齐方式；【背景颜色】颜色按钮用于设置整个表格的背景色；【边框颜色】颜色按钮用于设置表格所有边框线的颜色；【背景图像】文本框用于设置表格的背景图片。

5. 设置行、列、单元格属性

选中行、列或单元格，在【属性】面板的文本属性设置下方会出现行、列或单元格属性的设置内容，如图 7.25 所示。

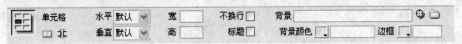

图 7.25　单元格属性

其中：【水平】、【垂直】下拉列表框用于设置所选行、列或单元格中的内容水平与垂直方向的对齐方式；【宽】、【高】文本框用于设置行、列或单元格的宽度和高度，单元格宽度和高度的调整会使整列或整行同时调整；【背景】文本框用于设置所选行、列或单元格的背景图片；【背景颜色】颜色按钮用于设置所选行、列或单元格的背景色；【边框】颜色按钮用于设置所选行、列或单元格的边框颜色。

另外，单元格属性设置区域左侧的 按钮可以将所选的多个相邻单元格合并为一个，
按钮，可以将一个单元格拆分成多个单元格。

6. 增加或删除行和列

在已经创建的表格内增加行和列，要先将光标定位到欲插入行、列的单元格内，然后
选择【插入】|【表格对象】菜单中的【在上面插入行】、【在下面插入行】、【在左边插
入列】或【在右边插入列】命令。

要删除行或列，先将光标定位到欲删除的行或列中，然后选择【修改】|【表格】菜单
中的【删除行】或【删除列】命令。

7.2.6 插入图像

图像是多媒体网页中必不可少的元素。在网页中加入精美的图片可以使得页面更加吸
引人，展现出文字无法表达的意思，达到意想不到的效果。目前几乎所有的网页上都或多
或少地带有图像。

Dreamweaver 8 提供了强大的页面图像控制功能，支持网页中广泛使用的 JPG 和 GIF
格式的图像文件。这两种格式的文件经过了压缩处理，文件所占空间较小，有利于网上
传输。

1. 添加图片

在网页中添加图像之前，应该先把图像文件复制到站点根文件夹的图片子文件夹(如
images 子文件夹)中，而且图像的名称及路径不能出现汉字，否则插入的图像可能无法显示。

添加图片的方法很简单，只需将光标定位到插入点，然后选择【插入】|【图像】命
令，弹出【选择图像源文件】对话框，如图 7.26 所示。在图像子文件夹中选择要插入的图
像即可。

图 7.26 【选择图像源文件】对话框

如果在插入图像之前尚未保存过网页文档，则图像的地址会采用以"file://"为前缀的绝对路径形式；保存网页文档后，图像的地址会改变为相对路径形式。

如果没有在站点根文件夹中选择图片，而是在其他路径下选择了图像，则在单击【确定】按钮后会弹出如图 7.27 所示的对话框，询问是否将该图片复制到站点根文件夹下。此时单击【是】按钮，并选择站点根文件夹中的图像子文件夹存放文件。

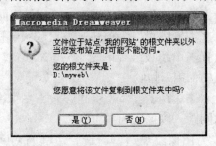

图 7.27　询问是否复制图片文件

选择图像，单击【确定】按钮之后会弹出如图 7.28 所示的对话框，其中的【替换文本】下拉列表框是设置如图片由于种种原因无法显示时，在图像占位符的左上角显示的文本。

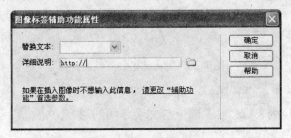

图 7.28　【图像标签辅助功能属性】对话框

2. 编辑图像

在网页文档中选择图像，【属性】面板会显示图像属性的设置内容，如图 7.29 所示。

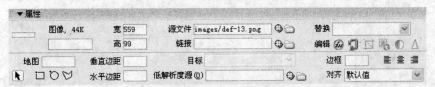

图 7.29　图像属性的设置

各项设置如下。

- 名称：在【属性】面板左上角，显示图像的缩略图以及该图像文件的大小(这里为44K)，图像大小的下边有一个文本框，可以为该图像输入一个名称。
- 【宽】、【高】文本框：设置图像的宽度和高度，单位为像素，如果改变了图像的宽度和高度，则这两个文本框中的数字将以粗体形式显示。
- 【源文件】文本框：指定图像的地址，应为相对路径的形式显示。可以单击右侧的 按钮选择其他的图像。

- 【链接】文本框：为整张图像输入超链接的地址，在浏览器中单击图像会跳转到相应的 URL 地址上。
- 【替换】下拉列表框：设置图像的提示信息，无法显示图像时可以在图像占位符中显示该信息。
- 【地图】文本框：包括三个工具，矩形热区、椭圆形热区和多边形热区。利用三个热区工具在图像上绘制相应形状的图形，【属性】面板会显示如图 7.30 所示的内容。在【链接】文本框中可以为该热区设置超级链接的地址。利用这种方法，可以为一张图像设置多个超级链接地址，浏览网页时，单击图像的不同位置的热区，会跳转到相应的 URL 地址。
- 【垂直边距】、【水平边距】文本框：可以设置图像在垂直方向和水平方向与其他元素之间的空白间距，以像素为单位。
- 【边框】文本框：为图像添加边框，设置边框的宽度，以像素为单位。默认表示无边框。

图 7.30　地图热区的属性设置

- ▤、▤、▤ 按钮：设置图像在页面中的对齐方式。
- 【对齐】下拉列表框：设置图像与文字之间的对齐方式，常用选项如图 7.31 所示。

图 7.31　常用图像与文本对齐方式

3. 设置背景图像

为网页文档设置一个背景图像，可以使单调的网页变得活泼生动，实现更丰富的页面效果。

选择【修改】|【页面属性】命令，弹出【页面属性】对话框，如图 7.15 所示。单击其中的【背景图像】下拉列表框右侧的【浏览】按钮，可以打开【选择图像源文件】对话框。

在图像子文件夹下选择一个图像文件后，单击【确定】按钮即可使该图像成为网页的背景图像。

需要注意，选择背景图像时，应当选择颜色与页面中其他元素颜色反差较大的图像，否则文档中的其他内容就衬托不出来了。再有，无论图像的尺寸有多大，一旦被设置为背景图像，Dreamweaver 会自动将其重复拼接，直到占满整个页面。

7.2.7 创建超链接

超级链接是网页中最为重要的部分，单击超级链接，即可跳转到相应的页面或位置。超级链接改变了按顺序浏览内容的传统方式，实现了点到点浏览，可以从一个网页直接跳转到任何一个网页，从一个位置跳转到任意位置，从一个网站跳转到任意网站。

网页中的文字和图像均可设置超级链接地址。超级链接包括以下几种形式。

1. 链接到文档

最常见的链接是在本网站的各个页面之间的链接，利用超级链接，可以从一个文档跳转到另一个文档。

选中需要链接的文字或图像，单击【属性】面板中【链接】文本框后的 按钮，弹出【选择文件】对话框，如图 7.32 所示。在网站根文件夹下选择要链接的文档后，单击【确定】按钮即可完成链接。

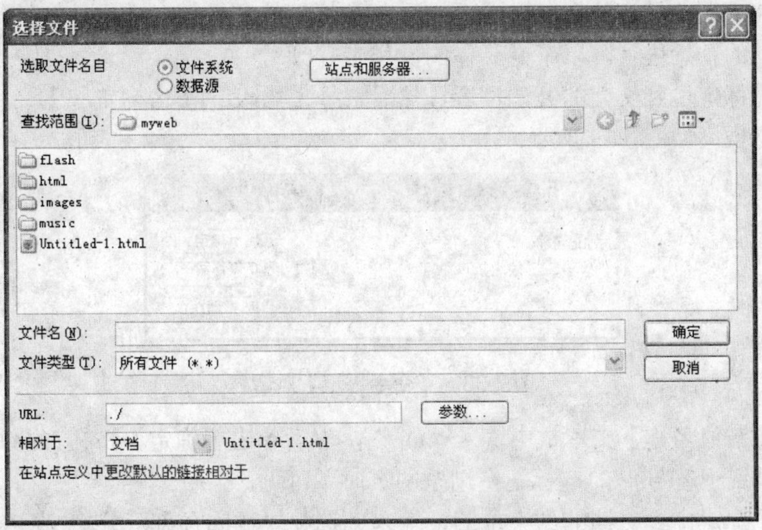

图 7.32 【选择文件】对话框

2. 链接到其他网站

在网站中经常会制作"友情链接"部分的内容，浏览时单击这类超级链接，会自动跳转到其他网站。

选中需要链接的文字或图像，在【属性】面板的【链接】文本框中输入链接网站的域名即可完成链接。域名的输入要完整，如链接到搜狐网站可输入"http://www.sohu.com"。

3. 链接到 E-mail 邮箱

在很多网站中，【与我联系】标签的超级链接就是一个与 E-mail 邮箱的链接，单击这种链接，不是跳转到相应的网页上，而是启动计算机中的 E-mail 程序(一般为 OutLook Express)，并指定收件人的邮箱地址。

选择需要链接的文字或图像，在【属性】面板的【链接】文本框中输入"mailto：邮箱地址"即可。如输入"mailto：tree111@sohu.com"，此时单击该超级链接，在启动的 E-mail 程序中，收件人的邮箱地址为"tree111@sohu.com"。

电子邮箱的地址必须以标准格式书写，应为"用户名@邮件服务器名"。

4. 空链接

如果需要设置某些文字或图片为超级链接状态，而暂时又不链接到任何网站或页面，可以将这些文字或图片设置为空链接形式。

选择需要链接的文字或图像，在【属性】面板的【链接】文本框中输入"#"即可。

5. 锚记链接

有的网页内容很多，需要上下拖动滚动条来查看文档的内容，例如要从文档结束位置返回到文档开始位置，不得不浏览所有的内容。为了快速而准确地实现在同一页面中的定位，可以使用锚记链接。

例如可在文档的结束位置创建【返回顶部】标签的超链接，单击该链接，则窗口会自动显示该文档的开始位置。以下是具体的操作步骤。

(1) 将光标定位到文档的开始位置，然后选择【插入】|【命名锚记】命令，弹出【命名锚记】对话框，如图 7.33 所示。

图 7.33　【命令锚记】对话框

(2) 在【锚记名称】文本框中输入"top"，然后单击【确定】按钮，此时光标所在位置会插入一个锚记符号 ，该标记在浏览网页时不可见。

(3) 将光标定位到文档的结束位置，输入并选中"返回顶部"几个文字，在【属性】面板的【链接】文本框中输入"#top"。

锚记链接一般用在单页内容较多的网页中，也可以用在不同网页中来实现准确的定位。此时需要先在被链接的页面中插入锚记符号，然后选中链接页面中的文本，接着单击【属性】面板【链接】文本框后的 按钮，选择被链接的页面。单击【确定】按钮，此时【链接】文本框中显示文件名，在该文件名的后面输入"#锚记名称"即可完成页面间的锚记链接。

超链接制作完成后，链接文字会以系统默认的样式显示。如果需要修改，可以选择【修

改】|【页面属性】命令，弹出【页面属性】对话框。在【分类】列表框中选中【链接】选项进行调整，如图 7.34 所示。

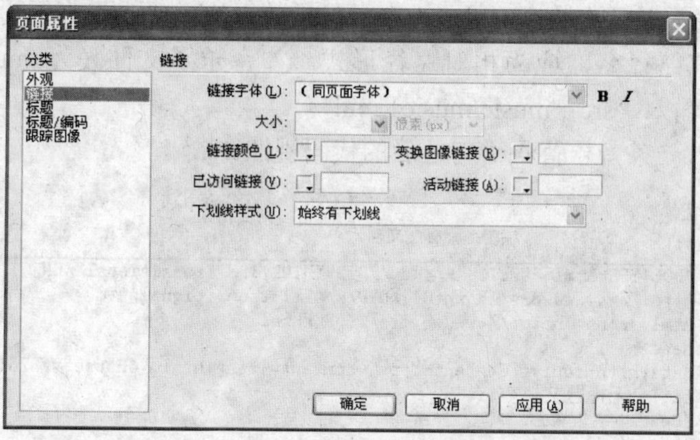

页面属性

分类	链接
外观	
链接	链接字体(L)：（同页面字体）　**B** *I*
标题	
标题/编码	大小：　像素(px)
跟踪图像	
	链接颜色(L)：　　变换图像链接(R)：
	已访问链接(V)：　　活动链接(A)：
	下划线样式(U)：始终有下划线

确定　取消　应用(A)　帮助

图 7.34　【页面属性】对话框

其中：【链接字体】、【大小】下拉列表框分别用于设置超链接文字的字体和字号；【链接颜色】颜色按钮用于设置超链接文字的默认颜色；【已访问链接】颜色按钮用于设置已经单击过的超链接文本颜色；【变换图像链接】颜色按钮用于设置鼠标指向超链接文字时的文本颜色；【活动链接】颜色按钮用于设置当前链接(在链接文字上单击)时文本的颜色；【下划线样式】下拉列表框用于设置超链接文字下划线的显示和隐藏。

7.2.8　播放多媒体对象

多媒体技术的发展使网页的设计者能轻松自如地在网页中加入声音、动画等内容，使网页更加生动、亮丽，从而吸引更多的访问者。

1. 播放声音

声音是网页中经常使用的元素，有的网页在页面载入时会自动播放一段动听的音乐，有的网页会在单击某段文字或图片时发出声音效果。

常见的声音文件有波形声音(*.wav)、MIDI 音乐(*.mid 或*.rmi)以及 MP3 音乐(*.mp3)，在网页中使用的声音文件越小越好，这样能够提高网页的下载和浏览速度。在以上三种文件中，波形声音一般比较短暂，但占用空间却很大，只能作为某些音效；MIDI 音乐和 MP3 音乐可以作为网页背景音乐，不过 MIDI 音乐一般只有几 KB 至几十 KB，而 MP3 音乐却有几 MB 至十几 MB，所以 MIDI 音乐常被用在网页中。

插入音乐之前，应先将音乐文件存储到站点根文件夹的音乐子文件夹下(如 music 文件夹)，而且声音文件名不能为汉字，否则会出现声音无法播放的错误。

插入音乐的方法有两种。

1)　利用 HTML 语句插入背景音乐

打开需要插入背景音乐的网页文件，单击文档工具栏中的【代码】按钮，打开该网页文件的代码视图。

在代码视图中，显示的是当前网页的 HTML 语言源代码。其中\<body\>和\</body\>标记之间的内容表示网页的主体内容部分。在<body>语句的后面，插入背景音乐代码，格式为：

  <bgsound loop="循环次数" src="音乐文件路径及文件名">。

  其中，loop 表示循环次数，0 和 1 均表示只播放一次，"-1"表示无限次循环。src 表示音乐文件名及其路径名，应为相对路径形式。如音乐子文件夹为 music，音乐文件为music1.mid，则可输入"src="music/music1.mid""。

  图 7.35 为插入一条音乐背景语句之后的代码视图。

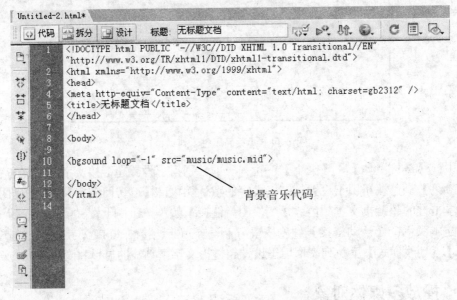

图 7.35 插入一条音乐背景语句之后的代码视图

  2) 利用【行为】面板插入声音

  利用【行为】面板不仅可以播放背景音乐，还可以在鼠标对文字或图片进行某些操作(如单击)时播放音乐。

  (1) 将光标定位在页面中，选择【窗口】|【行为】命令，打开【行为】面板。单击其中的 ![+] 按钮，在弹出的下拉菜单中选择【播放声音】选项，如图 7.36 所示。

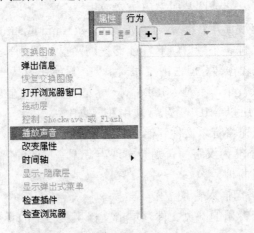

图 7.36 添加播放声音行为

（2）此时会弹出【播放声音】对话框，如图 7.37 所示。单击【浏览】按钮，在站点根文件夹中的声音子文件夹下选择要播放的声音文件后单击【确定】按钮。

图 7.37　【播放声音】对话框

（3）【行为】面板的列表中会出现一条播放列表，如图 7.38 所示，其中 onLoad 表示当网页被浏览器打开时开始播放声音，即该声音为背景音乐。

（4）此时在网页文档中会出现 图标，该图标为插件标记，浏览网页时不可见。选中该图标，【属性】面板会显示声音文件的属性，单击其中的【参数】按钮，会弹出控制声音播放的【参数】对话框，如图 7.39 所示。该对话框中的参数 LOOP 表示是否循环播放，AUTOSTART 表示是否自动开始播放，将这两个选项的值均改为 true 后单击【确定】按钮。

 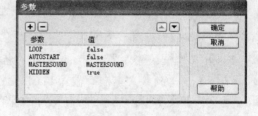

图 7.38　【行为】面板　　　　　图 7.39　【参数】对话框

（5）保存文件并预览此网页时，浏览器会出现"为了有利于保护安全性，Internet Explorer 已限制此网页运行可以访问计算机的脚本或 ActiveX 控件"的信息提示栏。单击此提示栏，选择【允许阻止的内容】选项后，背景声音开始播放。

如果要制作单击文字或图片后播放声音的效果，可以先选中该文字或图片，在【属性】面板的【链接】文本框中输入"#"，将文字或图片设置为空链接形式。然后选中该文字或图片，添加播放声音行为后，在图 7.43 所示的面板中会出现 onClick 事件(鼠标单击事件)。采用单击播放声音的形式，不要设置【参数】对话框中的 AUTOSTART 选项为 true。

2. 播放 Flash 动画

Dreamweaver 与 Flash 之间有很强的兼容性，在 Dreamweaver 中插入动感鲜活的 Flash 动画，可以制作出更具吸引力的网页。

1）插入 Flash 动画

（1）首先需要将 Flash 动画导出成 Flash 影片文件(*.swf)，并复制到站点根文件夹的 Flash 动画子文件夹下，文件名不能为汉字。

（2）然后将光标定位到 Flash 动画的插入点，选择【插入】|【媒体】|Flash 命令，在弹出的【选择文件】对话框中，选择要插入的 Flash 影片文件。单击【确定】按钮，即可插入 Flash 动画。

（3）插入后的 Flash 动画在网页中只显示占位符，而不显示内容，如图 7.40 所示。

图 7.40　Flash 动画占位符

(4) 选中该占位符，【属性】面板如图 7.41 所示。

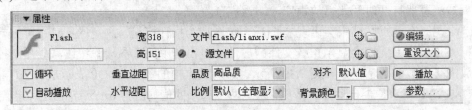

图 7.41　【属性】面板

各项设置如下。

- Flash 文本框：输入当前 Flash 影片的名称，控制影片播放时需要用到此名称。
- 【宽】、【高】文本框：输入 Flash 影片在浏览器中显示时的宽度和高度。
- 【文件】文本框：显示 Flash 影片的保存路径及文件名。
- 【重设大小】按钮：将 Flash 影片恢复成初始大小。
- 【循环】复选框：选中此复选框，将循环重复地播放 Flash 影片。
- 【自动播放】复选框：选中此复选框，将在浏览器打开该网页时自动开始播放 Flash 影片。
- 【对齐】下拉列表框：设置 Flash 影片与其他元素之间的对齐方式。
- 【播放】按钮：直接在 Dreamweaver 的文档窗口中观看 Flash 影片。

2) 控制 Flash 影片播放

在 Flash 的【属性】面板中选中【循环】和【自动播放】两个复选框后，Flash 影片会在浏览器打开网页时自动地循环播放，可以利用【行为】面板控制 Flash 影片的播放和暂停。

(1) 首先在网页中插入 Flash 影片，并在 Flash 文本框中为该 Flash 影片命名，如输入"flash1"。然后在 Flash 影片附近输入"播放"和"暂停"两段文字，分别选中两段文字，在【属性】面板【链接】文本框中输入"#"，将文字设置为空链接形式。Flash 影片和文字的排版最好借助于表格进行，如图 7.42 所示。

(2) 选中"播放"两个字，打开【行为】面板，单击按钮，在弹出的菜单中选择【控制 Shockwave 或 Flash】选项，弹出【控制 Shockwave 或 Flash】对话框，如图 7.43 所示。在其中的【影片】下拉列表中选择【影片"flash1"】选项，双引号中为 Flash 影片的名字。在【操作】选项组中选中【播放】单选按钮，单击【确定】按钮退出。此时【行为】面板的列表中事件应为 onClick 鼠标单击事件。

图 7.42　Flash 影片与控制文本

(3) 再选中"暂停"两个字，利用同样的方法添加控制 Shockwave 或 Flash 行为，在图 7.43 所示的对话框中选择【影片"flash1"】选项，并选中【停止】单选按钮，【行为】面板中的事件仍为 onClick 鼠标单击事件。

(4) 保存网页文件，并在浏览器中预览，可以看到 Flash 影片会自动播放，单击标签【暂停】，影片停止，单击标签【播放】，影片继续播放。

图 7.43　【控制 Shockwave 或 Flash】对话框

7.2.9　网站的发布与测试

网页设计完成之后，要在浏览器中对设计好的网页内容进行预览测试，查看结果是否符合要求，还要对站点中的链接进行测试，找出其中的断裂和错误，并进行修复，以确保站点结构无误。

在完成了本地站点中所有网页的设计测试之后，就可以将网站内容上传到服务器上了，即形成真正的网站，可供世界各地的用户浏览，这就是网站的发布。

1．网页预览

网页编辑完成后，如果想在浏览器中预览网页的内容，可以单击文档工具栏中的 按钮(【在浏览器中预览/调试】按钮)，在弹出的下拉菜单中选择【预览在 IExplore 6.0】选项，打开 IE 浏览器进行网页预览。该命令的快捷键是 F12。

2．检查链接错误

如果网页中存在错误链接，这种情况是很难察觉的。采用常规的方法，只有打开网页，单击链接时，才可能发现错误。Dreamweaver 可以帮助快速检查站点中网页的链接，避免出现链接错误。

选择【站点】|【检查站点范围的链接】命令，可以打开【链接检查器】面板，如图 7.44 所示，在该面板中，以列表的形式显示当前站点中哪个网页文件存在断掉的链接，并在面板底部详细列出了检查后的分析结果。

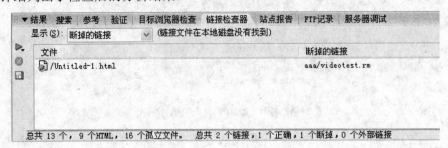

图 7.44　【链接检查器】面板

3. 发布网站

网站的发布实际上就是将网站文件夹中的所有内容复制到服务器上。局域网的用户可以直接在服务器上管理站点，而对于采用虚拟主机或服务器托管的方式，在 Internet 上发布网站的用户，则需要将网页上传至远程服务器端。

首先要先设置连接远程服务器的方式，一般采用 FTP 上传的形式。

单击【文件】浮动面板中的 按钮(【连接到远端主机】按钮)，打开站点定义界面中的【您如何连接到远程服务器？】下拉列表，在下拉列表中选择 FTP 选项，如图 7.45 所示。

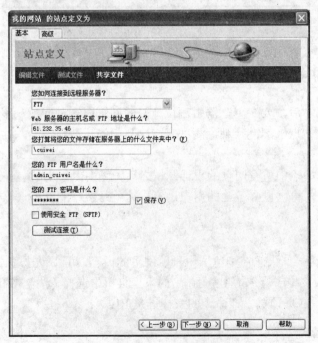

图 7.45　设置 FTP 方式连接远程服务器

其中，在【Web 服务器的主机名或 FTP 地址是什么？】文本框中要提供服务器的 IP 地址或者域名，在【您打算将您的文件存储在服务器上的什么文件夹中？】文本框中输入远程服务器中网站存放的子文件夹名,在【您的 FTP 用户名是什么?】和【您的 FTP 密码是什么?】文本框中输入登录服务器时需要的验证用户名和密码,选中【保存】复选框,下一次登录时,就不必再重新输入了。设置完成后单击【测试连接】按钮,测试与服务器的连接是否成功,成功连接后会显示连接成功提示框。

单击【下一步】按钮,系统会弹出对话框,询问是否启用存回和取出文件以确保您和同事无法同时编辑同一个文件。如果网站内容由多人编写和上传,需要选择【是,启用存回和取出】选项,否则选择【否,不启用存回和取出】选项。然后再单击【下一步】按钮,检查没有错误后,单击【完成】按钮,此时就可以进行文件的上传了。

在【文件】浮动面板中选中本地的所有文件和文件夹,单击 按钮(【上传】按钮),网页将开始向服务器端发送,发送完毕后会有相应提示。

至此,网页被成功地上传了,在浏览器的地址栏中输入网站的域名就可以访问自己的主页了。

7.2.10　网页制作实例

【例 7-1】表格的特殊应用。

表格是网页排版最主要的工具,一些特殊的表格应用更可以为网页增色不少。本实例中,将介绍细线表格和 1 像素分割条这两个特殊表格的制作过程。

1)　细线表格

在 Dreamweaver 中可以对表格的边框宽度进行设置,最低可以设置为 1 像素,但是有些网页中的表格边框会出现小于 1 像素的情况,这样的表格更加精致秀气。图 7.46 显示的就是 1 像素边框的表格与小于 1 像素边框的表格的对比。

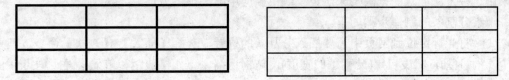

1 像素边框的表格　　　　　　　　　　　小于 1 像素边框的表格

图 7.46　两种边框的表格的对比

细线表格的制作步骤如下。

(1)　在网页文档中选择【插入】|【表格】命令,弹出【表格】对话框。设置各项参数如图 7.47 所示,插入宽度为 200 像素,边框粗细和单元格边距均为 0 像素,单元格间距为 1 像素的表格。

(2)　选中表格,在【属性】面板中设置整个表格的背景颜色为黑色,如图 7.48 所示。

(3)　用鼠标拖动的方式选中所有单元格,在【属性】面板中设置所有单元格的背景颜色为白色,如图 7.49 所示。

(4)　保存文件。按 F12 键预览网页,就可以看到表格的边框宽度看起来小于 1 像素了。

图 7.47　【表格】对话框

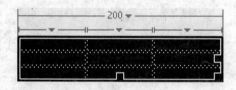

图 7.48　设置整个表格背景颜色

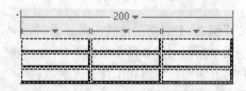

图 7.49　设置所有单元格背景颜色

2)　像素分割条

在网页文档中单击【插入】|HTML|【水平线】命令，可以插入一个水平分割条，不过采用这种方法插入的分割条无法设置颜色，应用起来很不方便。

像素分割条的制作步骤如下。

(1)　将光标定位到网页中需要插入分割条的位置，选择【插入】|【表格】命令，插入一个 1 行 1 列，宽度自定(分割条的宽度)，边框粗细、单元格边距和单元格间距均为 0 像素的表格。

(2)　选中表格，在【属性】面板中设置表格的高为 1 像素，背景颜色自定(分割条的颜色)。此时，表格的高度并没有立即变为 1 像素，如图 7.50 所示。

图 7.50　设置表格高度为 1 像素后高度没变

(3)　选中该表格，单击文档工具栏中的【代码】按钮，显示该网页文档的代码视图。在代码中，有一段反向显示的文字，这段文字就是当前表格的代码，如图 7.51(a)所示。

(4)　在反向显示的代码中，将<td>和</td>标记之间的 " " 替换为一个空格，如图 7.51(b)所示。

(5)　保存文件。按 F12 键预览网页，就可以看到一条高度仅有一个像素的分割条，分割条的颜色为设置的表格背景色。

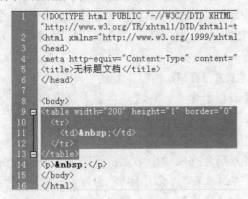

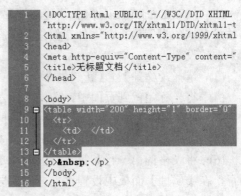

(a)　修改前　　　　　　　　　　　　　　　　　(b)　修改后

图 7.51　修改前后的表格代码段

【**例 7-2**】动听网页。

在本实例中，将图片、文字和声音组合在一起，制作一首歌曲的试听网页。本实例涉及了表格设置、图片导入、文本设置以及播放声音等内容。制作后效果如图 7.52 所示。

图 7.52　动听网页

制作步骤如下。

(1)　在某个分区(如 D 盘)下建立站点根文件夹 myweb1(本例是对应在"例 7-2"下)，

并在该文件夹下建立 images 和 music 两个子文件夹，将本实例中的图片文件 qlzw.jpg 复制到 images 文件夹中，声音文件 qlzw.mp3 复制到 music 文件夹中。

(2) 启动 Dreamweaver 8，新建本地站点。设置站点名称为动听网页，【是否使用服务器技术】选项设置为否，文件存储位置选择已创建的站点根文件夹，【如何连接远程服务器】选项设置为无。

(3) 选择【文件】|【新建】命令，单击基本页中 HTML 标签，新建一个空白页面。

(4) 将光标定位到页面中，选择【插入】|【表格】命令，在【表格】对话框中设置行数为 3，列数为 2，宽度为 760 像素，边框粗细、单元格边距和单元格间距均为 0。

(5) 选中整个表格，在【属性】面板中设置对齐方式为居中对齐。

(6) 将表格的第一行和第二行的两个单元格分别合并成一个单元格。选中表格中的前两行，在【属性】面板中设置水平方向为居中对齐，垂直方向为居中，高为 40。

将光标定位于表格第三行左边的单元格中，在【属性】面板中设置水平方向为居中对齐，垂直方向为顶端，宽为 500。

将光标定位于表格第三行右边的单元格中，在【属性】面板中设置水平方向为左对齐，垂直方向为顶端，宽为 260。

调整后的表格样式如图 7.53 所示。

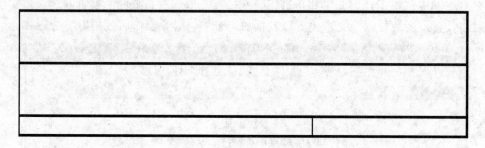

图 7.53 调整后的表格样式

(7) 将光标定位在表格的第一行中，在【属性】面板的【字体】下拉列表中选择【编辑字体列表】选项，弹出【编辑字体列表】对话框，新建一种名为"楷体_GB2312，宋体"的字体，如图 7.54 所示。

图 7.54 【编辑字体列表】对话框

(8) 在表格的第一行输入"千里之外"。选中文字，在【属性】面板中设置字体为楷体_GB2312，宋体，大小为 24，文字颜色为红色。

(9)　在表格的第二行输入专辑名称和演唱歌手。选中文字，在【属性】面板中设置字体为楷体_GB2312，宋体，大小为 16，文字颜色为黑色。

(10) 将光标定位于第三行左边的单元格中，选择【插入】|【图像】命令，在站点子文件夹中选择图片文件 qlzw.jpg。单击【确定】按钮后，会弹出【图像标签辅助功能属性】对话框。在【替换文本】文本框中输入"千里之外海报"，单击【确定】按钮，插入图片。

将光标定位于插入的图片后面，按 Enter 键，另起一段，输入"试听"两个字。选中文字，在【属性】面板的【链接】文本框中输入"#"，将文字制作成空链接形式。

(11) 用 Word 2000 程序打开本实例中的 Word 文档"歌词.doc"，复制歌词文本。回到 Dreamweaver 8 环境中，将光标定位于表格第三行右边的单元格中，粘贴歌词。选中所有歌词，在【属性】面板中设置字体为楷体_GB2312，宋体，大小为 14，文字颜色为黑色。

(12) 选中"试听"两个字，选择【窗口】|【行为】命令，打开【行为】面板。单击"+"号，添加播放声音行为。在弹出的【播放声音】对话框中单击【浏览】按钮，选择站点子文件夹中的声音文件 qlzw.mp3，单击【确定】按钮。此时【行为】面板列表中的事件为 onClick(鼠标单击事件)。

(13) 选择【文件】|【保存】命令，将文件保存为 shiting.htm。

(14) 按 F12 键，可以在浏览器中预览网页效果。此时，浏览器顶部会弹出"为了有利于保护安全性，Internet Explorer 已限制此网页运行可以访问计算机的脚本或 ActiveX 控件"的信息提示。单击该提示，选择【允许阻止的内容】选项，在弹出的【安全警告】对话框中单击【是】按钮。

此时可浏览网页中的文字和图片，单击【试听】链接，会播放声音。

【例 7-3】框架应用。

在本实例中，将制作一个显示 12 星座图片的网站。本实例涉及了预设框架集的使用、表格设置、图片导入和文字设置等内容。制作后效果如图 7.55 所示。

图 7.55　框架网页

制作步骤如下。

(1) 在某个分区(如 D 盘)下建立站点根文件夹 myweb2(本例是建立在"例 7-3"下),并在该文件夹下建立 images 子文件夹,将本实例素材中的所有图片文件复制到 images 文件夹中。

(2) 启动 Dreamweaver 8,新建本地站点。设置站点名称为框架应用,【是否使用服务器技术】选项设置为否,文件存储位置设为已创建的站点根文件夹,【如何连接远程服务器】选项设置为无。

(3) 选择【文件】|【新建】命令,选中【框架集】列表框中【上方固定,左侧嵌套】选项,如图 7.56 所示。单击【创建】按钮,新建一个包含 3 个子框架的页面。

(4) 弹出【框架标签辅助功能属性】对话框。该对话框中为 3 个框架自动设置标题,其中顶部的子框架标题为 topFrame,左侧的子框架标题为 leftFrame,右侧的子框架为显示不同页面的主框架,标题为 mainFrame。本实例中不修改标题,直接单击【确定】按钮。

(5) 此时,在文档窗口中会显示包含 3 个子框架的页面,3 个子框架之间由一横一竖两条框架边框分隔。单击横向的边框,【属性】面板中会显示上下两个子框架,设置上方子框架的行高为 100 像素,如图 7.57 所示。再单击竖向的边框,【属性】面板中会显示左右两个子框架,设置左边子框架的列宽为 100 像素,如图 7.58 所示。

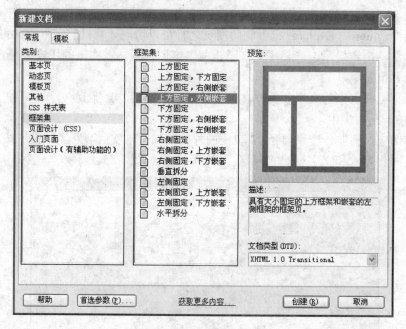

图 7.56　创建框架集文档

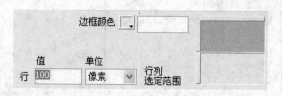

图 7.57　设置上方子框架行高

图 7.58　设置左边子框架列宽

(6) 将光标定位到顶部的子框架中，选择【修改】|【页面设置】命令，设置背景颜色为#FF9966。利用同样方法设置左侧的子框架的背景颜色也为#FF9966，右侧的子框架的背景颜色为#FFFF99。

(7) 在顶部的子框架中插入一个 1 行 1 列，宽度为 760 像素，其余各项均为 0 的表格。选中表格，在【属性】面板中设置表格为居中对齐，在该表格中插入 images 文件夹中的图片 top.jpg，【图像标签辅助功能属性】对话框中的【替换文本】文本框不进行设置。

(8) 在左侧的子框架中插入一个 12 行 1 列，宽度为 80 像素，其余各项均为 0 的表格。选中所有单元格，设置文字大小为 12 像素，单元格高度为 25，单元格内容水平居中对齐。在 12 个单元格中分别输入"白羊座"等 12 个星座的名称，星座的顺序参考本实例素材中的"星座.doc"文件。

(9) 在右侧的子框架中插入一个 2 行 1 列，宽度为 300 像素，其余各项均为 0 的表格。选中表格，在【属性】面板中设置表格为居中对齐。然后设置第一个单元格的高度为 270，第二个单元格的高度为 30，两个单元格内容在水平和垂直方向均为居中对齐。在第一个单元格中插入 images 文件夹中的图片 1.jpg，即白羊座的图片，在第二个单元格中输入白羊座对应的日期(星座对应日期可以参考本实例素材中的"星座.doc"文件)，设置文字大小为 12 像素。

(10) 选择【文件】|【保存全部】命令，弹出【另存为】对话框。框架由多个文件组成，应当逐一进行保存。首先保存的是"框架集"文件，该文件应为本网站的首页，因此文件命名为 index.htm；其次保存右侧的子框架(主框架)，该子框架中为第一个星座即白羊座的内容，文件命名为 1.htm；然后保存左侧的子框架，文件命名为 leftpage.htm；最后保存顶部的子框架，文件命名为 toppage.htm。在保存过程中，当前被保存的子框架的边框线会加粗显示。

(11) 选择【文件】|【新建】命令，单击基本页中的 HTML 标签，新建一个空白普通页面。单击【属性】面板中的【页面设置】按钮，设置其背景颜色为#FFFF99。在该页面中插入一个与步骤(9)中相同的表格，并在第一个单元格中插入 images 文件夹中的图片 2.jpg，即金牛座的图片。在第二个单元格中输入金牛座对应的日期，设置文字大小为 12 像素。保存该文件为 2.htm。

(12) 重复步骤(11)的操作，制作其余星座的图片和对应日期网页，分别命名为 3.htm～12.htm。

(13) 返回 index.htm 文件，在左侧的子框架中，选中文字"白羊座"，在【属性】面板中设置链接为 1.html，目标设置为 mainFrame(即右侧的子框架名称)。注意一定要设置【目标】选项，否则浏览网页时，单击【白羊座】链接后，白羊座的图片会出现在左侧的子框架位置。

(14) 重复步骤(13)的操作，制作其余星座的超级链接和链接目标。

保存所有文件后，可以浏览网页中的内容。打开网站首页，单击左侧的星座名称，右侧页面中会显示出相应的图片和日期。

7.3　本章小结

本章主要介绍了网络的基本知识、网站建设的主要步骤，以及使用 Dreamweaver 8 建立多媒体网站的方法。讲解了在 Dreamweaver 8 中建立本地站点、创建网页文档以及在网页中插入文本、表格、图片、超级链接、框架、声音和动画等多媒体对象的方法，并利用实例加深了读者对网页制作过程的认识。利用本章中讲解的内容可以制作简单的多媒体网站。

利用 Dreamweaver 8 制作网页，不仅限于插入各种多媒体对象，还包括 CSS 样式的设置、插件的使用等许多内容。利用 Dreamweaver 8 甚至可以制作基于 ASP.NET、JSP 及 PHP 等技术的动态网页。限于篇幅限制，本章只介绍了 Dreamweaver 8 最基本的操作，希望有兴趣的读者能够继续学习。

7.4　习　　题

一、填空题

1.　Web 体系结构的基本元素包括：_____、_____、_____、_____以及_____。

2.　HTTP 的中文含义是_____，HTML 的中文含义是_____，URL 的中文含义是_____。

3.　设立主机可以根据投入资金的多少和信息流量的大小选择_____或_____的方式。

4.　Dreamweaver 8 不仅提供了强大的_____，而且提供了完善的_____。

5.　网站中所有的文件及文件夹都不要使用_____命名，最好使用有规律可循的英文名称，如汉语拼音、英文单词和英文缩写等。

6.　网站的首页应保存在站点根文件夹下，而且文件名必须为_____或_____中的一个。

7.　在网页文档中，按_____键会结束一个段落的输入，并且插入一个空行；按快捷键_____会换行但不结束当前段落。

8.　插入表格时，单元格边距设置_____，单元格间距设置_____。

9.　修改超链接文字的颜色和样式应当单击_____命令，在_____中选择_____进行设置。

二、单选题

1.　以下软件不是网页浏览器软件的是(　　)。
A. Netscape Navigator　　　　　　　　B. IE
C. Dreamweaver　　　　　　　　　　　D. Mozilla Firefox

2.　下面关于站点建立时需要注意的问题中说法错误的是(　　)。

A. 每个栏目都要有一个对应的文件夹

B. 不同类型的文件应放在相同的文件夹中

C. 应该把站点划分为多个目录

D. 站点中文件夹和文件的名字不应是中文

3. 设置网页背景图片的菜单命令是(　　)。

A.【插入】|【标签】　　　　　　　B.【修改】|【页面属性】

C.【插入】|【图像】　　　　　　　D.【文件】|【导入】

4. 在网页文档中，符号 表示(　　)。

A. 声音标记　　　B. 插件标记　　　C. 锚记标记　　　D. FLASH 文件标记

5. 在浏览器中预览网页的快捷键是(　　)。

A. F12 键　　　　　B. Enter 键　　　　C. F11 键　　　　D. Ctrl+Enter 键

6. 在插入背景音乐的<bgsound>代码中，loop 的值为 "-1" 表示(　　)。

A. 播放一次背景音乐　　　　　　　B. 不播放背景音乐

C. 循环播放无限次背景音乐　　　　D. 错误赋值

三、操作题

1. 创建一个包含首页和 3 个子栏目的网站，实现链接关系。

2. 在一个网页中插入文本、图像、声音、动画和超链接等多媒体信息，并利用表格进行排版。

读者回执卡

欢迎您立即填妥回函

您好！感谢您购买本书，请您抽出宝贵的时间填写这份回执卡，并将此页剪下寄回我公司读者服务部。我们会在以后的工作中充分考虑您的意见和建议，并将您的信息加入公司的客户档案中，以便向您提供全程的一体化服务。您享有的权益：

★ 免费获得我公司的新书资料；
★ 寻求解答阅读中遇到的问题；
★ 免费参加我公司组织的技术交流会及讲座；
★ 可参加不定期的促销活动，免费获取赠品；

读者基本资料

姓　　名 _____ 性　别 □男　□女　年　　龄 _____
电　　话 _____ 职　业 _____ 文化程度 _____
E-mail _____ 邮　编 _____
通讯地址 _____

请在您认可处打✓（6至10题可多选）

1、您购买的图书名称是什么：_____
2、您在何处购买的此书：_____
3、您对电脑的掌握程度：　　　　　□不懂　　　　　□基本掌握　　　　□熟练应用　　　　□精通某一领域
4、您学习此书的主要目的是：　　　□工作需要　　　□个人爱好　　　□获得证书
5、您希望通过学习达到何种程度：　□基本掌握　　　□熟练应用　　　□专业水平
6、您想学习的其他电脑知识有：　　□电脑入门　　　□操作系统　　　□办公软件　　　□多媒体设计
　　　　　　　　　　　　　　　　□编程知识　　　□图像设计　　　□网页设计　　　□互联网知识
7、影响您购买图书的因素：　　　　□书名　　　　　□作者　　　　　□出版机构　　　□印刷、装帧质量
　　　　　　　　　　　　　　　　□内容简介　　　□网络宣传　　　□图书定价　　　□书店宣传
　　　　　　　　　　　　　　　　□封面、插图及版式　□知名作家（学者）的推荐或书评　□其他
8、您比较喜欢哪些形式的学习方式：□看图书　　　　□上网学习　　　□用教学光盘　　□参加培训班
9、您可以接受的图书的价格是：　　□20元以内　　　□30元以内　　　□50元以内　　□100元以内
10、您从何处获知本公司产品信息：□报纸、杂志　　□广播、电视　　□同事或朋友推荐　□网站
11、您对本书的满意度：　　　　　　□很满意　　　　□较满意　　　□一般　　　　　□不满意
12、您对我们的建议：_____

请剪下本页填写清楚，放入信封寄回，谢谢！

| 1 | 0 | 0 | 0 | 8 | 4 |

北京100084—157信箱

读者服务部　　　　　　　　收

贴　邮
票　处

邮政编码：□□□□□□

技术支持与资源下载：http://www.tup.com.cn   http://www.wenyuan.com.cn

读 者 服 务 邮 箱：service@wenyuan.com.cn

邮 购 电 话：(010)62791865   (010)62791863   (010)62792097-220

组 稿 编 辑：刘天飞

投 稿 电 话：13651311791

投 稿 邮 箱：ltf0311@tom.com